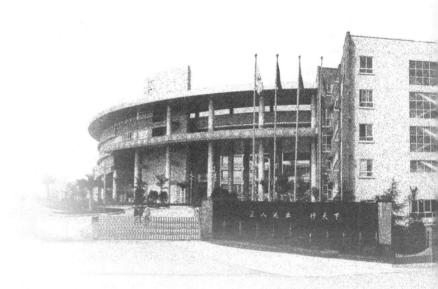

中等职业学校
服装设计与工艺专业
课程标准与教学设计

ZHONGDENG ZHIYE XUEXIAO
FUZHUANG SHEJI YU GONGYI ZHUANYE KECHENG BIAOZHUN YU JIAOXUE SHEJI

总主编　刘平兴　　　　　　　执行总主编　邬　蒙

主　编　汤永忠　彭　华　　　　副主编　黄小琴　孙玉梅

编　者　黄仁辉　李文东　张　润　张宗路　张家园　夏伟男
　　　　刘进军

重庆大学出版社

内 容 简 介

主要介绍中等职业学校重点建设专业服装设计与工艺专业"引企入校 工学结合"的课程标准与教学设计。课程标准以构建工作任务模块为核心,以工作室为纽带,聘请课程建设专家进行指导,骨干教师和企业一线技术骨干共同参与编写。从服装设计与工艺、服装营销与陈列两个主要方向对服装结构与立体造型、计算机服装画表现、服装版型与工艺、服装 CAD、服装样衣制作、服装市场营销、服装陈列与展示等核心课程进行了描述和教学设计,重新架构了课程,调整了教学内容,突显了服装设计与工艺专业的培养目标、能力标准和学生的持续发展。

图书在版编目(CIP)数据

中等职业学校服装设计与工艺专业课程标准与教学设计/汤永忠,彭华主编. —重庆:重庆大学出版社,2013.9
(首批国家中等职业教育改革发展示范学校建设系列成果)
ISBN 978-7-5624-7521-7

Ⅰ.①中… Ⅱ.①汤…②彭… Ⅲ.①服装设计—课程标准—中等专业学校—教学参考资料②服装—生产工艺—教学设计—中等专业学校—教学参考资料 Ⅳ.①TS941

中国版本图书馆 CIP 数据核字(2013)第 141001 号

首批国家中等职业教育改革发展示范学校建设系列成果
中等职业学校服装设计与工艺专业课程标准与教学设计
总主编:刘平兴
执行总主编:邬 蒙
主 编:汤永忠 彭 华
副主编:黄小琴 孙玉梅
编 者:黄仁辉 李文东 张 润 张宗路
张家园 夏伟男 刘进军
责任编辑:杨 漫 版式设计:杨 漫
责任校对:贾 梅 责任印制:赵 晟
*
重庆大学出版社出版发行
出版人:邓晓益
社址:重庆市沙坪坝区大学城西路 21 号
邮编:401331
电话:(023)88617190 88617185(中小学)
传真:(023)88617186 88617166
网址:http://www.cqup.com.cn
邮箱:fxk@cqup.com.cn(营销中心)
全国新华书店经销
重庆升光电力印务有限公司印刷
*
开本:787×1092 1/16 印张:24.25 字数:576 千
2013 年 9 月第 1 版 2013 年 9 月第 1 次印刷
ISBN 978-7-5624-7521-7 定价:46.00 元

序

　　《国家中长期教育改革和发展规划纲要(2010—2020)年》《中等职业教育改革创新行动计划(2010—2012)年》和《教育部　人力资源和社会保障部　财政部关于实施国家中等职业教育改革发展示范学校建设计划的意见》(教职成[2010]9号)的颁布与实施,为中等职业教育描绘了宏伟的改革发展蓝图,为中等职业学校的科学发展指明了方向,为中等职业教育的发展提供了良好的机遇,认真做好国家中等职业教育改革发展示范学校的建设工作,是示范中等职业学校建设的一项重要任务。

　　受传统教育思想观念的影响,中等职业学校在办学模式、人才培养模式、课程体系建设、质量评价制度、教师队伍素质提升、校企合作机制建立等方面还存在诸多亟待改进的问题,这些问题严重困扰着中等职业学校的发展,成为了中等职业学校发展的严重羁绊。为此,首批国家中等职业教育改革发展示范建设学校,在人才培养与课程模式改革、师资队伍建设及校企合作机制创新几个方面进行了卓有成效的探索,在人才培养模式的改革、师资队伍素质的提升、校企合作机制的创新方面进行了积极的实践,在圆满完成示范学校规定的各项建设任务的同时,在完善学校管理制度、探索办学模式改革、开展教学模式改革、创新人才培养模式、全面提升师资素质、建立校企合作的机制、优化专业结构、培育一批具有示范效应和重要影响力的精品特色专业等方面总结出了一些成功的经验,努力走出了一条富有特色的中等职业教育内涵建设道路。

　　藉国家中职示范学校建设计划检查验收提炼成果之际,在重庆大学出版社的大力支持下,重庆市龙门浩职业中学校通过理论研究和实践探索,将办学理念、专业人才培养方案、学生就业岗位能力标准、行业调研与需求分析、专业课程标准与教学设计、专业建设论文、科研课题研究、毕业生就业案例、教学模式改革创新等示范学校建设的成果通过整理,汇编成册,系列出版,充分反映出了该校两年创建工作的成效,也凝聚了该校参与创建工作人员的辛勤汗水。就重庆市龙门浩职业中学校的发展历程而言,两年的创建过程就似天空划过的流星,转瞬即逝;就国家中等职业教育改革发展而言,重庆市龙门浩职业中学校的改革创新实践工作也似沧海一粟,微不足道。但他们所编撰的中职学校改革发展的诸多实际案例,对示范中职学校如何根据国家和区域经济社会发展实际进行深化改革、大胆创新、敢于先行先试、努力办出特色方面,提供了有益的参考。

　　系列成果丛书的出版,一方面是向教育部、人力资源和社会保障部、财政部的领导汇报重庆市龙门浩职业中学校两年来示范中职学校的创建工作,展示建设的成果;另一方面也将成为研究国家中等职业教育改革发展示范学校建设的样本,供大家学习借鉴。

　　相信通过示范中职学校的建设,将极大地提高中等职业学校的办学水平,提高职业教育技术技能型人才培养的质量,充分发挥职业教育在服务国家经济社会建设中的重要作用。

向才毅

2013年5月

前　言

本书是 2010 年"国家示范性中职学校建设计划"首批国家级中等职业教育改革发展示范学校之一——重庆市龙门浩职业中学校中央财政重点支持专业服装设计与工艺专业建设成果。

社会的高速发展带动的不仅仅是产业的高速繁荣,更多的是随着产业的快速发展,其面临的国际国内竞争也日益加剧。要使中国从一个制造大国走向创造大国,产业工人的素质和技能需要全方位提升,因此承担产业工人培养任务的各中高职院校面临着巨大的任务。重庆作为西南的工业重地,从 20 世纪 80 年代末就是西南地区最大的服装生产基地,但品牌的知名度不高造成重庆服装多年只能偏居西南一隅。如何将重庆服装的品牌效应提升一个档次,如何进行产业链的配套建设等,是重庆服装业目前要思考的问题,而制约这些问题发展的一个重要因素就是服装专业人才的缺乏。当前随着服装产业的发展,对服装专业的高技能、高素质人才需求更甚,要培养出更多创新性的服装专业人才,适应全国服装产业的高速发展首先就必须对我校服装设计与工艺专业的人才培养进行改革和创新,制订相应的教学标准、教学设计。

此次教学标准和教学设计的确定是在走访了重庆、中山、深圳三地的各服装企业、大型卖场、各中高职学校并进行问卷和访谈调查的基础上,对一线行业需求的服装人才的类型、特质有了比较全面的了解之后所进行的,更加具有针对性和创新性。

课程标准的编写以人才培养为目标,教学设计以学生为主体,项目为引领,创设学习情境,小组讨论等引导学生主动参与,自主学习,从培养学生专业技能、职业能力出发,增强课程的实效性。

本书由汤永忠、彭华主编,黄小琴、孙玉梅任副主编,参加编写人员还有黄仁辉、李文东、张润、张宗路、张家园、夏伟男、刘进军等。其中《服装结构与立体造型》课程标准和教学设计由彭华、李文东、张润执笔;《服装设计基础》课程标准和教学设计由黄小琴、夏伟男执笔;《服装 CAD》课程标准和教学设计由黄仁辉、张宗路、张家园执笔;《服装样衣制作》课程标准和教学设计由孙玉梅、刘进军执笔。本书由彭华负责统稿,汤永忠主审。

本书在编写过程中,得到欧阳心力、苏永刚、周晓波等多位专家的大力支持,他们对本书的编写提出了很多宝贵的意见。同时在编写过程中,也得到我校领导和兄弟学校服装专业多位老师的大力支持,在此一并表示衷心的感谢。

本书是我校服装设计与工艺专业教学团队积极探索的成果,因时间较短,编者的水平和经验有限,书中不足之处恳请各位专家和读者批评指正,以便今后进一步修改和完善。在此表示衷心的感谢。

编　者
2013 年 8 月

目　录

课程标准

教学设计

课程标准

KECHENG BIAOZHUN

服装结构与立体造型课程标准

一、课程基本情况

课程代码	14240032	课程类别	专业方向课
计划课时	396	建议开课时间	第 3、4 学期
先修课程	服装结构基础		
后续课程	顶岗实习		

二、课程标准制订依据

本标准依据重庆市龙门浩职业中学校《中等职业学校学生就业岗位能力标准》和《中等职业学校专业人才培养方案》以及国家服装设计与定制工职业资格证书(四级)的具体要求制订。

三、课程定位

本课程供 3 年制中职服装设计与工艺专业学生使用,主要培养本专业学生能根据服装款式图,分析其结构,绘制结构图,并进行相应的立体造型,再通过与原图片款式比较,人台结构比较,调整立体造型,最后完成结构图的调整。属于专业课中非常重要的方向课。

四、课程目标

通过学习,学生能熟悉人体各重要部位比例、结构特征,对各种女式上衣及连衣裙等服装款式具有一定的分析能力;会根据款式图结合人体结构、运动特点等较熟练、准确地绘制出相应的结构图,并运用正确的立裁手法对面料进行裁剪、熨烫、最后假缝造型;会根据款式图和人体结构及时调整和修正所造型服装款式细节和结构不准确处。在学习中培养学生的吃苦耐劳,团队协作的精神以及各项职业操守等。

(一)专业知识

(1)能根据款式图分析其结构;
(2)能掌握常见服装立体造型的手法及步骤;
(3)能掌握立体造型及修正的基本知识与手法特征。

(二)专业技能

(1)会根据款式图结合人体结构、运动特点等较熟练、准确的绘制出相应的结构图;

（2）会运用正确的立裁手法对面料进行裁剪、熨烫、最后假缝造型；

（3）会根据款式图和人体结构及时调整和修正所造型服装款式细节和结构不准确处。

（三）职业素质

（1）具有良好的职业道德，自觉遵守国家法律法规，企业的各项规章制度和劳动纪律；

（2）有集体意识和团队合作精神，在学习中顾全大局，能与同事团结合作共同完成任务；

（3）有独立学习和获取信息的能力，对企业竭尽忠诚，对企业有关资料不得外泄，不做有损企业利益的事；

（4）有沟通、协作能力，能与其他部门及人员配合完成自己的设计。

五、课程设计思路

本课程是在进行广泛行业调研的基础上，与服装行业专家及本校服装设计与工艺专业的教师一起，通过对中职服装设计与工艺专业学生的工作岗位进行分析，根据完成岗位任务所需知识、技能重组课程内容，选取工作中的典型案例作为教学项目。整个课程分为5个学习项目，396个基准学时，按学生的认知规律由浅入深，课程从女装原型结构基础、立体造型基本手法流程入手，再到服装领、袖等局部结构，女式上衣、连衣裙等整体结构；常见女式服装结构到变化女式服装结构等内容。在学习每种结构的同时完成相应的立体造型，并通过一定的手法对服装款式、结构图进行调整和修正。课程强调服装结构、立体造型的基本知识，更着重服装结构设计的运用，对立体造型的熟练准确把控。每个学习都是通过完成项目下的任务（包括专业知识的学习和专业技能的训练），最终实施并完成学习项目。

六、教学内容与课时分配

项目	任务名称	教学重难点	知识要求	技能要求	学时
项目一 女装衣身结构设计及造型	任务一 女装原型结构及造型	①女装原型结构；②立体造型要点；③原型结构调整	①掌握女装原型原理及熟记各数据；②熟悉立体造型的操作要点及操作流程；③掌握调整后的女装原型各数据	①能准确画出160/84A女装原型；②能熟练、正确地完成对女装原型的造型；③能根据人台对造型进行调整并对结构进行修正；④能熟练、准确地画出调整后的160/84A女装原型	22

续表

项目	任务名称	教学重难点	知识要求	技能要求	学时
项目一　女装衣身结构设计及造型	任务二　女装胸省变化及造型	①胸省转移原理；②各种胸省、褶在造型中的处理手法	①掌握胸省转移的原理；②掌握立体造型的操作要点及操作流程；③熟悉各种褶的操作要点	①能对各种胸省变化进行正确转移，并绘制相应的结构图；②能熟练、正确运用各种手法对各种胸部变化进行立体造型；③能对所做立体造型进行调整，并修正相应的结构图；④在造型中能熟练、正确处理各种款式的褶	22
	任务三　女装衣身基础结构及造型	几种基础衣身结构图	掌握几种基础衣身结构知识及特点	①能绘制几种基础衣身的结构图；②能根据衣身款式图、结构图较准确地进行立体造型；③能对所做立体造型进行调整，并修正相应的结构图	22
	任务四　女装衣身结构设计及造型	几种具有流行代表性衣身结构图	①了解多种变化衣身的结构知识；②掌握具有流行代表性衣身的结构知识及特点	①具有对变化衣身结构的分析能力，能绘制几种具有流行代表性衣身的结构图；②能根据款式图、结构图较准确地进行立体造型；③能对所做立体造型进行调整，并修正相应的结构图	33
项目二　女装袖型结构设计及造型	任务一　衣袖原型结构及造型	衣袖原型结构原理及数据	掌握衣袖原型结构原理，熟记各数据	①能较熟练、正确地绘制衣袖原型；②能对原型袖进行立体造型；③能运用立体造型手法较熟练地把袖装在衣身上；④能对所做立体造型进行调整，并修正相应的结构图	11
	任务二　常见袖型结构及造型	几种基础袖型结构图	掌握几种基础袖型结构知识及特点	①能绘制几种基础袖型的结构图；②能根据袖型款式图、结构图较准确地进行立体造型；③能运用立体造型手法较准确地把袖装在衣身上；④能对所做立体造型进行调整，并修正相应的结构图	22

项目	任务名称	教学重难点	知识要求	技能要求	学时
项目二 女装袖型结构设计及造型	任务三 袖型结构设计及造型	几种具有流行代表性袖型结构图	①了解多种变化袖型的结构知识;②掌握几种具有代表性袖型的结构知识及特点	①具有对变化袖型结构分析能力,能绘制几种具有流行代表性袖型的结构图;②根据袖型款式图、结构图较准确、美观地进行立体造型;③能运用立体造型手法较准确、流畅地把袖装在衣身上;④能对所做立体造型进行调整,并修正相应的结构图	33
项目三 衣领结构设计及造型	任务一 常见领型结构及造型	几种基础领型结构图	掌握几种基础领型结构知识及特点	①能绘制几种基础领型的结构图;②能根据领型款式图、结构图较准确地进行立体造型;③能运用立体造型手法较准确地把领装在衣身上;④能对所做立体造型进行调整,并修正相应的结构图	22
	任务二 领型结构设计及造型	几种具有流行代表性领型结构图	①熟悉多种变化领型的结构知识;②掌握几种具有代表性领型的结构知识及特点	①具有对变化领型结构分析能力,能绘制几种具有流行代表性领的结构图;②根据领型款式图、结构图较准确、美观地进行立体造型;③能对所做立体造型进行调整,并修正相应的结构图	22
项目四 女式上衣结构设计及造型	任务一 常见女式上衣结构及造型	①几种常见女式上衣结构图;②手工假缝要点及操作技巧	①掌握几种常见女式上衣结构知识及特点;②熟悉手工假缝各要点	①能绘制几种常见女式上衣的结构图;②能根据上衣款式图、结构图运用正确的手工假缝手法进行立体造型;③能运用立体造型手法完整地组装整件上衣;④能对所做立体造型进行调整,并修正相应的结构图	33
	任务二 女式上衣结构设计及造型	几种具有流行代表性女式上衣结构图	①熟悉多种变化女式上衣结构知识;②掌握几种具有代表性女式上衣的结构知识及特点;③掌握手工假缝各要点	①具有对变化上衣结构的分析能力,能绘制几种具有流行代表性女式上衣的结构图;②根据上衣款式图、结构图运用手工假缝较准确地进行立体造型;③能运用立体造型手法较准确的组装整件上衣;④能对所做立体造型进行调整,并修正相应的结构图	44

续表

项目	任务名称	教学重难点	知识要求	技能要求	学时
项目四 女式上衣结构设计及造型	任务三 自主设计女式上衣结构及造型	①分析自主设计女式上衣结构的合理性、协调性；②独立完成其结构制图	学会分析自主设计女式上衣结构的合理性、协调性	①具有对自主设计上衣结构合理性、协调性分析能力，并独立完成其结构图；②根据上衣款式图、结构图运用手工假缝较准确、美观地进行立体造型；③能对所做立体造型进行调整，并修正相应的结构图	33
项目五 女式连衣裙结构设计及造型	任务一 常见连衣裙结构及造型	几种常见连衣裙结构图	掌握几种常见连衣裙结构知识及特点	①能绘制几种常见连衣裙的结构图；②能根据连衣裙款式图、结构图运用手工假缝手法进行立体造型；③能运用立体造型手法完整地组装整件连衣裙；④能对所做立体造型进行调整，并修正相应的结构图	11
	任务二 连衣裙结构设计及造型	几种具有流行代表性连衣裙结构图	①熟悉多种变化连衣裙结构知识；②掌握几种具有代表性连衣裙的结构知识及特点	①具有对变化连衣裙结构分析能力，能绘制几种具有流行代表性连衣裙的结构图；②根据连衣裙款式图、结构图运用手工假缝熟练、准确地进行立体造型；③能运用立体造型手法准确、美观的组装整件连衣裙；④能对所做立体造型进行调整，并修正相应的结构图	33
	任务三 自主设计连衣裙结构及造型	①分析自主设计连衣裙结构的合理性、协调性；②独立完成其结构制图	学会分析自主设计连衣裙结构的合理性、协调性	①具有对自主设计连衣裙结构合理性、协调性分析能力，并独立完成其结构图；②根据连衣裙款式图、结构图运用手工假缝准确、美观地进行立体造型；③能对所做立体造型进行调整，并修正相应的结构图	33

七、教学实施

（一）师资要求

1. 专职教师

从事本课程教学的专职教师应具备以下相关知识、技能和资质：

（1）具备中等职业学校教师资格；

（2）具备一定的服装结构知识，对服装款式有较强的分析能力；

（3）具备一定的立体造型及修正能力，对各种服装款式造型有一定的把控性；

（4）具备教学组织、管理及协调能力。

2. 兼职教师

从事本课程教学的兼职教师应具备以下相关知识、技能和资质：

（1）具有3年以上行业工作经历，曾参与服装企业产品设计；

（2）具备从事服装设计相关工作的职业资格证书，曾参与服装企业产品设计。

（二）教学环境要求

（1）配置有投影仪的多媒体教室；

（2）配置可移动白板、展示台；

（3）配置人台、裁床、熨烫设备。

（三）学习资源

1. 教材

教材选用2012年我校专业教师李文东主编，重庆大学出版社出版的《服装结构制图》；2008年由杨焱主编重庆大学出版社出版的《服装立体造型的工艺方法》。选用由刘香英主编北京邮电大学出版社出版的《服装结构制图》作为参考教材。

2. 网络资源

可以利用"T100服装趋势网"提供的相关流行服装、色彩、图案、面料以及时装秀视频等。

（四）教学方法

本课程主要采用主学习法、情境教学法、团队学习法、案例分析法、讲学做等一体化教学方法。

（五）课程评价

1. 评价内容

项目名称	任务名称	评价内容
项目一　女装衣身结构设计及造型	任务一　女装原型结构及造型	①30分钟画出调整后的女装原型；②用调整后的女装原型100分钟完成立体造型
	任务二　女装胸省变化及造型	给出胸省图，学生在135分钟内画出其相应的结构图及立体造型
	任务三　女装衣身基础结构及造型	①给出一衣身图，学生在60分钟内画出其相应的结构图；②根据结构图，学生150分钟完成其立体造型
	任务四　女装衣身结构设计及造型	设计一女装衣身，画出相应结构图并进行立体造型，要求学生270分钟完成
项目二　女装袖型结构设计及造型	任务一　衣袖原型结构及造型	15分钟完成对衣袖原型的绘制，70分钟完成立体造型
	任务二　常见袖型结构及造型	①15分钟完成1∶5两片袖的绘制；②15分钟完成1∶5插肩袖的绘制
	任务三　袖型结构设计及造型	设计一袖型，70分钟完成其1∶1结构图和90分钟立体造型
项目三　衣领结构设计及造型	任务一　常见领型结构及造型	①45分钟完成1∶1西装领的结构图；②90分钟完成西装领立体造型
	任务二　领型结构设计及造型	60分钟完成变化领结构图，90分钟完成立体造型
项目四　女式上衣结构设计及造型	任务一　常见女式上衣结构及造型	给一常见女装上衣，学生150分钟完成其1∶1结构图绘制
	任务二　女式上衣结构设计及造型	①给出一特点女式上衣，学生150分钟完成其结构图的绘制；②根据结构图，学生运用手工假缝280分钟完成其立体造型及修正
	任务三　自主设计女装上衣结构及造型	设计一女式上衣，430分钟完成其结构图和立体造型及修正

项目名称	任务名称	评价内容
项目五 女式连衣裙结构设计及造型	任务一 常见连衣裙结构及造型	给一常见连衣裙,学生90分钟完成其1:5结构图绘制
	任务二 连衣裙结构设计及造型	①给出一特点连衣裙,学生在150分钟内完成其结构图的绘制;②根据结构图,学生运用手工假缝280分钟完成其立体造型及修正
	任务三 自主设计连衣裙结构及造型	设计一连衣裙,430分钟完成其结构图,立体造型及修正

2. 评价方式

平时(50%)+半期(20%)+期末(30%)=100%

平时:考勤+课堂+作业(课堂以小组成绩为主)。

半期:以技能考试为主,成绩由学生互评、教师评价两部分组成,各占总技能成绩的20%、80%。

期末:理论+技能(理论为闭卷考试,考题出自本科目题库。技能以作品的形式呈现,成绩由学生互评、教师评价、行业专家评价三部分组成,各占总技能成绩的20%、40%、40%)。

服装设计基础课程标准

一、课程基本情况

课程代码	14240020	课程类别	专业基础课
计划课时	108	建议开课时间	第 2 学期
先修课程	服装画技法		
后续课程			

二、课程标准制订依据

本标准依据重庆市龙门浩职业中学校《中等职业学校学生就业岗位能力标准》和《中等职业学校专业人才培养方案》以及国家服装设计与定制工职业资格证书（四级）的具体要求制订。

三、课程定位

本课程供 3 年制中职服装设计与工艺专业学生使用,主要培养本专业学生对流行的把握,能进行款式设计,能对服装进行色彩设计及搭配,能对服装面料进行搭配等,属于专业课中非常重要的基础课。

四、课程目标

通过学习,使学生不仅了解设计服装的零部件,还能通过一定的市场调研、资料收集等,制定相关的服装产品设计方案,并进行设计;认识、熟悉色彩及相关的基本知识,能进行各种色彩搭配,能结合流行对指定服装进行色彩设计;了解图案知识,能进行一些简单的图案设计并运用到服装相应的位置;了解服装材料,认识常见面料,能进行一定的面料再造和面料搭配。在学习中培养学生的吃苦耐劳,团队协作的精神以及各项职业操守等。

(一)专业知识

(1)能通过一定的市场调研,资料收集等,制定相关的服装产品设计方案;
(2)能熟悉色彩的基本知识,掌握色彩的搭配原理;
(3)能了解图案及面料基本知识,掌握常见面料的特性。

(二)专业技能

(1)会根据流行进行一定的服装款式设计;

（2）会运用色彩知识进行服装色彩设计及搭配；

（3）会将指定图案设计运用到服装相应位置；

（4）会进行一定的面料再造和面料搭配。

（三）职业素质

（1）具有良好的职业道德，自觉遵守国家法律法规，企业的各项规章制度和劳动纪律；

（2）有集体意识和团队合作精神，在学习中顾全大局，能与同事团结合作共同完成任务；

（3）有独立学习，获取信息的能力，对企业竭尽忠诚，对企业有关资料不得外泄，不做有损企业利益的事；

（4）应具有沟通、协作能力，能与其他部门及人员配合完成自己的设计。

五、课程设计思路

本课程是在进行广泛行业调研的基础上，与服装行业专家及本校服装设计与工艺专业的教师一起，通过对中职服装设计与工艺专业学生的工作岗位进行分析，根据完成岗位任务所需知识、技能重组课程内容，选取工作中的典型案例作为教学项目。整个课程分为5个学习项目，108基准学时，从构成服装外观美的几个因素入手，逐个进行设计。其中款式设计分为服装局部设计和产品款式设计两个项目，让学生由浅入深局部到整体学习。在产品款式设计里按企业流程先信息收集、制定产品设计方案，再到产品设计。服装色彩设计重在色彩的搭配和对服装图案、服装材料在服装中的运用。每个学习都是通过完成项目下的任务（包括专业知识的学习和专业技能的训练），最终实施并完成学习项目。

六、教学内容与课时分配

项目名称	任务名称	教学重难点	知识要求	技能要求	学时
项目一 服装款式局部设计	任务一 设计服装外廓形	对服装廓形的理解绘制	掌握几种基本廓形的特点	①能说出几种基本廓形；②能看图用几何形归纳外廓形	6
	任务二 设计服装零部件	吸取别人设计中的精华并巧妙地运用到自己的设计中	各零部件的设计要点	能根据样图找到其设计元素，并运用到自己设计的领、袖、门襟等部位	18

续表

项目名称	任务名称	教学重难点	知识要求	技能要求	学时
项目二　服装产品款式设计	任务一　收集产品信息(上衣)	产品市场信息收集	产品市场信息收集的步骤及主要内容	能根据产品要求对市场进行调研,完成对产品信息收集	6
	任务二　服装产品款式设计方案(上衣)	根据信息,完成资料收集并制定设计方案	制定设计方案的步骤及主要内容	①能根据产品要求和市场信息,完成产品资料收集;②利用所掌握资料,制定恰当的产品设计方案	6
	任务三　设计服装产品款式(上衣)	产品与流行的结合	本季度流行元素	①绘制产品款式设计草稿图;②绘制产品设计样图	6
	任务四　收集产品信息(连衣裙)	产品市场信息收集	产品市场信息收集的步骤及主要内容	能根据产品要求对市场进行调研,完成对产品信息的收集	6
	任务五　服装产品款式设计方案(连衣裙)	根据信息,完成资料收集并制定设计方案	制定设计方案的步骤及主要内容	①能根据产品要求和市场信息,完成产品资料收集;②利用所掌握资料,制定恰当的产品设计方案	6
	任务六　设计服装产品款式(连衣裙)	产品与流行的结合	本季度流行元素	①绘制产品款式设计草稿图;②绘制产品设计样图	6
项目三　服装产品色彩设计	任务一　认识色彩	①色彩三属性;②色调	①了解色彩三属性的概念,掌握三属性的特点;②掌握各种色调	①能运用三原色调和出各种颜色;②能按色调调和出一系列色彩	6
	任务二　色彩搭配	各种色彩的不同情感效应	①掌握各种色彩不同的情感反应;②掌握色彩搭配的一般规律	①能根据情感对服装进行相应的色彩搭配;②给出一组色彩和款式图,能运用色彩搭配原理进行多种配色	6
	任务三　设计服装产品色彩	①流行色的确认;②流行色与服装产品的结合	①了解流行色的产生、周期;②掌握影响流行色的因素	①查阅资料,调研市场,能较准确地找出当季当地流行色;②给出当季流行款式,能运用配色原理,将流行色搭配到相应的服装款式中	12

续表

项目名称	任务名称	教学重难点	知识要求	技能要求	学时
项目四 服装产品图案	任务一 认识图案	各图案构成形式的特点	①了解服装图案的主要表现内容；②掌握图案的组织形式及各自特点	能较美观地临摹绘制出各种组织形式的图案	3
	任务二 设计服装产品图案	能运用方法设计出各种美观的图案	掌握各种服装图案设计的方法	根据某一元素，能运用设计方法设计出风格不同的多种图案	3
	任务三 服装产品服装图案运用	服装产品图案运用技巧	服装产品图案运用技巧	给出一组图案和款式图，能根据图案、服装风格，把图案运用到相应的服装及部位中	6
项目五 服装材料	任务一 认识服装材料	各种面料的主要特点	①掌握面料的六大分类；②掌握六大面料的主要特点	观察面料，能根据面料特点说出其属哪类面料	6
	任务二 服装材料应用搭配	面料再造与服装款式的结合	①了解服装面料再造各种手法；②掌握各再造面料的外观特点	能结合服装款式，把面料再造运用服装到相应部位	6

七、教学实施

（一）师资要求

1. 专职教师

从事本课程教学的专职教师应具备以下相关知识、技能和资质：

（1）具备中等职业学校教师资格；

（2）具备一定的美术基础，有较强的审美能力；

（3）具备服装设计及流行的相关知识；

（4）具备教学组织、管理及协调能力。

2. 兼职教师

从事本课程教学的兼职教师应具备以下相关知识、技能和资质：

（1）具有 3 年以上行业工作经历，曾参与服装企业产品设计；

（2）具备从事服装设计相关工作的职业资格证书，曾参与服装企业产品设计。

（二）教学环境要求

（1）配置有投影仪的多媒体教室；

（2）配置可移动白板、展示台；

（3）能连接服装网站。

（三）学习资源

1.教材

本课程选用2011年王欣主编，重庆大学出版社出版的《服装设计基础》一书。选用2009年彭华主编，北京邮电大学出版社出版的《服装设计基础》为参考教材，其他有关服装专项设计的书籍可做教学参考书。

2.网络资源

可以利用"T100服装趋势网"提供的相关流行服装、色彩、图案、面料、时装秀视频等。

（四）教学方法

本课程主要采用主学习法、情境教学法、团队学习法、案例分析法、讲学做等一体化的教学方法。

（五）课程评价

1.评价内容

项目名称	任务名称	评价内容
项目一 服装款式局部设计	任务一 设计服装外廓型	给出一组图片，学生根据图片绘制其相应的外廓形
	任务二 设计服装零部件	①学生收集10款领型，设计3款；②学生收集10款袖型，设计3款；③学生收集10款口袋部位，设计3款
项目二 服装产品款式设计	任务一 收集产品信息（上衣）	①市场调研；②网上查资料
	任务二 服装产品款式设计方案（上衣）	①收集文字及实物资料；②制定产品款式设计方案
	任务三 设计服装产品款式（上衣）	完成服装产品款式设计稿
	任务四 收集产品信息（连衣裙）	①市场调研；②网上查资料
	任务五 服装产品款式设计方案（连衣裙）	①收集文字及实物资料；②制定产品款式设计方案
	任务六 设计服装产品款式（连衣裙）	完成服装产品款式设计稿

项目名称	任务名称	评价内容
项目三　服装产品色彩设计	任务一　认识色彩	①完成色相环绘制； ②完成明度、纯度色阶的绘制
	任务二　色彩搭配	①给出色块，按主题对色块进行分类、搭配； ②给出色块及不同的款式图，对款式图进行恰当的配色
	任务三　设计服装产品色彩	①做出当季流行色色标； ②给出当季流行款式，运用流行色对其进行色彩搭配
项目四　服装产品图案	任务一　认识图案	临摹教师给出的图案
	任务二　设计服装产品图案	给出某一实物或图片元素，学生设计两种相应的图案
	任务三　服装产品服装图案运用	给出一组图案和服装款式，把图案设计到适应的服装、恰当的位置上
项目五　服装材料	任务一　认识服装材料	给出一组常见服装面料，学生能说出其成分及特点
	任务二　服装材料应用搭配	用单色面料做出3种以上肌理效果

2.评价方式

平时(50%)＋半期(20%)＋期末(30%)＝100%

平时：考勤＋课堂＋作业(课堂以小组成绩为主)。

半期：以技能考试为主，成绩由学生互评、教师评价两部分组成，各占总技能成绩的20%、80%。

期末：理论＋技能(理论为闭卷考试，考题出自本科目题库。技能以作品的形式呈现，成绩由学生互评、教师评价、行业专家评价三部分组成，各占总技能成绩的20%、40%、40%)。

服装 CAD 课程标准

一、课程基本情况

课程代码	14240033	课程类别	专业基础课
计划课时	108	建议开课时间	第 3 学期
先修课程	服装结构制图		

二、课程标准制订依据

本课程标准依据《中等职业学校服装 CAD 岗位能力标准》和《中等职业学校服装设计与工艺专业教学标准》以及国家缝纫工职业资格证书(四级)的具体要求制订。

三、课程定位

本课程供 3 年制中职服装设计与工艺专业学生使用,主要培养本专业学生的运用 CAD 软件进行服装结构设计和制版综合应用的基本技能,属于专业课中较重要的基础课。

四、课程目标

通过本课程的学习,掌握服装 CAD 各系统功能菜单、按钮、专业工具的应用和操作方法;能把服装 CAD 软件技术应用于服装工业制版上,体现服装工业样板、服装 CAD 效果的准确、高效与灵活性;在学习中培养学生的吃苦耐劳、团结协作精神,适应职业变化的能力。

(一)专业知识

(1)熟悉计算机键盘上各功能键的分布和作用,正确的坐姿和标准的指法。了解输入法之间的切换,快捷键的转换手法;

(2)掌握创建、保存及管理文件的方法。掌握服装制版、推板、排料、符号标注等的操作方法;

(3)了解服装 CAD 的基本操作与使用技巧。掌握创建、保存及管理号型文件、制版文件、放码文件的方法,掌握制版、推档、标注等方法。

(二)专业技能

(1)具备一定的服装结构制图与相关知识的能力;

（2）能够熟练进行 CAD 软件操作技能；

（3）能够熟练地运用放码工具、标注工具进行不同文档的操作；

（4）能够熟练地对快捷键进行转换。

（三）职业素质

（1）学会职场应变的能力；

（2）建立集体意识和团队合作精神；

（3）树立行业规范意识和时间观念；

（4）独立学习，自主查阅相关资料的能力。

五、课程设计思路

本课程是在进行广泛行业调研基础上，结合历年全国服装技能大赛经验，服装行业专家及本校服装专业的骨干教师一起，通过对中职服装设计专业学生的工作岗位和校服装企业进行分析，根据岗位任务所需知识和技能重组课程内容，选取在实际运用中的典型款式作为教学项目，按照学生的认知规律，从简单的直裙到复杂西服款式制版进行课程设置。该课程由 10 个模块构成，共有 22 个学习任务。以任务为驱动、行动为导向，按理论与实践相结合进行教学实施，最终培养学生的工作岗位适应能力。

六、教学内容与课时分配

项目名称	任务名称	知识与技能		教学重难点	学时
项目一 CAD 界面系统及快捷键	任务一　样片系统界面介绍	知识	①界面的组成及操作流程了解；②掌握版型文件的创建及恢复流程	界面的了解、文件创建程序	2
		技能	①能了解界面区域的分布情况；②能对文件进行快速的界面处理，从而得到需要的文件		
	任务二　快捷键	知识	快捷键的操作及掌握	键盘快捷键	2
		技能	能根据需要开启和关闭快捷键		
项目二 女裙制版及放缝	任务一　直裙制图	知识	①了解工具的作用；②掌握工具符号在什么条件下使用更快捷	工具符号、分类运用	4
		技能	①能根据款式图和制图的要求正确的使用；②对应工具		

续表

项目名称	任务名称	知识与技能		教学重难点	学时
项目二 女裙制版及放缝	任务二　女裙省道转移	知识	①进一步掌握省道转移的灵活性；②熟悉不同省道的转移可以采用不同的方法	画省、对称作图、省道的转移等工具的运用	4
		技能	能灵活运用快捷键工具处理省道		
	任务三　女裙开刀线	知识	①了解曲线的调整方法；②掌握省道的处理方法	曲线、省、偏移点等工具的运用	5
		技能	能正确地调整曲线图与省道的位置，从而达到事半功倍的效果		
项目三 裤子制版及放缝	任务一　女西裤制版	知识	①掌握快捷键的切换；②熟悉圆规、量角器、三角板在制图中的合理运用	圆规、量角器、三角板的运用	8
		技能	要求学生为了达到快速的制图目的，掌握相应工具软件的合理运用		
	任务二　男西裤制版	知识	①掌握智能笔的多种运用方法；②掌握男、女西裤制版不同工具的运用	智能笔的多种用途	8
		技能	能快速、灵活地运用智能笔		
	任务三　西裤省道转移	知识	①熟悉旋转键的运用；②掌握省道的闭合操作	旋转、复制键的运用	4
		技能	能根据款式结构线能合理的运用旋转键		
项目四 女装版型制作	任务一　新文化原型的绘制	知识	进一步灵活掌握各工具键	智能笔与其他工具件的配合	4
		技能	能熟练地操作各工具键		
	任务二　原型省道的转移（单省道与多省道）	知识	掌握旋转工具与其他工具键的运用	省道转移工具与旋转工具的结合运用	8
		技能	能正确地运用工具合并省道，能熟练地运用原型省道		

项目名称	任务名称	知识与技能		教学重难点	学时
项目四 女装版型制作	任务三　各种衣领的绘制方法	知识	掌握运用 CAD 工具对不同衣领的绘制进行标注	制图符号的正确标注	8
		技能	能运用工具正确地标注款式符号		
	任务四　袖子的变化	知识	掌握省道、合并、旋转等工具的运用	工具的结合运用	8
		技能	能运用快捷键进行工具的转换,并能正确的使用		
项目五 男、女西服制版及放缝	任务一　女西服变化的制版	知识	掌握原型图的运用方法	原型图运用	10
		技能	能运用原型图进行款式图的设计		
	任务二　男西服制版	知识	学会运用工具条绘制结构图	男装原型图运用	4
		技能	能运用原型图进行款式图的设计		
项目六 样板推档	任务一　女裙推档	知识	掌握工具条的运用	推档尺寸	4
		技能	能运用推档工具进行放码的运用		
	任务二　男西裤推档	知识	灵活运用放码工具键	推档工具	6
		技能	能运用放码工具掌握推档尺寸		
	任务三　女衬衫推档	知识	掌握上装与下装推档的不同点	快捷键运用	6
		技能	能运用工具对放码文件进行处理		
项目七 单码排料	任务一　女西裤排料	知识	掌握排料工具软件的运用	排料工具	2
		技能	能运用排料工具条		
	任务二　女衬衫排料	知识	熟悉排料工具	单排	2
		技能	能运用软件在排料过程中达到节约面料的目的		
项目八 多码套排	女西裤多档排料	知识	掌握软件工具在排料中的运用	多码套排调整	2
		技能	能灵活的运用排料工具条		
项目九 对格排料	女衬衫格子排料	知识	掌握对格排料时工具条的运用	格子排料条纹横竖对齐	2
		技能	能在排料时对格子的调整达到节约面料的目的		

续表

项目名称	任务名称	知识与技能		教学重难点	学时
项目十打印输出	打印程序	知识	掌握文件的输入输出以及出现问题的解决办法	打印程序流程和设置	1
		技能	能运用CAD软件设置打印规定的图样,并知道在打印的过程中出现问题的解决办法		

七、教学实施

(一)师资要求

1. 专职教师

从事本课程教学的专职教师应具备以下相关知识、技能和资质:

(1)具备中等职业学校教师资格;

(2)具备一定的服装结构制图与相关知识的能力;

(3)具备熟练的CAD软件操作技能;

(4)具备各类文化式服装原型发展结构图的相关知识和变化点;

(5)具备丰富的教育教学经验;

(6)具备教学组织、管理及协调能力。

2. 兼职教师

从事本课程教学的兼职教师应具备以下相关知识、技能和资质:

(1)具有3年以上行业工作经历,有相应的教学经历;

(2)具有3年以上行业工作,具有丰富的结构制图设计和工艺操作。

本课程的教师资源由专职教师和兼职教师共同组成,其中30%以上的课程教学由兼职教师完成。

(二)教学环境要求

(1)配置有投影仪的多媒体教室;

(2)配置有投影仪多媒体机房,达到一人一机的实训条件。

(三)学习资源

1. 教材

本课程选用黄仁辉主编,重庆大学出版社出版的《服装CAD结构制图》教材。

2.参考教材

李文东主编,重庆大学出版社出版的《服装结构制图》。

3.网络资源

可以参考由重庆大学出版社网站(http://www.cqup.com.cn)提供的相关课件、教学设计及教学素材。

(四)教学方法

本课程主要采用自主学习法、安排学生进行有针对性的市场调查等实践活动,并且加以分组讨论法、自我评价教学法、大赛案例分析法、学生作品展示、演示法等一系列教学方法。

(五)课程评价

1.评价内容

项目名称	任务名称	评价内容
项目一　CAD界面系统及快捷键	任务一　样片系统界面介绍	①10分钟熟悉界面,10分钟创建号型文件、版样文件、放码文件; ②打开界面并运用界面作简单工具操作
	任务二　快捷键	让学生用45分钟的时间熟悉快捷键之间的切换
项目二　女裙制版与放缝	任务一　直裙制图	①50分钟完成前、后裙片的结构图; ②20分钟完成对版样文件的处理
	任务二　女裙省道转移	①20分钟完成对称开刀线及线条的调整; ②让学生用60分钟进行开刀线的设计及绘制
	任务三　女裙开刀线	要求学生运用省道和开刀线之间的关系进行3款不同裙子的结构制图绘制,时间为120分钟
项目三　裤子制版与放缝	任务一　女西裤制版	90分钟运用工具条完成女西裤的结构制图
	任务二　男西裤制版	①40分钟用工具条完成男西裤的制版; ②20分钟写出男女西裤制版所用工具的操作方法
	任务三　西裤省道转移	①25分钟完成省道转移的不同位置; ②10分钟完成省道转移到开刀线; ③120分钟完成3款不同裤型开刀线和省道的设计
项目四　女装版型制作	任务一　新文化原型的绘制	让学生用3分钟完成原型图的绘制
	任务二　原型省道的转移(单省道与多省道)	让学生用90分钟完成省道转移的变化

续表

项目名称	任务名称	评价内容
项目四　女装版型制作	任务三　各种衣领的绘制方法	让学生用40分钟完成各种领型的绘制
	任务四　袖子的变化	让学生用30分钟完成袖子变化的制图与符号标注
项目五　男、女西服制版及放缝	任务一　女西服变化的制版	让学生用5分半钟完成原型图的绘制
	任务二　男西服制版	①让学生2分半钟完成女装原型图的绘制；②根据原型图绘制一款春夏女装结构图，要求是50分钟完成
项目六　样板推档	任务一　女裙推档	20分钟完成直裙放码
	任务二　男西裤推档	根据版样文件，对男女西裤推档5个码，时间为45分钟，并标注档差
	任务三　女衬衫推档	①30分钟完成男衬衫5个档差的推档，含中间码②根据提供的男衬衫款式图片，用150分钟完成号型文件、版样文件及放码
项目七　单码排料	任务一　女西裤排料	①10分钟完成男西裤的排料图；②15分钟完成对排料图的调整（怎样节约面料）
	任务二　女衬衫排料	①5分钟完成女夹克的排料；②6分钟对女夹克排料进行调整，合理的运用面料
项目八　多码套牌	任务　女西裤多档排料	①10分钟完成女西裤多档的调整；②180分钟完成牛仔裤的制版与推档、排料
项目九　对格排料	任务　女衬衫格子排料	根据提供的图片完成女衬衫的结构制图、版样文件、放码文件及排料，240分钟完成
项目十　打印输出	任务　打印程序	10分钟完成打印机的设置并打印出女裙的号型文件、版样文件、放码文件

2. 评价方式

《服装CAD》课程的考核采用实践操作的方式，分成两部分：规定性实训成绩和自主性实训成绩。

（1）规定性实训成绩：每次实训都要根据学生完成实训的情况给出成绩，促使学生进行实训预习、小结。规定性实训占实践成绩的20%。

（2）自主性实训成绩：由学生自主设计一款服装，绘制出样板、并进行推板、排料。自主性实训（实践考试）占实践成绩的80%。

教学设计

JIAOXUE SHEJI

服装结构与立体造型教学设计

一、整体教学设计

本课程教学设计主要围绕我校服装设计与工艺专业人才培养方案和课程标准来进行。整个课程分为 5 个学习项目,396 基准学时,按学生的认知规律由浅入深,从女装原型结构基础、立体造型基本手法、流程入手,到服装领、袖等局部结构,再到女式上衣、连衣裙等整体结构,最后到常见女式服装结构到变化女式服装结构等内容。在学习每种结构的同时完成相应的立体造型,并通过一定的手法对服装款式、结构图进行调整和修正。课程强调服装结构、立体造型的基本知识,更着重服装结构设计的运用,对立体造型的熟练准确把控。每个学习都通过完成项目下的任务(包括专业知识的学习和专业技能的训练),最终实施并完成学习项目。

二、单元教学设计

项目一　女装衣身结构设计及造型

本项目教学采用多媒体演示、案例教学与学生实作相结合,使学生认识原型结构基础,掌握胸省的变化及衣身结构造型。

主要教学内容:

(1)女装原型结构及造型;

(2)女装胸省变化及造型;

(3)女装衣身基础结构及造型;

(4)女装衣身结构设计及造型。

项目二　女装袖型结构设计及造型

本项目教学主要在实训室进行,以典型案例教学为主,让学生掌握女装原型袖的结构及变化、立体造型和修正。

主要教学内容:

(1)衣袖原型结构及造型;

(2)常见袖型结构及造型;

(3)袖型结构设计及造型。

项目三　衣领结构设计及造型

本项目教学采用多媒体演示、案例教学与学生实作相结合,让学生在原型领的基础上掌握领型的基本结构、立体造型和设计变化。

主要教学内容:

（1）常见领型结构及造型；

（2）领型结构设计及造型。

项目四　女式上衣结构设计及造型

本项目教学主要在实训室进行，以实物款式和图片款式为主，学生主要掌握在新原型的基础上进行结构造型、立体造型及修正。

主要教学内容：

（1）常见女式上衣结构及造型；

（2）女式上衣结构设计及造型；

（3）自主设计女式上衣结构及造型。

项目五　女式连衣裙结构设计及造型

本项目教学主要在实训室进行，以学生自主设计款式为主，再将款式进行结构制图、立体造型及修正，最后通过小组互评、教师评价、专家组评价对学生作品作出评价。

主要教学内容：

（1）常见连衣裙结构及造型；

（2）连衣裙结构设计及造型；

（3）自主设计连衣裙结构及造型。

三、教学方案设计

项目一　女装衣身结构设计及造型

任务一　女装原型结构及造型

完成任务的步骤及课时：

步　骤	教学内容	课　时
步骤一	认识原型、测量数据	1
步骤二	分步骤绘制新文化原型	5
步骤三	立体造型准备工作	2
步骤四	立体造型	3
步骤五	根据人台调整造型	3
步骤六	绘制、熟记调整后的女装新原型结构图	4
步骤七	考核评价	4
合　　计		22

步骤一　认识新原型、测量数据

教学目标	知识目标	(1)能认识新旧两种原型,并知晓新原型的优点; (2)能熟记新原型胸腰放松量及差值
	技能目标	(1)会准确测量版型和人台需要的各部位尺寸; (2)会准确计算原型版胸腰部位的松量及差值
	素养目标	(1)有善于观察和学习的能力; (2)有团队协作意识
教学重点	能准确测量版型和人台需要的各部位尺寸	
教学难点	能准确计算原型版胸腰部位的松量及差值	
参考课时	1课时	
教学准备	多媒体、课件、女装新原型(每组1个1∶1)、人台(每组一个)	

教学环节	教　师	学　生
	比较日本文化原型、新文化原型	
活动一 (15分钟)	(1)展示日本文化原型、新文化原型结构图,如下图所示。 (2)用已有知识比较两种原型的不同。 (3)通过比较,结合人体结构,运动特点说说新文化原型的优点	观察,分组讨论: (1)回答两者不同处:省道数量不同,日本文化原型3个,新文化原型7个;原型下方线不同,一个为水平线,一个为非水平线; (2)回答新文化原型优点:省道分布更细,更符合人体结构,下方为水平线更方便结构设计与制图。 意外情境: ①学生只看到表象,认为日本文化原型省道少,绘制起来更方面、简单; ②学生没有把原型与人体结构很好联系起来,说不出新文化的优点

教学环节	教师	学生
活动二 **(17分钟)**	**测量女装新原型、人台各主要数据**	
	(1)展示女装新原型结构图、人台。 (2)指导学生量胸腰围等主要数据,得出原型结构放松量、胸腰差量	(1)分组测量人台、女装原型结构图胸腰围等主要数据,并做好记录。 (2)比较两者各数据,得出原型结构放松量、胸腰差量等数据 出错情境: ①学生量人台部位不准确,导致数据不准,结果不一致; ②学生加减法算错,导致结果错误。 意外情境: 人台有A、B型两种,导致胸围一致,但腰围有64 cm、66 cm两种
活动三 **(5分钟)**	**总结得出新原型数据**	
	(1)规定人台用160/84A 人台胸围:84 cm,腰围:64 cm (2)总结各数据 新原型胸围:96 cm,腰围:70 cm 原型胸围放松量:(96 − 84)cm = 12 cm 原型腰围放松量:(70 − 64)cm = 6 cm 原型胸腰差量:(96 − 70)cm = 26 cm	(1)每组提供所测量新原型胸围、腰围。 (2)按规定人台每组提供计算的胸围放松量,腰围放松量,胸腰差量。 (3)与教师一起总结出各数据

活动四 (8分钟)	**小结评价**		
	评价内容	评价标准	得分/等级
	活动一比较日本文化原型、新文化原型	小组协作讨论积极回答问题并完全正确	优
		小组协作讨论积极回答问题并基本正确	良
		小组协作积极回答问题并部分正确	中
		小组无协作讨论未回答问题或回答问题全部错误	差
	活动二测量女装新原型、人台各主要数据	小组分工协作所测数据全部正确	优
		小组分工协作所测数据基本正确	良
		小组部分协作所测数据部分正确	中
		小组部分协作或无协作所测数据全部错误	差
	活动三总结得出新原型数据	小组共同计算的数据全部正确	优
		小组共同计算的数据基本正确	良
		小组部分参与计算的数据部分正确	中
		小组部分参与或无参与计算的数据全部错误	差

步骤二　分步骤绘制新文化原型

教学目标	知识目标	(1)能掌握绘制新文化原型的步骤； (2)能熟记新文化原型的主要计算原理； (3)能熟记新文化原型的主要数据
	技能目标	(1)会准确找出新原型各定位点； (2)会按步骤准确绘制1∶5女装原型(160/84A)； (3)会按步骤较准确、美观的绘制1∶1女装原型(160/84A)
	素养目标	有条理性做事
教学重点	按步骤绘制新文化原型	
教学难点	(1)按步骤绘制1∶1新文化原型； (2)新原型各定位点的确定	
课时	5课时	
教学准备	多媒体、课件、打板纸、打板尺	

教学环节	教　师	学　生
	讲解并分步骤绘制新文化原型	
活动一 (45分钟)	(1)定原型各数据(单位：cm) 胸围96　腰围70　背长38 (2)制原型基本框架图(单位：cm) ①作后中心线，背长 = 38； ②作前中心线，前后身宽 = $B/2 + 6 = 48$； ③作胸围线，在前中心线上定位； ④后背宽17.9； ⑤后肩胛省尖高度 = 8； ⑥前胸宽16.7； ⑦BP = 前胸宽/2 左移0.7，在胸围线上定位 (3)原型细部结构定位 ①前领口宽 = $B/24 + 3.4 = 6.9 = @$ ，深 = $@ + 0.5 = 7.4$； ②后领口宽 = $@ + 0.2 = 7.1$ 深 = 2.46)作后领口弧线； ③后肩斜度 = 18°前肩斜度 = 22°； ④做后肩胛省，后肩胛省量1.82； ⑤测前肩斜线长度 = $\&$ = 13； ⑥确定后肩端点：$\&$ + 肩胛省量 = 14.82； ⑦作胸省位线，胸省量 = 18.5°； ⑧确定前、后袖笼弧线通过点； ⑨作袖笼弧线； ⑩确定6个腰省位置，腰省总量 = 前后身宽 − ($W/2 +$ 3) = 13； ⑪作原型图样轮廓线，如下图所示	(1)制规格尺寸表。 (2)跟着教师分步骤绘制1∶5女装新文化原型 正常情境： 所有同学跟着教师速度一步步完成 意外情境： ①没有跟上教师速度，步骤被打乱，无法继续绘制，或绘制步骤错误； ②没有听懂教师所讲数据的计算，无法继续绘制，或绘制错误

教学环节	教 师	学 生
活动一 (45分钟)		
	比较所绘制原型	
活动二 (7分钟)	(1)组织各同学剪下所绘制的原型图形。 (2)组织小组比较所绘制的原型。 (3)引导学生找到各自原型图形出入的原因	(1)剪下各自绘制的原型图形。 (2)同组同学图形重叠,看看所会原型是不是一样的 正常情境: 所有同学的原型板都能完全重合 出错情境: 所画比例有点小,带小数点的数据有可能有稍许出入。 意外情境: ①1∶5数据换算出了问题; ②尺子尺寸看错
	学生自行绘制1∶5新原型	
活动三 (60分钟)	(1)布置课堂练习:绘制1∶5新原型2个。 (2)强调绘制要求: ①严格按步骤进行绘制; ②绘制数据精确; ③绘制线条流畅,结构线与辅助线清晰明了; ④数据、公式等标注清晰 (3)强调绘制中的难点: ①袖笼线几个主要点的定位; ②袖笼省两开口点的定位; ③各腰省位置和省尖的定位	自行绘制1∶5新原型结构图 正常情境: ①按步骤要求完成新原型绘制; ②所画比例有点小,带小数点的数据有可能画得有稍许出入 意外情境: ①没有记熟步骤,以至于步骤前后颠倒、混乱; ②线条不够流畅,结构线、辅助线没有区分 出错情境: ①数据计算出错; ②数据、公式标注不全

续表

教学环节	教　师	学　生
活动四 (8分钟)	交流、熟记新原型	
	组织学生交流、熟记新原型	(1)同组同学相互检查所绘制的原型。 (2)同组同学交流绘制新原型心得。 (3)同组同学相互检查对新原型的熟记情况
活动五 (60分钟)	学生自行绘制1∶1新原型	
	(1)布置课堂练习:绘制1∶1新原型1个。 (2)强调绘制要求: ①严格按步骤进行绘制; ②绘制数据精确; ③绘制线条流畅,特别是袖笼弧线、领弧线,结构线与辅助线清晰明了; ④数据、公式等标注清晰。 (3)强调绘制中的难点: ①袖笼线几个主要点的定位; ②袖笼省两开口点的定位; ③各腰省位置和省尖的定位; ④绘制弧线流畅、清晰	自行绘制1∶1新原型结构图。 正常情境: 按步骤要求完成新原型绘制。 意外情境: ①没有记熟步骤,以至于步骤前后颠倒、混乱; ②图形比例放大后,线条不够流畅,特别是袖笼弧线; ③因反复调整绘制,有的辅助线或标注被擦掉了。 出错情境: ①数据计算出错; ②数据、公式标注不全
活动六 (20分钟)	检查绘制、掌握新原型情况	
	(1)查看每组绘制完成情况。 (2)每组抽查一同学到黑板上书写问题答案: ①胸围、腰围是多少? ②前胸、后背宽是多少 ③后腰节长多少? ④前领、后领宽、深是多少? ⑤前、后肩斜是多少度? ⑥BP点是怎样确定的? ⑦腰上5省位的大小及确定? ⑧袖笼弧线定位点是怎样确定的? ⑨袖笼省位的大小及确定? (3)与学生共同点评每组同学回答情况	(1)展示各自绘制的新原型。 (2)每组一同学到黑板上书写教师提问的答案。 (3)与教师一起点评每组同学回答情况
活动七 (25分钟)	小结评价	

	评价内容	评价标准	得分/等级
活动七 (25分钟)	活动六检查所绘制1∶1原型(小组互换评价)	绘制正确,线条流畅、标注清晰完整	85分以上
		绘制正确,线条较流畅、标注较完整	70~84分
		绘制有1处错误,线条不够流畅、标注不够完整	60~69分
		绘制有1处以上错误,线条不够清晰流畅,标注不完整	60分以下

教学环节	教　师		学　生
活动七 (25分钟)	小结评价		
	评价内容	评价标准	得分/等级
	活动六检查 掌握新原型 情况	回答错误在1个,包含1个以内	优
		回答错误在3个,包含3个以内	良
		回答错误在5个,包含5个以内	中
		回答错误超过6个,包含6个	差

步骤三　立体造型准备工作

教学目标	知识目标	(1)能了解什么是立体造型; (2)能掌握立体造型准备步骤
	技能目标	(1)会按要求正确剪纸样; (2)会按要求正确熨烫胚布; (3)会在胚布上画样,按要求留出缝缝,裁剪
	素养目标	有事前要做好准备工作的意识
教学重点	(1)正确熨烫胚布; (2)胚布画样	
教学难点	(1)正确熨烫胚布 (2)按要求留出缝缝	
参考课时	2课时	
教学准备	原型结构图、胚布、剪刀、划粉、熨斗、尺子	

教学环节	教　师	学　生
活动一 (10分钟)	剪原型纸样	
	步骤如下: (1)按轮廓线流畅、平滑剪下原型。 (2)在各省位、胸围线打上剪口。 (3)在省尖处打孔	按步骤剪原型纸样
活动二 (10分钟)	熨烫胚布	
	(1)步骤如下: ①去掉胚布布边; ②打开熨斗蒸汽对胚布进行平整熨烫 (2)注意事项 ①布边去掉2 cm左右,胚布纱线松紧一致; ②熨烫时要调整经纬纱线成垂直状	按步骤要求进行熨烫。 意外情境: ①布边去的不够,还有些紧; ②熨烫中按布原样熨烫,没有调整 错误情境: ①没按步骤,忘了去布边; ②熨烫中熨斗推着走,是胚布变形

续表

教学环节	教　师	学　生		
	检查所熨烫的胚布并调整			
活动三 (20分钟)	小组与小组同学交换互评。 检查要点： ①胚布纱线松紧一致； ②熨烫胚布平整，胚布经纬纱线成垂直状态	(1)小组与小组同学交换互评。 (2)有问题的同学在其他同学的帮助下再次调整熨烫胚布		
	在胚布上画样、裁剪			
活动四 (20分钟)	步骤如下： ①把剪好后的原型纸样按直纱托印在胚布上、并在胚布上做好各标记； ②各边留出 1.5 cm 缝缝； ③按缝缝剪下布片，在剪口标记处打上剪口	按步骤进行画样、裁剪。 意外情境： ①纸样移动，画样不准； ②有的地方忘了留缝缝，裁剪到了净样 出错情境： ①没有按直纱排料； ②画样标记不全，致使后面有的地方没法定位； ③缝缝留出不均匀，宽窄不一致； ④裁剪中剪裁用线不顺，剪口不齐全，或剪口太大		
	检查所裁剪的裁片并修正			
活动五 (20分钟)	小组与小组同学交换互评 检查要点： ①裁片为直纱并与纸样吻合； ②裁片线迹清晰，标注齐全； ③裁片廓形流畅，缝缝均匀，剪口正确，齐全	(1)小组与小组同学交换互评。 (2)有问题的同学在其他同学的帮助下再次修正裁片、补充标注等		
	小结评价			
活动六 (10分钟)	评价内容	评价标准		得分/等级
	活动三检查所熨烫的胚布	胚布纱线松紧一致，熨烫胚布平整，胚布经纬纱线成垂直状态		85 分以上
		胚布纱线松紧较一致，熨烫胚布较平整，胚布经纬纱线基本成垂直状态		70 ~ 84 分
		胚布布边去的不够，熨烫胚布不够平整，胚布经纬纱线有的垂直状态		60 ~ 69 分
		胚布布边没去，熨烫胚布不够平整，胚布经纬纱线基本成垂直状态		60 分以下

教学环节	教　师		学　生
活动六 (10分钟)	小结评价		
	评价内容	评价标准	得分/等级
	活动五检查所裁剪的裁片	裁片为直纱与纸样吻合,裁片线迹清晰,标注齐全,裁片廓形流畅,缝缝均匀,剪口正确,齐全	85分以上
		裁片为直纱与纸样较吻合,裁片线迹清晰,标注少1处以内,裁片廓形流畅,缝缝较均匀,剪口齐全	70~84分
		裁片纱向不正与纸样基本吻合,裁片线迹较清晰,标注少3处含3处以内,裁片廓形流畅,缝缝基本均匀,剪口少1处	60~69分
		裁片纱向错误与纸样基本吻合,裁片线迹基本清晰,标注少3处以上,裁片廓形较流畅,缝缝基本均匀,剪口少2处(含2处)以上	60分以下

步骤四　立体造型

教学目标	知识目标	(1)能掌握立体造型的步骤; (2)能掌握立体造型中的各数据
	技能目标	(1)会根据立体造型要求正确使用大头针; (2)会按工艺要求熨烫缝缝; (3)会按步骤完成原型立体造型
	素养目标	做事有条理性,一丝不苟的意识
教学重点	(1)正确使用大头针; (2)按工艺要求熨烫缝缝	
教学难点	按工艺要求熨烫缝缝	
参考课时	3课时	
教学准备	原型裁片、剪刀、熨斗、大头针、人台(每人一个)	

教学环节	教　师	学　生
活动一 (15分钟)	观察样品缝缝及省位	
	(1)展示样品,学生观察肩缝、侧缝前后衣片的关系? (2)观察省道的倒向? (3)总结原型缝缝熨烫位为后肩肩斜线,后侧缝缝位;省位熨烫腰省、肩省量倒向中间,袖笼省量倒向上面	(1)肩缝缝头是后盖前,侧缝缝头也是后盖前。 (2)腰上省道倒向中间,袖笼省道倒向上面。 (3)笔记记下所观察、总结的

续表

教学环节	教　师	学　生
	熨烫缝缝及省位	
活动二 (20分钟)	(1)熨烫部位 ①前衣片:腰省、袖笼省、领弯; ②后衣片:肩缝、侧缝、腰省、肩省、后领弯 (2)熨烫步骤 ①在弧度较大的领弯、袖笼处需打剪口; ②熨烫前衣片:省位—领弯弧线—袖笼弧线—门襟; ③熨烫后衣片:省位—领弯弧线—袖笼弧线—肩缝—侧缝—后中缝	(1)准确找出各片中需要熨烫的部位。 (2)打剪口熨烫各部位 意外情境: ①弧度大的位置剪口个数打得不够; ②剪口打得太老,熨烫后露出了刀眼或弧度不圆顺 出错情境: ①所烫缝缝不是需烫部位; ②所烫省位倒向错误
	检查所熨烫的缝缝及省位	
活动三 (20分钟)	检查要点: ①需烫的位置是否都完成、正确; ②有无多烫部位; ③所烫弧线部位是否圆顺	(1)小组与小组同学交换互评。 (2)有问题的同学在其他同学的帮助下再次修正所熨烫的裁片
	示范立体造型手法	
活动四 (20分钟)	手法: ①合侧缝:后片盖前片,后片横向,并领窝在自己右手边,衣片靠近自己身体; ②前后衣片缝缝重合,插针,针尖朝衣服下摆,针头落在下层衣片;针角度为水平线夹角45°~75°,大头针均匀间隔4~6 cm,吃布约0.2~0.4 cm,针尖外露0.2~0.4 cm; ③省尖1~2 cm不用大头针; ④拿肩缝不合,上人台后调整穿着位置,无误再缝合肩缝	(1)学生仔细观察各手法。 (2)学生做好各手法要点笔记
	做原型立体造型	
活动五 (40分钟)	(1)造型步骤如下: ①做前后片各省位; ②合侧缝; ③把缝合的衣片穿上人台,调正衣片; ④缝合肩斜,完成原型造型 (2)注意事项如下: 造型时尽量用兰花指,少接触衣片,保证衣片平整	学生按步骤、手法要求完成原型立体造型。 正常情境: (1)所使用立体造型手法完全正确。 (2)按步骤完成原型立体造型 意外情境: ①烫缝后因缩水前后侧缝不一样长,缝合下摆不齐; ②所做造型衣片出现褶皱 错误情境: ①针尖朝上; ②针头落在了上层衣片; ③针距不均匀或针距过大、过小

教学环节	教 师		学 生
	检查所做原型立体造型		
活动六 (20分钟)	检查要点： ①原型造型完整、正确、平整； ②针尖朝向正确，角度适合； ③针距适度均匀		(1) 与小组同学交换互评。 (2) 有问题的同学在其他同学的帮助下再次修正所做造型

活动七 (10分钟)	小结评价			
	评价内容	评价标准		得分/等级
	活动三检查所熨烫的缝缝及省位	需烫的位置完全正确，所烫弧线部位廓形圆顺		85分以上
		需烫的位置较完全正确，有一处缝缝或一处省位倒向错误（合计不超过两处）所烫弧线部位廓形较圆顺		70~84分
		需烫的位置较完全正确，有两处缝缝或两处省位倒向错误（合计不超过3处）所烫弧线部位廓形基本圆顺		60~69分
		需烫的位置基本正确，有两处缝缝或3处省位倒向错误（合计超过4处以上）所烫弧线部位廓形基本圆顺		60分以下
	活动六检查所做原型立体造型	原型造型完整、正确、平整，针尖朝向正确，角度适合，针距适度均匀		85分以上
		原型造型完整、较正确平整，针尖朝向一处错误，角度较适合，针距适度较均匀		70~84分
		原型造型完整、较正确平整，针尖朝向有两处错误，角度较适合，针距基本适度均匀		60~69分
		原型造型完整、较正确平整，针尖朝向有两处以上错误，角度超过范围适合，针距不够适度均匀		60分以下

步骤五　根据人台调整造型

教学目标	知识目标	能掌握原型调整各主要部位
	技能目标	会对原型造型进行调整
	素养目标	有精益求精的精神
教学重点	对原型造型进行调整	
教学难点	根据人台结构对原型进行调整	
参考课时	4课时	
教学准备	剪刀、熨斗、大头针、人台（每人一个）、红笔、尺子	

续表

教学环节	教　师	学　生
	观察所做原型造型	
活动一 (15分钟)	引导学生观察自己所做造型在人台上有哪些问题？	观察自己所做造型在人台上与之有哪些部位不符？ 正常情境： ①肩宽、胸宽、背宽宽了； ②胸围、腰围大了 出错情境： ①袖笼大了，特别是后袖笼靠肩处不平复。原因是袖笼弧线熨烫出问题或肩斜出问题； ②肩斜线对齐后，胸围线不水平。原因是后袖笼深或前胸 BP 点线出问题
	画出调整后位置	
活动二 (50分钟)	(1)胸围线、袖笼线有问题的同学调整。 (2)引导学生找到各调整部位：肩宽、胸宽、背宽、胸围、腰围。 (3)步骤如下： ①大头针锁出胸围、腰围； ②红笔画出肩宽、胸宽、背宽调整后的线迹； ③观察调整、画线后的幽灵省，省尖出了袖笼线； ④调整定出幽灵省省尖位置	(1)胸围线、袖笼线有问题的同学调整。 (2)画出调整后各部位位置
	调整造型	
活动三 (80分钟)	引导学生调整造型： (1)从人台上取下画好调整位的造型样，并取下大头针。 (2)熨烫拆下的各裁片。 (3)按调整后的位置重新熨烫。 (4)按造型要求重新对原型进行组装并穿上人台	按步骤调整造型。 正常情境： 步骤正确，调整后原型造型符合人台结构、大小。 意外情境： ①调整后肩线连接处的袖笼弧线不流畅； ②原型围度调整后还是偏大
	检查调整后的造型	
活动四 (25分钟)	检查要点如下： (1)调整后造型平整、合体、针法运用正确。 (2)调整所画线迹清晰、规范	(1)小组与小组同学交换互评； (2)有问题的同学在其他同学的帮助下再次修正造型，调整线迹

续表

教学环节	教　师		学　生	
活动五 (10分钟)	活动四检查调整后的造型	小结评价		
		评价内容	评价标准	得分/等级
			调整后造型平整、合体、针法运用正确,调整所画线迹正确、清晰、规范	85分以上
			调整后造型较平整、合体,针法运用有1处错误或不规范,调整所画线迹正确、较清晰、规范	70~84分
			调整后造型基本平整、合体,针法运用有2处错误或不规范,调整所画线迹正确、较清晰、规范	60~69分
			调整后造型基本平整、合体,针法运用有3处错误或不规范,调整所画线迹有错误、较清晰、规范	60分以下

步骤六　绘制、熟记调整后的女装新原型结构图

教学目标	知识目标	能熟记调整后新原型结构图
	技能目标	①会较熟练地进行拓版; ②会默画调整后的新原型
	素养目标	有良好的记忆力
教学重点	熟记、默画调整后的新原型结构图	
教学难点	默画调整后的新原型	
参考课时	4课时	
教学准备	铅笔、尺子、牛皮纸、软尺	

教学环节	教　师	学　生
活动一 (45分钟)	拓版	
	步骤如下: ①拆下调整后的原型造型; ②对拆下的裁片熨烫平整; ③在裁片上再次清晰绘制调整的线迹; ④把裁片放在牛皮纸上拓版; ⑤牛皮纸上绘制拓印线迹	按步骤进行拓版。 正常情境: ①按步骤进行拓版; ②所拓版与裁片版型一致吻合 意外情境: ①拓版时裁片移位,以至于所拓版型不准; ②拓版时遗忘了某线条或定位点的拓印 错误情境: 没有按步骤做,主要是省掉了熨烫或再次绘制线迹

续表

教学环节	教 师	学 生
	检查版型总结数据	
活动二 (30分钟)	(1)引导学生相互检查版型,检查要点: ①省道,标注清晰、完整; ②线条,特别是弧线流畅、清晰 (2)收集各小组数据总结得出: 胸围:92 cm;腰围:70 cm 前胸宽:15.7 cm;后背宽:16.9 cm 肩宽:36 cm	(1)本小组同学相互检查版型,发现问题,指出问题。 (2)有问题的同学修正版型。 (3)小组各同学根据教师要求测量胸围、腰围、前胸宽、后背宽、肩宽各数据。 (4)各小组收集各自测量的数据,并归纳、总结出一组数据。 (5)收集各小组数据,全班总结统一出一组数据
	绘制、熟记调整后的女装新原型结构图	
活动三 (100分钟)	(1)学生按调整后的数据绘制1∶5女装新原型结构图。 (2)学生按调整后的数据绘制1∶1女装新原型结构图。 (3)学生看图熟记女装新原型结构图步骤及各数据。 (4)同小组同学相互检查熟记情况	(1)按要求绘制1∶5女装新原型结构图。 (2)按要求绘制1∶1女装新原型结构图。 (3)看图熟记女装新原型结构图步骤及各数据。 (4)同小组同学相互检查熟记情况 正常情境: 能口述绘制步骤及各数据。 意外情境: ①口述绘制步骤混乱,记忆不熟; ②前期绘制步骤、数据错误,导致记忆错误
活动四 (5分钟)	小结评价		

	评价内容	评价标准	得分/等级
活动四 (5分钟)	活动三检查新原型熟记情况	能正确口述新原型绘制步骤及各数据	85分以上
		能较正确口述新原型绘制步骤及各数据(错误在2处,含2处以内)	70~84分
		能基本正确口述新原型绘制步骤及各数据(错误在4处,含4处以内)	60~69分
		能口述新原型绘制步骤及各数据(错误在5处以上,含5处)	60分以下
课后作业	(1)绘制1∶5新原型结构图3遍。 (2)熟记新原型绘制步骤及各数据		

步骤七　考核评价

教学目标	知识目标	(1)能熟记调整后新原型结构图； (2)能清楚新原型结构图及立体造型评价的各条标准
	技能目标	(1)会默画调整后的新原型进行绘制； (2)会对结构图进行相应的立体造型； (3)会按标准正确评价各同学新原型结构图及立体造型
	素养目标	(1)有良好的记忆力； (2)有正确的判断力
教学重点	评价新原型结构图及立体造型的标准	
教学难点	依照评价标准给同学作业作出正确的评价	
参考课时	4课时	
教学准备	牛皮纸、铅笔、尺子、软尺、人台、大头针、评价表	

教学环节	教　师	学　生
	默画女装新原型结构图	
活动一 (30分钟)	30分钟学生默画完成1：1女装新原型结构图	30分钟默画完成1：1女装新原型结构图。 意外情境： 30分钟内没有完成女装新原型的绘制。 出错情境： 30分钟完成了绘制，但有错误
活动二 (20分钟)	学习原型结构图评价标准并评价	
	选4个不同层次的新原型结构图讲解其评价标准	听取教师讲解、分析新原型结构图评价标准，并做好笔记
	女装新原型结构图评价标准： ①规格尺寸表完善、正确；　　　　　　　　　　　5分 ②结构框架图清晰、数据正确，标准齐全、规范；　30分 ③内部结构清晰、数据正确，标准齐全、规范；　　45分 ④结构线、辅助线清晰、明了；　　　　　　　　10分 ⑤结构图整体完整、线条流畅、画面干净　　　　10分	
活动三 (100分钟)	对女装新原型进行立体造型	
	用调整后的女装原型100分钟完成立体造型	100分钟完成对女装新原型的立体造型。 意外情境： ①100分钟内没有完成女装新原型的造型； ②自己以为完成了，但有细节遗漏未做 出错情境： ①立体造型手法出现错误； ②忘了后肩省，以为后肩线长了而将其修剪掉

续表

教学环节	教 师	学 生
活动四 (18分钟)	学习原型造型评价标准并评价	
	选4个不同层次的新原型立体造型讲解其评价标准	听取教师讲解、分析新原型立体造型评价标准，并做好笔记
	女装新原型立体造型评价标准： ①画有丝缕方向、胸围线；　　　　　　　　　　　5分 ②作品丝缕正确，胸围线水平，接缝整齐；　　　10分 ③作品缝缝拼接正确、整齐；　　　　　　　　　15分 ④作品大头针针距4～6 cm，且均匀；　　　　　15分 ⑤作品大头针朝向正确，针尖露0.2～0.4 cm，针吃布0.2～0.4 cm；　　　　　　　　　　　　　15分 ⑥作品前后中缝、侧缝、肩缝与人台对齐；　　　15分 ⑦作品完成后各主要数据与结构图保持一致；　　10分 ⑧作品整体平整、干净、造型符合人台　　　　　15分	
活动五 (10分钟)	评价、统计	
	权重比例：新原型结构图60% + 新原型立体造型40% = 100%	

得　分	人数(班级总人数：　)	比　例
85分以上		
70～84分		
60～69分		
59分以下		

布置作业 (2分钟)	70～84分段学生绘制1∶5新原型结构图1遍；60～69分段学生绘制两遍；60～69分段学生绘制3遍

任务二　女装胸省变化及造型

完成任务的步骤及课时：

步　骤	教学内容	课　时
步骤一	胸省位于领口线的结构	3
步骤二	胸省位于侧缝线的结构及造型	6
步骤三	胸省位于袖笼线的结构	2
步骤四	胸省位于肩线的结构	2
步骤五	胸省位于前中线的结构及造型	5
步骤六	考核评价	4
合　计		22

步骤一　胸省位于领口线的的结构

教学目标	知识目标	能掌握省道转移的原理	
	技能目标	(1)会运用省道转移原理进行省道转移; (2)会绘制常见领口省的结构图	
	素养目标	有良好的应变能力,对事物能灵活运用	
教学重点	会运用省道转移原理进行领口省的转移		
教学难点	能绘制常见领口省的结构图		
参考课时	3课时		
教学准备	人台、原型造型、铅笔、尺子、剪刀、原型版		
教学环节	教　师		学　生
活动一 (5分钟)	引入省道转移		
	(1)展示各种不同胸省的服装图片。 (2)学生观察图片胸省变化主要有哪些部位?		(1)观察展示的图片。 (2)分组讨论胸省变化有哪些主要部位? 正常情境: 肩线、领口、门襟、袖笼线、侧缝、腰省 意外情境: 少了可变化到腰省,因为腰省本来就存在
活动二 (90分钟)	在造型上进行胸省转移		
	(1)引导学生在造型上进行胸省转移。 ①打开原型造型上的胸省; ②把省量转移至原型各部位 (2)给出图片,引导学生进行胸省转移至领口线的造型,如下图所示。 ①在造型上画出胸省转移至领口的定位线; ②打开原型胸省,并将省量转移至领口定位线; ③画出定位线省量大小		(1)按步骤在造型上进行胸省各种转移。 (2)按步骤在造型上进行胸省领口线的转移

续表

教学环节	教　师	学　生
活动三 (18分钟)	**观察、讨论胸省转移的平面结构图**	
	引导学生分组讨论胸省转移的平面结构图: ①拆下原型造型,并熨烫平整; ②小组观察、讨论胸省转移的过程及平面结构图	分组讨论胸省转移至领口的平面结构图
活动四 (8分钟)	**绘制胸省在领口线的结构图**	
	给出图片,分组讨论各自画出1:5结构图,如下图所示。 	观察图片,小组讨论各自绘制1:5结构图
活动五 (7分钟)	**检查所绘制的结构图**	
	检查要点: ①结构图造型与原图片造型一致; ②结构线、辅助线明了、标注齐全; ③能清晰看清省道转移的过程	(1)小组与小组同学交换互评。 (2)有问题的同学在其他同学的帮助下再次按图片修正结构图。 意外情境: 领口造型不准确,导致结构图与图片不一致 出错情境: ①结构线、辅助线混乱,标注不齐全; ②省道转移过程不清楚

活动六 (5分钟)	**小结评价**		
	评价内容	评价标准	得分/等级
	活动五胸省在领口线的结构图	结构图造型与原图片造型一致,结构线、辅助线明了、标准齐全,能清晰看清省道转移的过程	85分以上
		结构图造型与原图片造型较一致,结构线、辅助线较明了、标准较齐全,能较清晰看清省道转移的过程	70~84分
		结构图造型与原图片造型解基本一致,结构线、辅助线解基本明了、标准不够齐全,基本看清省道转移的过程	60~69分
		结构图造型与原图片造型差异较大,结构线、辅助线混淆、标准不齐,不能看清省道转移的过程	59分以下

课后作业 (2分钟)	(1)教师给出一领口省图片学生绘制相应的结构图。 (2)学生自行找一领口省图片并绘制相应的结构图

步骤二　胸省位于侧缝线的结构及造型

教学目标	知识目标	能进一步熟悉省道转移的原理
	技能目标	(1)会运用省道转移原理进行胸省转移； (2)会绘制常见侧缝省的结构图； (3)会对侧缝省结构图进行,立体造型
	素养目标	有良好的应变能力,对事物能灵活运用
教学重点		会运用省道转移原理进行侧缝省的转移
教学难点		能绘制常见侧缝省的结构图
参考课时		6 课时
教学准备		人台、牛皮纸、铅笔、尺子、剪刀、原型版、大头针

教学环节	教　师	学　生
	引入侧缝省并讨论	
活动一 (15 分钟)	(1)展示一侧缝省服装图片,如下图所示。 (2)学生小组观察图片讨论胸省转移至此侧缝的过程、结构图	(1)观察展示的图片。 (2)分组讨论胸省胸省转移至此侧缝的过程,结构图绘制
	绘制所给图片1∶5 结构图	
活动二 (20 分钟)	辅导学生绘制1∶5 侧缝省结构图,如下图所示。 	绘制所给图片结构图： ①拓印原型结构图； ②画侧缝省造型线； ③剪开侧缝省造型线,合并胸省； ④调整、完整结构图

续表

教学环节	教　师	学　生
	检查结构图并修正	
活动三 (15分钟)	检查要点如下： ①造型线与图片相符； ②省道转移方法正确，表达清晰； ③结构线、辅助线明了，标注齐全	(1)小组与小组同学交换互评。 (2)有问题的同学在其他同学的帮助下再次按图片修正结构图 意外情境： 侧缝造型不准确，导致结构图与图片不一致。 出错情境： ①结构线、辅助线混乱，标注不齐全； ②省道转移过程不清楚
	绘制所给图片1∶1结构图	
活动四 (70分钟)	辅导学生绘制1∶1侧缝省结构图	绘制所给图片1∶1结构图： ①拓印原型结构图； ②画侧缝省造型线； ③剪开侧缝省造型线，合并胸省； ④调整、完整结构图
	立体造型准备工作	
活动五 (30分钟)	立体造型准备工作步骤如下： ①剪纸样； ②熨烫胚布； ③在胚布上画样、裁剪	按步骤做好立体造型准备工作。 意外情境： ①剪纸样标记不齐全，导致裁片标记不齐； ②裁剪时纸样移位，导致裁片与纸样有误 出错情境： 裁片丝缕不正或方向错误
	立体造型	
活动六 (45分钟)	辅导学生进行立体造型： ①在前后领弯、袖笼线上打剪口； ②熨烫前后领弯、袖笼线，各省位，后肩缝、后侧缝、前后中缝； ③用大头针缝合各省位、侧缝； ④造型穿上人台调整后和肩缝	按要求、步骤进行立体造型： 正常情境： 造型式样与图片符合，结构与人体符合。 意外情境： ①弧线剪口大的较深，致弧线不圆顺； ②结构图有问题，造型与图片有出入 出错情境： ①省道倒向反了； ②大头针运用手法错误
	检查立体造型	
活动七 (20分钟)	检查要点如下： ①造型与图片一致； ②省位、缝缝倒向正确； ③缝缝合并正确； ④针尖朝向正确，角度适合； ⑤针距适度均匀	(1)小组与小组同学交换互评。 (2)有问题的同学在其他同学的帮助下再次修正所做造型

教学环节	教师		学生
活动八 (50分钟)	分析图片省位转移		
	(1)给出4张图片,学生观察,如下图所示。 (2)指导学生分组讨论4张图片省位转移过程及结构图		(1)观察图片。 (2)分组讨论4张图片省位转移过程及结构图
活动九 (8分钟)	小结评价		
	评价内容	评价标准	得分/等级
	活动六检查 立体造型	造型与图片一致,省位、缝缝倒向正确,缝缝合并正确,针尖朝向正确,角度适合,针距适度均匀	85分以上
		造型与图片较一致,省位、缝缝倒向较正确,缝缝合并正确,针尖朝向较正确,角度较适合,针距较均匀(整体错误两处,含两处以内)	70~84分
		造型与图片基本一致,省位、缝缝倒向多数正确,缝缝合并基本正确,针尖朝向基本正确,角度、针距不够均匀(整体错误4处,含4处以内)	60~69分
		造型与图片基本一致,省位、缝缝倒向混乱,缝缝合并出错,针尖朝向、角度不适合,针距不均匀(整体错误5处以上,含5处)	59分以下
布置 作业 (2分钟)	在所给的4张图片中任选两张绘制1∶5结构图		

步骤三 胸省位于袖笼线的结构

教学目标	知识目标	能进一步熟悉省道转移的原理
	技能目标	(1)会运用省道转移原理进行胸省转移; (2)会绘制常见袖笼省的结构图
	素养目标	有良好的应变能力,对事物能灵活运用
教学重点		会运用省道转移原理进行袖笼省的转移
教学难点		能绘制常见袖笼省的结构图
参考课时		2课时
教学准备		牛皮纸、铅笔、尺子、剪刀、原型版

教学环节	教　师	学　生
	引入袖笼省并讨论	
活动一 (15分钟)	(1)展示一袖笼省服装图片,如下图所示。 (2)学生小组观察图片并讨论胸省转移至此袖笼的过程、结构图	(1)观察展示的图片。 (2)分组讨论胸省胸省转移至此袖笼的过程、结构图绘制
	绘制所给图片1:5结构图	
活动二 (20分钟)	辅导学生绘制1:5袖笼省结构图,如下图所示。 	绘制所给图片结构图: ①拓印原型结构图; ②画袖笼省造型线; ③剪开袖笼省造型线,合并胸省; ④调整、完整结构图

教学环节	教 师	学 生
	检查结构图并修正	
活动三 (15分钟)	检查要点如下: (1)造型线与图片相符。 (2)省道转移方法正确,表达清晰。 (3)结构线、辅助线明了,标注齐全	(1)小组与小组同学交换互评。 (2)有问题的同学在其他同学的帮助下再次按图片修正结构图 意外情境: 袖笼省造型不准确,导致结构图与图片不一致。 出错情境: ①结构线、辅助线混乱,标注不齐全; ②省道转移过程不清楚
	分析图片省位转移	
活动四 (30分钟)	(1)给出两张图片,学生观察,如下图所示。 (2)指导学生分组讨论两张图片省位转移过程及结构图	(1)观察图片。 (2)分组讨论两张图片省位转移过程及结构图

活动五 (13分钟)	小结评价			
	评价内容	评价标准		得分/等级
	活动三检查结构图并修正	结构图造型与图片一致,省道转移方法正确,表达清晰,结构线、辅助线明了,标注齐全		85分以上
		结构图造型与图片较一致,省道转移方法正确,表达较清晰,结构线、辅助线较明了,标注较齐全(两处,含两处错误以内)		70~84分
		结构图造型与图片基本一致,省道转移方法较正确,表达不够清晰,结构线、辅助线模糊,标注不齐(4处,含4处错误以内)		60~69分
		结构图造型与图片不一致,省道转移方法不正确,结构线、辅助线模糊,标注不齐(5处错误以上,含5处)		59分以下

布置作业 (2分钟)	绘制所给两张图片1:5的结构图

步骤四　胸省位于肩线的结构

教学目标	知识目标	能进一步熟悉省道转移的原理	
	技能目标	(1)会运用省道转移原理进行胸省转移; (2)能绘制常见肩省的结构图	
	素养目标	有良好的应变能力,对事物能灵活运用	
教学重点	会运用省道转移原理进行肩省的转移		
教学难点	能绘制常见肩省的结构图		
参考课时	2课时		
教学准备	牛皮纸、铅笔、尺子、剪刀、原型版		
教学环节	教　师		学　生
活动一 (15分钟)	引入肩省并讨论		
	(1)展示一肩省服装图片,如下图所示。 (2)学生小组观察图片讨论胸省转移至此肩的过程、结构图		(1)观察展示的图片。 (2)分组讨论胸省胸省转移至此肩的过程、结构图绘制
活动二 (20分钟)	绘制所给图片1∶5结构图		
	辅导学生绘制1∶5肩省结构图,如下图所示。 		绘制所给图片结构图: ①拓印原型结构图; ②画肩省造型线; ③剪开肩省造型线,合并胸省; ④调整、完整结构图

续表

教学环节	教 师	学 生
		检查结构图并修正
活动三 (15 分钟)	检查要点如下： (1)造型线与图片相符。 (2)省道转移方法正确,表达清晰。 (3)结构线、辅助线明了,标注齐全	(1)小组与小组同学交换互评。 (2)有问题的同学在其他同学的帮助下再次按图片修正结构图 意外情境： 肩省造型不准确,导致结构图与图片不一致。 出错情境： ①结构线、辅助线混乱,标注不齐全； ②省道转移过程不清楚
		分析图片省位转移
活动四 (30 分钟)	(1)给出两张图片,学生观察,如下图所示。 (2)指导学生分组讨论两张图片省位转移过程及结构图	(1)观察图片。 (2)分组讨论两张图片省位转移过程及结构图

活动五 (13 分钟)	小结评价		
	评价内容	评价标准	得分/等级
	活动三检查结构图并修正	结构图造型与图片一致,省道转移方法正确,表达清晰,结构线、辅助线明了,标注齐全	85 分以上
		结构图造型与图片较一致,省道转移方法正确,表达较清晰,结构线、辅助线较明了,标注较齐全(两处,含两处错误以内)	70 ~ 84 分
		结构图造型与图片基本一致,省道转移方法较正确,表达不够清晰,结构线、辅助线模糊,标注不齐(4 处,含 4 处错误以内)	60 ~ 69 分
		结构图造型与图片不一致,省道转移方法不正确,结构线、辅助线模糊,标注不齐(5 处,含 5 处错误以上)	59 分以下

布置作业 (2 分钟)	绘制所给两张图片 1∶5 的结构图

步骤五　胸省位于前中线的的结构及造型

教学目标	知识目标	能进一步熟悉省道转移的原理	
	技能目标	（1）会运用省道转移原理进行胸省转移； （2）会绘制常见前中线省的结构图； （3）会对前中线省结构图进行,立体造型	
	素养目标	有良好的应变能力,对事物能灵活运用	
教学重点	会运用省道转移原理进行前中线省的转移		
教学难点	能绘制常见前中线省的结构图		
参考课时	5 课时		
教学准备	人台、牛皮纸、铅笔、尺子、剪刀、原型版、大头针		
教学环节	教　师		学　生
活动一 （10 分钟）	引入侧缝省并讨论		
	（1）展示一前中线省服装图片,如下图所示。 （2）学生小组观察图片讨论胸省转移至前中线缝的过程、结构图		（1）观察展示的图片。 （2）分组讨论胸省胸省转移至前中线的过程、结构图绘制
活动二 （20 分钟）	绘制所给图片 1∶5 结构图		
	辅导学生绘制 1∶5 前中线省结构图,如下图所示。 		绘制所给图片结构图： ①拓印原型结构图； ②画前中线省造型线； ③剪开前中线省造型线,合并胸省； ④调整、完整结构图

教学环节	教　师	学　生
	检查结构图并修正	
活动三 (15分钟)	检查要点如下： ①造型线与图片相符； ②省道转移方法正确，表达清晰； ③结构线、辅助线明了，标注齐全	(1)小组与小组同学交换互评。 (2)有问题的同学在其他同学的帮助下再次按图片修正结构图 意外情境： 前中线造型不准确，导致结构图与图片不一致。 出错情境： ①结构线、辅助线混乱，标注不齐全； ②省道转移过程不清楚
	绘制所给图片1∶1结构图	
活动四 (60分钟)	辅导学生绘制1∶1前中线省结构图	绘制所给图片1∶1结构图： ①拓印原型结构图； ②画前中线省造型线； ③剪开前中线省造型线，合并胸省； ④调整、完整结构图
	立体造型准备工作	
活动五 (20分钟)	立体造型准备工作步骤 ①剪纸样； ②熨烫胚布； ③在胚布上画样、裁剪	按步骤做好立体造型准备工作： 意外情境： ①剪纸样标记不齐全，导致裁片标记不齐； ②裁剪时纸样移位，导致裁片与纸样有误 出错情境： 裁片丝缕不正或方向错误
	立体造型	
活动六 (40分钟)	辅导学生进行立体造型： ①在前后领弯、袖笼线上打剪口； ②熨烫前后领弯、袖笼线，各省位，后肩缝、后侧缝、前后中缝； ③用大头针缝合各省位、侧缝； ④造型穿上人台调整后和肩缝	按要求、步骤进行立体造型。 正常情境： 造型式样与图片符合，结构与人体符合。 意外情境： ①弧线剪口大的较深，致弧线不圆顺； ②结构图有问题，造型与图片有出入 出错情境： ①省道倒向反了； ②大头针运用手法错误

续表

教学环节	教　师	学　生
	检查立体造型	
活动七 (15分钟)	检查要点如下： ①造型与图片一致； ②省位、缝缝倒向正确； ③缝缝合并正确； ④针尖朝向正确，角度适合； ⑤针距适度均匀	(1)小组与小组同学交换互评。 (2)有问题的同学在其他同学的帮助下再次修正所做造型
	分析图片省位转移	
活动八 (35分钟)	(1)给出4张图片，学生观察，如下图所示。 (2)指导学生分组讨论4张图片省位转移过程及结构图	(1)观察图片。 (2)分组讨论4张图片省位转移过程及结构图

活动九 (8分钟)	小结评价		
	评价内容	评价标准	得分/等级
	活动三检查结构图并修正	结构图造型与图片一致，省道转移方法正确，表达清晰，结构线、辅助线明了，标注齐全	85分以上
		结构图造型与图片较一致，省道转移方法正确，表达较清晰，结构线、辅助线较明了，标注较齐全(两处，含两处错误以内)	70~84分
		结构图造型与图片基本一致，省道转移方法较正确，表达不够清晰，结构线、辅助线模糊，标注不齐(4处，含4处错误以内)	60~69分
		结构图造型与图片不一致，省道转移方法不正确，结构线、辅助线模糊，标注不齐(5处，含5处错误以上)	59分以下

续表

教学环节	教　师			学　生	
	小结评价				
	评价内容	评价标准			得分/等级
活动九 (8分钟)	活动六检查立体造型	造型与图片一致,省位、缝缝倒向正确,缝缝合并正确,针尖朝向正确,角度适合,针距适度均匀			85分以上
		造型与图片较一致,省位、缝缝倒向较正确,缝缝合并正确,针尖朝向较正确,角度较适合,针距较均匀(整体错误两处,含两处以内)			70~84分
		造型与图片基本一致,省位、缝缝倒向多数正确,缝缝合并基本正确,针尖朝向基本正确,角度、针距不够均匀(整体错误4处,含4处以内)			60~69分
		造型与图片基本一致,省位、缝缝倒向混乱,缝缝合并出错,针尖朝向、角度不适合,针距不均匀(整体错误5处以上,含5处)			59分以下
布置作业 (2分钟)	在所给的4张图片中任选2张绘制1∶5结构图				

步骤六　考核评价

教学目标	知识目标	掌握胸省转移原理
	技能目标	(1)会运用省道转移原理进行胸省转移; (2)能绘制常见胸省转移的结构图; (3)能对各种胸省结构图进行立体造型
	素养目标	(1)有较强的分析能力; (2)对变化事物有一定的应变能力
教学重点	评价胸省结构图及立体造型的标准	
教学难点	依照评价标准给同学作业作出正确的评价	
参考课时	4课时	
教学准备	牛皮纸、铅笔、尺子、软尺、人台、大头针、评价表	

教学环节	教　师	学　生
	根据图片绘制1∶1结构图及立体造型	
活动一 (140分钟)	学生根据图片,分析胸省结构并完成1∶1结构图,如下图所示。	根据图片,分析胸省结构并完成1∶1结构图。 意外情境:

续表

教学环节	教　师	学　生
活动一 (140 分钟)	根据图片绘制 1∶1 结构图及立体造型	
	 (2)学生根据结构图完成相应立体造型。 要求:学生 135 分钟完成胸省结构图及立体造型	胸省转移分析不清晰,导致结构图绘制纠结,时间拖长 出错情境: ①胸省转移分析错误,导致结构图绘制错误; ②根据结构图完成相应立体造型 正常情境: ①立体造型与图片款式一致,造型大小与人台符合; ②立体造型各手法正确 意外情境: ①因结构图错误,导致立体造型与原图片不符; ②考核时间到了还没完成任务 出错情境: ①结构图没有按图片款式绘制; ②立体造型手法出现错误
活动二 (18 分钟)	学习评价标准	
	(1)讲解考核项目的权重、比例。 (2)选 4 个不同层次的胸省变化结构图讲解其评价标准。 (3)选 4 个不同层次的胸省变化立体造型讲解其评价标准	(1)听取教师讲解考核项目各自权重比例,并做好笔记。 (2)听取教师讲解、分析胸省变化结构图评价标准,并做好笔记。 (3)听取教师讲解、分析胸省变化立体造型评价标准,并做好笔记
	(1)权重比例 胸省变化结构图 50% + 立体造型 50% = 100% (2)胸省变化结构图评价标准 ①胸省造型线与原图片款式一致;　　　　　　　　　　20 分 ②省道转移变化过程清楚;　　　　　　　　　　　　40 分 ③结构线、辅助线清晰、明了,标注齐全、规范;　　　30 分 ④结构图整体完整、线条流畅、画面干净　　　　　　10 分 (3)胸省变化立体造型评价标准 ①画有丝缕方向、胸围线;　　　　　　　　　　　　　5 分 ②作品丝缕正确,胸围线水平,接缝整齐;　　　　　10 分 ③作品缝缝拼接正确、整齐;　　　　　　　　　　　10 分 ④作品大头针针距 4 ~ 6 cm,且均匀;　　　　　　10 分 ⑤作品大头针朝向正确,针尖露 0.2 ~ 0.4 cm,针吃布 0.2 ~ 0.4 cm;　15 分 ⑥作品前后中缝、侧缝、肩缝与人台对齐;　　　　　15 分 ⑦作品完成后各主要数据与结构图保持一致;　　　10 分 ⑧作品视觉效果与原图片一致;　　　　　　　　　　10 分 ⑨作品整体平整、干净、造型符合人台　　　　　　　15 分	

续表

教学环节	教　师		学　生	
活动三 （20分钟）	评价、统计			
	得　分	人数（班级总人数：　）		比　例
	85分以上			
	70~84分			
	60~69分			
	59分以下			
布置 作业 （2分钟）	70~84分段学生绘制1∶5考核图片结构图一遍；60~69分段学生绘制两遍；60~69分段学生绘制三遍			

任务三　女装衣身基础结构及造型

步　骤	教学内容	课　时
步骤一	女装刀背缝结构、造型	8
步骤二	女装断腰结构、造型	8
步骤三	考核评价	6

步骤一　女装刀背缝结构、造型

教学目标	知识目标	（1）能掌握刀背缝的结构原理； （2）能掌握刀背缝衣身立体造型步骤
	技能目标	（1）会运用省道转移原理绘制刀背缝结构； （2）会绘制腰节以下长度的衣身结构； （3）会依据衣身结构图进行相应的立体造型
	素养目标	有良好的应变能力，对事物能灵活运用
教学重点	（1）运用省道转移原理绘制刀背缝结构； （2）结合原型绘制腰节以下长度的衣身结构	
教学难点	结合省道转移与原型绘制腰节以下衣身长度的刀背缝结构图	
参考课时	8课时	
教学准备	人台（每人一个）、铅笔、尺子、剪刀、原型版、牛皮纸、胚布	

续表

教学环节	教　师	学　生
活动一 (15分钟)	引入刀背缝衣身	
	(1)展示各种长度衣身的刀背缝服装图片,如下图所示。 (2)展示女装原型,学生比较刀背缝衣身与原型联系与区别	(1)观察展示的图片。 (2)分组讨论女装原型与刀背缝衣身的联系与区别 正常情境: ①联系:都有胸省、腰省; ②区别:原型长度到腰节,刀背缝衣身长度灵活 出错情境: 区别:原型腰省6个,刀背缝衣身4个
活动二 (15分钟)	分析刀背缝结构	
	根据原型与省位转移原理,引导学生分析刀背缝结构,如下图所示。 	根据原型与省位转移原理,分组讨论、分析刀背缝结构。 ①衣长在原型的基础上加长; ②刀背缝省在袖笼线上,是袖笼省,运用袖笼省知识绘制结构
活动三 (60分钟)	绘制1∶5刀背缝结构图	
	绘制刀背缝结构图 ①确定衣身规格尺寸,并制成表格 衣长54 cm,胸围92 cm,腰围70 cm,臀围94 cm,下摆围92 cm; ②拓印原型板; ③画出衣身长度54 cm,门襟宽2 cm; ④合并原型板袖笼胸省;	跟着教师按步骤绘制结构图正常情境。 所有同学跟着教师速度一步步完成。 意外情境: ①没有跟上教师速度,步骤被打乱,无法继续绘制,或绘制步骤错误; ②没有听懂教师所讲数据,无法继续绘制,或绘制错误

教学环节	教　师	学　生
	绘制 1∶5 刀背缝结构图	
活动三 (60 分钟)	⑤画前后刀背缝造型线； ⑥转移胸省至刀背缝造型线上； ⑦确定胸腰差 22 cm，前腰省 4.5 cm，后腰省 6.5 cm； ⑧画前腰省：侧缝 2 cm，刀背缝腰省 2.5 cm； ⑨画后腰省：侧缝省 2 cm，后刀背缝省 3 cm，后中缝 1.5 cm； ⑩腰线下 13 cm 画水平线，前后腰省各省尖至此； ⑪画出各省结构线； ⑫整理、完成结构图，如下图所示。 	出错情境： ①刀背缝省位转移出错； ②前后各省量分配错误； ③衣身下摆省尖位不对

续表

教学环节	教　师	学　生
	检查结构图并修正	
活动四 (20分钟)	检查要点如下: ①衣长、胸围、腰围、下摆围符合规格尺寸; ②刀背缝转移正确,过程清晰; ③结构图造型与图片一致; ④结构图清晰、完整、标注齐全	(1)小组与小组同学交换互评。 (2)有问题的同学在其他同学的帮助下再次按图片修正结构图 意外情境: 刀背缝造型不准确,导致结构图与图片不一致。 出错情境: ①结构线、辅助线混乱,标注不齐全; ②省道转移过程不清楚
	绘制1∶1结构图	
活动五 (90分钟)	(1)辅导学生绘制1∶1前刀背缝结构图。 注意要点: ①结构图线迹清晰,特别是弧线要流畅; ②刀背缝造型与图片一致; ③辅助线、结构线区分明了,标注齐全 (2)组织学生对结构图自检并修正	(1)绘制所给图片1∶1结构图。 (2)自检结构图并修正
	立体造型准备工作	
活动六 (30分钟)	立体造型准备工作步骤: ①剪纸样; ②熨烫胚布; ③在胚布上画样、裁剪	按步骤做好立体造型准备工作。 意外情境: ①剪纸样标记不齐全,导致裁片标记不齐; ②裁剪时纸样移位,导致裁片与纸样有误 出错情境: 裁片丝缕不正或方向错误
	立体造型	
活动七 (80分钟)	辅导学生进行立体造型。 ①在前后领弯、袖笼线、前后刀背缝弧线上打剪口; ②熨烫前后领弯、袖笼线,前中刀背缝、后中刀背缝缝位; ③熨烫后肩缝、后侧缝、后中缝、前门襟; ④用大头针缝合前后刀背缝、侧缝、肩缝(中盖侧、后盖前); ⑤造型穿上人台	按要求、步骤进行立体造型。 正常情境: 造型式样与图片符合,结构与人体符合。 意外情境: ①弧线剪口大的较深,致弧线不圆顺; ②结构图有问题,造型与图片有出入 出错情境: ①缝缝熨烫错误,导致裁片缝合时缝头倒向反了; ②大头针运用手法错误

教学环节	教 师	学 生
	检查立体造型	
活动八 (30分钟)	检查要点如下: ①造型与图片一致; ②缝缝倒向正确; ③各裁片胸围线、腰围线对齐,在一水平线上; ④针尖朝向正确,角度适合; ⑤针距适度均匀	(1)小组与小组同学交换互评。 (2)有问题的同学在其他同学的帮助下再次修正所做造型

教学环节	小结评价		
活动九 (20分钟)	评价内容	评价标准	得分/等级
	活动四检查结构图并修正	结构图造型与图片一致,省道转移方法正确,表达清晰,结构线、辅助线明了,标注齐全	85分以上
		结构图造型与图片较一致,省道转移方法正确,表达较清晰,结构线、辅助线较明了,标注较齐全(两处,含两处错误以内)	70~84分
		结构图造型与图片基本一致,省道转移方法较正确,表达不够清晰,结构线、辅助线模糊,标注不齐(4处,含4处错误以内)	60~69分
		结构图造型与图片不一致,省道转移方法不正确,结构线、辅助线模糊,标注不齐(5处,含5处错误以上)	59分以下
	活动六检查立体造型	造型与图片一致,符合人台,缝缝倒向正确,缝缝合并正确,针尖朝向正确,角度适合,针距适度均匀	85分以上
		造型与图片较一致,符合人台,缝缝倒向较正确,缝缝合并正确,针尖朝向较正确,角度较适合,针距较均匀(整体错误两处,含两处以内)	70~84分
		造型与图片基本一致,缝缝倒向多数正确,缝缝合并基本正确,针尖朝向基本正确,角度、针距不够均匀(整体错误4处,含4处以内)	60~69分
		造型与图片基本一致,缝缝倒向混乱,缝缝合并出错,针尖朝向、角度不适合,针距不均匀(整体错误5处以上)	59分以下
课后作业 (2分钟)	绘制1:5刀背缝衣身结构图70分以上一遍,70分以下两遍		

步骤二　女装断腰结构、造型

教学目标	知识目标	(1)能掌握断腰省位合并的结构原理； (2)能掌握断腰衣身立体造型步骤	
	技能目标	(1)会运用省道合并原理绘制断腰结构； (2)会依据衣身结构图进行相应的立体造型	
	素养目标	有自我批评、自我检查的能力	
教学重点		(1)运用省道合并原理绘制断腰结构； (2)结合原型绘制腰节以下长度的衣身结构	
教学难点		结合省道合并与原型绘制腰节以下断腰衣身缝结构图	
参考课时		8课时	
教学准备		人台(每人一个)、铅笔、尺子、剪刀、原型版、牛皮纸、胚布	
教学环节		教　师	学　生
活动一 (15分钟)		引入断腰衣身	
		(1)展示各种断腰衣身的服装图片,如下图所示。 (2)展示女装刀背缝衣身图,学生比较刀背缝衣身与断腰衣身的联系与区别,如下图所示 	(1)观察展示的图片。 (2)分组讨论刀背缝衣身与断腰衣身的联系与区别? 正常情境: ①联系:都是袖笼省; ②区别:一个断腰节,下摆没收省;一个下摆开刀,腰节没断开

教学环节	教　师	学　生
	分析断腰结构	
活动二 (15分钟)	(1)根据原型与省位转移原理,引导学生分析袖笼省结构。 (2)根据省位合并原理,引导学生分析腰下衣片结构	(1)根据原型与省位转移原理,分组讨论、分析袖笼省结构。 (2)根据省位合并原理,分组讨论、分析腰下衣片结构 ①衣长加至与图片一致; ②断腰,合并腰下省
	绘制1∶5断腰结构图	
活动三 (60分钟)	绘制断腰结构图,如下图所示。 ①确定衣身规格尺寸,并制成表格; 衣长54 cm,胸围92 cm,腰围70 cm,下摆围92 cm; ②拓印原型板; ③画出衣身长度54 cm,门襟宽2 cm; ④合并原型板袖笼胸省,去后肩省; ⑤画前后袖笼省造型线; ⑥转移胸省至袖笼省造型线上; ⑦确定胸腰差22 cm,前腰省4.5 cm,后腰省6.5 cm; ⑧画前腰省:侧缝2 cm,刀背缝腰省2.5 cm; ⑨画后腰省:侧缝省2 cm,后刀背缝省3 cm,后中缝1.5 cm; ⑩腰下前后腰省各省尖至画至衣身下摆; ⑪画前后腰线; ⑫合并前后腰下省量,下摆衣片上翘; ⑬整理、完成结构图,如下图所示	跟着教师按步骤绘制结构图正常情境,所有同学跟着教师速度一步步完成。 意外情境: ①没有跟上教师速度,步骤被打乱,无法继续绘制,或绘制步骤错误; ②没有听懂教师所讲转移、合并原理及各绘制数据,无法继续绘制,或绘制错误 出错情境: ①袖笼省省位转移出错; ②前后各省量分配错误; ③腰下省位合并出错

续表

教学环节	教　师	学　生
活动三 （60分钟）	绘制1：5断腰结构图 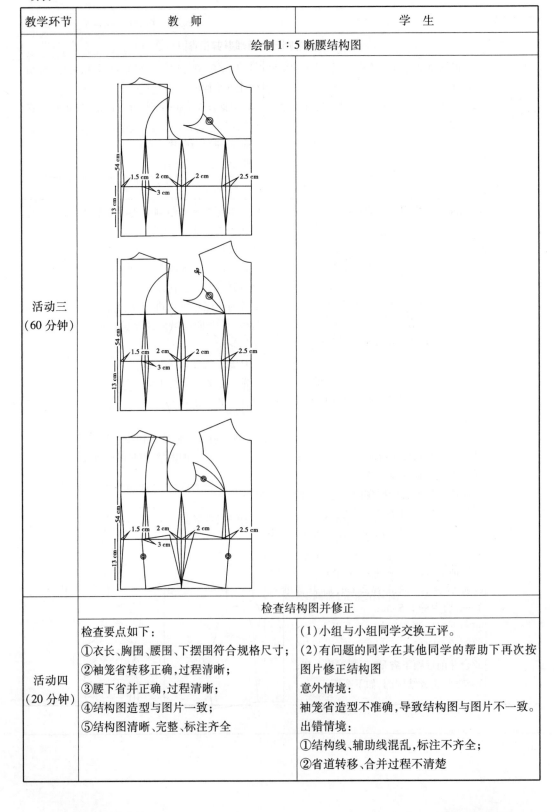	
活动四 （20分钟）	检查结构图并修正 检查要点如下： ①衣长、胸围、腰围、下摆围符合规格尺寸； ②袖笼省转移正确，过程清晰； ③腰下省并正确，过程清晰； ④结构图造型与图片一致； ⑤结构图清晰、完整、标注齐全	（1）小组与小组同学交换互评。 （2）有问题的同学在其他同学的帮助下再次按图片修正结构图 意外情境： 袖笼省造型不准确，导致结构图与图片不一致。 出错情境： ①结构线、辅助线混乱，标注不齐全； ②省道转移、合并过程不清楚

教学环节	教　师	学　生
	绘制1∶1结构图	
活动五 (90分钟)	(1)辅导学生绘制1∶1断腰结构图。 注意要点: ①结构图线迹清晰,特别是弧线要流畅; ②结构图造型与图片一致; ③辅助线、结构线区分明了,标注齐全 (2)组织学生对结构图自检并修正	(1)绘制所给图片1∶1结构图。 (2)自检结构图并修正
	立体造型准备工作	
活动六 (30分钟)	立体造型准备工作步骤: ①剪纸样; ②熨烫胚布; ③在胚布上画样、裁剪	按步骤做好立体造型准备工作。 意外情境: ①剪纸样标记不齐全,导致裁片标记不齐; ②裁剪时纸样移位,导致裁片与纸样有误 出错情境: 裁片丝缕不正或方向错误
	立体造型	
活动七 (80分钟)	辅导学生进行立体造型: ①在前后领弯、袖笼线、前后袖笼开刀弧 线、上翘腰线上打剪口; ②熨烫前后领弯、袖笼线,前中衣片弧线 缝、后中衣片弧线缝缝位; ③熨烫后肩缝、后侧缝、后中缝、前门襟、上 腰节衣片缝缝; ④用大头针缝合各衣片(中盖侧、后盖前、 上盖下); ⑤造型穿上人台	按要求、步骤进行立体造型。 正常情境: ①造型式样与图片符合,结构与人体符合; 意外情境: ①弧线剪口大的较深,致弧线不圆顺; ②结构图有问题,造型与图片有出入。 出错情境: ①缝缝熨烫错误,导致裁片缝合时缝头倒向反 了; ②大头针运用手法错误; ③前后腰线侧缝对不上
	检查立体造型	
活动八 (30分钟)	检查要点如下: ①造型与图片一致; ②缝缝倒向正确; ③各裁片胸围线、腰围线对齐,在一水平线 上; ④针尖朝向正确,角度适合; ⑤针距适度均匀; ⑥造型适合人台结构	(1)小组与小组同学交换互评。 (2)有问题的同学在其他同学的帮助下再次修 正所做造型

续表

教学环节	教 师			学 生
	小结评价			
	评价内容	评价标准		得分/等级
活动九 (20分钟)	活动四检查结构图并修正	结构图造型与图片一致,省道转移、合并方法正确,表达清晰,结构线、辅助线明了,标注齐全		85分以上
		结构图造型与图片较一致,省道、合并转移方法正确,表达较清晰,结构线、辅助线较明了,标注较齐全(两处,含两处错误以内)		70~84分
		结构图造型与图片基本一致,省道转移、合并方法较正确,表达不够清晰,结构线、辅助线模糊,标注不齐(4处,含4处错误以内)		60~69分
		结构图造型与图片不一致,省道转移、合并方法不正确,结构线、辅助线模糊,标注不齐(5处错误以上,含5处)		59分以下
	活动六检查立体造型	造型与图片一致,符合人台,缝缝倒向正确,缝缝合并正确,针尖朝向正确,角度适合,针距适度均匀		85分以上
		造型与图片较一致,符合人台,缝缝倒向较正确,缝缝合并正确,针尖朝向较正确,角度较适合,针距较均匀(整体错误两处,含两处以内)		70~84分
		造型与图片基本一致,缝缝倒向多数正确,缝缝合并基本正确,针尖朝向基本正确,角度、针距不够均匀(整体错误4处,含4处以内)		60~69分
		造型与图片基本一致,缝缝倒向混乱,缝缝合并出错,针尖朝向、角度不适合,针距不均匀(整体错误5处以上,含5处)		59分以下
课后作业 (2分钟)	绘制1∶5刀背缝衣身结构图,70分以上一遍,70分以下两遍			

步骤三 考核评价

教学目标	知识目标	能掌握省道转移、合并原理
	技能目标	(1)会运用省道转移、合并原理进行新造型; (2)会绘制基本衣身结构图; (3)会对基本衣身结构图进行立体造型
	素养目标	(1)有较强的分析能力; (2)有一定的应变能力

教学重点	评价基本衣身结构图及立体造型的标准	
教学难点	依照评价标准给同学作业作出正确的评价	
参考课时	6课时	
教学准备	牛皮纸、铅笔、尺子、软尺、人台、大头针、评价表	
教学环节	教 师	学 生
活动一 (65分钟)	根据图片绘制1∶1结构图及立体造型	
	学生根据图片,分析衣身结构并在60分钟内完成1∶1结构图,如下图所示。	根据图片,分析衣身结构并完成1∶1结构图。 意外情境: 胸省转移、腰省合并分析不清晰,导致结构图绘制纠结,时间拖长。 出错情境: 胸省转移、腰省合并分析错误,导致结构图绘制错误
活动二 (20分钟)	学习衣身结构图评价标准并评价	
	选4个不同层次的新原型结构图讲解其评价标准	听取教师讲解、分析新原型结构图评价标准,并做好笔记。
	女装新原型结构图评价标准: ①规格尺寸表完善、正确; 5分 ②结构图造型与原图片款式一致; 15分 ③省道转移、合并过程清晰、正确,标准齐全、规范; 60分 ④结构线、辅助线清晰、明了; 10分 ⑤结构图整体完整、线条流畅、画面干净 10分	
活动三 (155分钟)	根据结构图进行立体造型	
	学生根据结构图在150分钟内完成相应立体造型	根据结构图完成相应立体造型。 正常情境: ①立体造型与图片款式一致,造型大小与人台符合; ②立体造型各手法正确 意外情境: ①因结构图错误,导致立体造型与原图片不符; ②考核时间到了还没完成任务 出错情境: ①结构图没有按图片款式绘制; ②立体造型手法出现错误

续表

教学环节	教　师	学　生
	\multicolumn{2}{c}{学习评价标准}	
活动四 （20分钟）	选4个不同层次的胸省变化立体造型讲解其评价标准	听取教师讲解、分析胸省变化立体造型评价标准，并做好笔记

活动四 （20分钟）	衣身立体造型评价标准： ①画有丝缕方向、胸围线、腰围线； ②作品丝缕正确，胸围线、腰围线水平，接缝整齐； ③作品缝缝拼接正确、整齐； ④作品大头针针距4～6 cm，且均匀； ⑤作品大头针朝向正确，针尖露0.2～0.4 cm，针吃布0.2～0.4 cm； ⑥作品前后中缝、侧缝、肩缝与人台对齐； ⑦作品完成后各主要数据与结构图保持一致； ⑧作品视觉效果与原图片一致； ⑨作品整体平整、干净、造型符合人台	5分 15分 10分 10分 15分 15分 10分 10分 10分

活动五 （8分钟）	\multicolumn{2}{c}{评价、统计}	

活动五 （8分钟）	\multicolumn{3}{l}{权重比例：衣身结构图50% ＋立体造型50% ＝100%}
	得　分	人数（班级总人数：　）	比　例
	85分以上		
	70～84分		
	60～69分		
	59分以下		

布置 作业 （2分钟）	85分以上分段学生绘制1∶5考核图片结构图一遍；70～84分段学生绘制两遍；60～69分段学生绘制三遍

任务四　女装衣身结构设计及造型

完成任务步骤及课时：

步　骤	教学内容	课　时
步骤一	女装衣身代表结构（一）	6
步骤二	女装衣身造型及修正（一）	7
步骤三	女装衣身代表结构（二）	6
步骤四	女装衣身造型及修正（二）	6
步骤五	考核评价	8
\multicolumn{2}{c}{合　计}	33

步骤一 女装衣身代表结构(一)

教学目标	知识目标	(1)能掌握衣身开刀变化款式结构知识; (2)能握衣身开刀变化款式立体造型步骤	
	技能目标	(1)会运用原型绘制各衣身开刀变化款结构图; (2)会依据衣身结构图进行相应的立体造型	
	素养目标	(1)有团体协作能力; (2)有良好分析能力	
教学重点	(1)运用原型绘制衣身开刀变化款结构图; (2)依据衣身结构图进行相应的立体造型		
教学难点	结合原型绘制绘制衣身开刀变化款结构图		
参考课时	6课时		
教学准备	铅笔、尺子、剪刀、原型版、牛皮纸		
教学环节	教 师		学 生
	引入衣身结构设计		
活动一 (15分钟)	(1)展示各种衣身开刀结构设计的服装图片,如下图所示。 (2)选其中的一张图片,学生比较与前面所学哪个基础衣身结构最有联系,区别又在哪里? 		(1)观察展示的图片。 (2)分组讨论其中的一张图片,比较与前面所学哪个基础衣身结构最有联系,区别又在哪里? 正常情境: ①联系:公主线接近,都是胸省转移; ②区别:图片腰节处更接近原型,有前后幽灵省

续表

教学环节	教　师	学　生
	分析图片衣身结构	
活动二 (20分钟)	根据原型与省位转移原理,引导学生分析图片衣身结构,如下图所示。 	根据原型与省位转移原理,分组讨论、分析刀背缝结构: ①衣长在原型的基础上加长; ②领口上的开刀线是原型袖笼省的转移; ③前后衣片上的6个省位正与原型省位一致
	绘制1∶5图片衣身结构图	
活动三 (60分钟)	(1)绘制衣身框架结构图 ①确定衣身规格尺寸,并制成表格 衣长56 cm,胸围92 cm,腰围70 cm,臀围94 cm,下摆围92 cm; ②拓印原型板; ③画衣身框架,衣身长度56 cm,门襟宽2 cm (2)绘制衣身内部结构 ①画前后衣身造型线,前衣片造型线从领口过BP点,再过腰到下摆;后衣片造型线从原型后肩省过肩胛骨点,再过腰到下摆; ②合并原型板袖笼胸省; ③转移胸省至前领口造型线上; ④确定胸腰差22 cm,前腰省4.5 cm,后腰省6.5 cm; ⑤画前腰省:侧缝1.5 cm,幽灵省1 cm,过BP点腰省2 cm; ⑥画后腰省:侧缝省1.5 cm,幽灵省1 cm,过肩胛骨省2 cm,后中缝1.5 cm; ⑦腰线下13 cm画水平线,前后腰省各省尖至此; ⑧画出各省结构线; ⑨衣长侧缝上2 cm,画前后衣片下摆; ⑩在前后开刀线上定开叉位:衣下摆上4 cm; ⑪调整、完成结构图,如下图所示	跟着教师按步骤绘制结构图。 正常情境: 所有同学跟着教师速度一步步完成。 意外情境: ①没有跟上教师速度,步骤被打乱,无法继续绘制,或绘制步骤错误; ②没有听懂教师所讲省位转移与来源,无法继续绘制,或绘制错误; ③忘了定前后衣片开叉位 出错情境: ①领口省位转移出错; ②造型线没有经过或靠近BP点、肩胛骨点; ③前后各省量分配错误; ④衣身下摆围量不够

续表

教学环节	教 师	学 生
活动三 (60分钟)	绘制 1：5 图片衣身结构图 	
活动四 (120分钟)	绘制 1：1 图片衣身结构图 (1)辅导学生绘制 1：1 图片衣身结构图； 注意要点： ①结构图线迹清晰,特别是弧线要流畅； ②前后衣片造型与图片一致； ③辅助线、结构线区分明了,标注齐全 (2)组织学生对结构图自检并修正	(1)绘制所给图片 1：1 结构图。 (2)自检结构图并修正

续表

教学环节	教　师		学　生
活动五 (30分钟)	检查1∶1结构图并修正		
	检查要点如下： ①衣长、胸围、腰围、下摆围符合规格尺寸； ②各对应缝缝长度相等； ③领口省转移正确，过程清晰； ④结构图线条流畅，特别是弧线； ⑤结构图造型与图片一致； ⑥结构图清晰、完整、标注齐全		(1)小组与小组同学交换互评。 (2)有问题的同学在其他同学的帮助下再次按图片修正结构图 意外情境： ①忘了定前后衣片开叉位； ②各对应缝缝长度有不相等 出错情境： ①前后衣片造型线、省位位置不准确，导致结构图与图片不一致； ②结构线、辅助线混乱，标注不齐全； ③省道转移过程不清楚； ④各省量分配错误
活动六 (23分钟)	小结评价		
	评价内容	评价标准	得分/等级
	活动四检查结构图并修正	结构图尺寸规格正确，造型与图片一致，省道转移方法正确，表达清晰，结构线、辅助线明了，标注齐全	85分以上
		结构图尺寸规格较正确，造型与图片较一致，省道转移方法正确，表达较清晰，结构线、辅助线较明了，标注较齐全(两处，含两处错误以内)	70~84分
		结构图尺寸规格基本正确，造型与图片基本一致，省道转移方法较正确，表达不够清晰，结构线、辅助线模糊，标注不齐(4处，含4处错误以内)	60~69分
		结构图尺寸规格基本正确，造型与图片不一致，省道转移方法不正确，结构线、辅助线模糊，标注不齐(5处错误以上，含5处)	59分以下
布置作业 (2分钟)	绘制1∶5课堂结构图两遍		

步骤二　女装衣身造型及修正(一)

教学目标	知识目标	(1)能掌握变化衣身立体造型步骤; (2)能掌握变化衣身造型修正依据; (3)能掌握变化衣身各主要修正部位
	技能目标	(1)会依据衣身结构图进行相应的立体造型; (2)会根据造型修正依据对修正部位作出正确判断; (3)会正确修正各问题部位
	素养目标	(1)有自我批评、自我检查的能力; (2)有自我修正、调整能力
教学重点		(1)根据造型修正依据对修正部位作出正确判断; (2)正确修正各问题部位
教学难点		(1)根据造型修正依据对修正部位作出正确判断; (2)正确修正各问题部位
参考课时		7 课时
教学准备		人台(每人一个)、铅笔、尺子、剪刀、红笔、胚布、大头针
教学环节	教　师	学　生
	立体造型准备工作	
活动一 (45 分钟)	立体造型准备工作步骤: ①剪纸样; ②熨烫胚布; ③在胚布上画样、裁剪	按步骤做好立体造型准备工作。 意外情境: ①剪纸样标记不齐全,导致裁片标记不齐; ②裁剪时纸样移位,导致裁片与纸样有误; ③胸围线、腰围线未画 出错情境: ①裁片丝缕不正或方向错误; ②裁片省位未画完全
	立体造型	
活动二 (120 分钟)	辅导学生进行立体造型: ①在前后领弯、袖笼线、前后衣片弧线上打剪口(缝合在上的那块衣片弧线); ②熨烫打剪口的各缝位; ③熨烫后肩缝、后侧缝、后中缝、前门襟、前后省位(倒向中缝); ④用大头针缝合各缝缝和省位(中盖侧、后盖前); ⑤造型穿上人台	按要求、步骤进行立体造型。 正常情境: 造型式样与图片符合,结构与人体符合。 意外情境: ①弧线剪口大的较深,致弧线不圆顺; ②结构图有问题,造型与图片有出入; ③遗忘下摆开口处 出错情境: ①缝缝熨烫错误,导致裁片缝合时缝头倒向反了; ②大头针运用手法错误; ③各衣片胸围线、腰围线没对齐; ④各衣片下摆长短不齐

续表

教学环节	教　师	学　生
活动三 (20分钟)	检查所做立体造型	
	(1)引导学生观察自己所做造型在人台比较图片上有哪些问题？ (2)小组讨论，总结检查立体造型的各部位。 ①各缝缝、省位倒向是否正确（纵向倒中间，横向倒上方，侧缝到后面）； ②各缝缝缝合是否符合立体造型要求（侧盖中、上盖下、后盖前）； ③领口弧线、袖笼弧线是否顺畅； ④前后肩线两端是否对齐； ⑤胸围线、腰围线是否对齐、水平； ⑥各弧线缝缝处是否平整； ⑦下摆是否按款式开口； ⑧下摆各缝缝是否一样长； ⑨造型大小，长短是否符合人台及图片款式； ⑩各针法是否符合立体造型手法； ⑪整体造型是否干净、平整	(1)观察自己所做造型在人台上比较图片与有哪些问题？ (2)小组讨论，总结检查立体造型的各部位。 (3)各小组同学交换检查，有问题处用铅笔标注
活动四 (50分钟)	修正所做立体造型	
	组织学生修正问题部位	(1)学生按标注逐一修正所做造型。 (2)修正部位用红笔重新画结构线
活动五 (30分钟)	检查修正后造型	
	检查要点如下： ①立体造型结构、大小，长短符合人台及图片款式； ②各缝缝、省位倒向正确； ③各缝缝缝合符合立体造型要求； ④领口弧线、袖笼弧线顺畅； ⑤前后肩线两端对齐； ⑥各衣片胸围线、腰围线对齐、水平； ⑦各弧线缝缝处平整； ⑧下摆各缝缝一样长； ⑨各针法符合立体造型手法； ⑩整体造型是否干净、平整	(1)小组与小组同学交换互评。 (2)有问题的同学在其他同学的帮助下再次修正造型，调整修正线迹

续表

教学环节	教　师		学　生
	修正结构图		
活动六 (40 分钟)	指导学生依据立体造型修正结构图。 ①拆下修正后的立体造型; ②对拆下的衣片熨烫平整; ③修正各衣片与相应纸质纸样重合,拓印 修正部分,并画在纸样上		按步骤进行修正。 正常情境: ①按步骤进行修正; ②所修正纸样与裁片版型一致吻合 意外情境: 拓版时裁片移位,以至于所拓版型不准。 错误情境: 没有按步骤做,主要是省掉了熨烫
活动七 (10 分钟)	小结评价		
	评价内容	评价标准	得分/等级
	活动五检查 修正后造型	立体造型结构、大小,长短符合人台及图片款式,造型手法、针法 符合立裁要求	85 分以上
		立体造型结构、大小,长短较符合人台及图片款式,造型手法、针 法较符合立裁要求(两处,含两处错误以内)	70~84 分
		立体造型结构、大小,长短基本符合人台及图片款式,造型手法、 针法基本符合立裁要求(4 处,含 4 处错误以内)	60~69 分
		立体造型结构、大小,长短基本不符合人台及图片款式,造型手 法、针法基本不符合立裁要求(5 处错误以上,含 5 处)	59 分以下

步骤三　女装衣身代表结构(二)

教学目标	知识目标	(1)能掌握衣身褶皱变化款式结构知识; (2)能掌握衣身褶皱变化款式立体造型步骤
	技能目标	(1)会运用原型绘制衣身褶皱变化款结构图; (2)会依据衣身结构图进行相应的立体造型
	素养目标	(1)有团体协作能力; (2)有互助精神
教学重点	(1)运用原型绘制衣身褶皱变化款结构图; (2)依据衣身结构图进行相应的立体造型	
教学难点	结合原型绘制衣身褶皱变化款结构图	
参考课时	6 课时	
教学准备	铅笔、尺子、剪刀、原型版、牛皮纸	

续表

教学环节	教　师	学　生
	引入衣身结构设计	
活动一 (15分钟)	(1)展示各种褶皱衣身结构设计的服装图片。 (2)选其中的一张图片,学生比较与前面所学哪个基础衣身结构最有联系,区别又在哪里,如下图所示。 	(1)观察展示的图片。 (2)分组讨论其中的一张图片,比较与前面所学哪个基础衣身结构最有联系,区别又在哪里? 正常情境: ①联系:前中线省,都是胸省转移; ②区别:胸省转移至前中线量少,这里褶皱量多
	分析图片衣身结构	
活动二 (20分钟)	根据原型与省位转移原理,引导学生分析图片衣身结构	根据原型与省位转移原理,分组讨论、分析衣身褶皱结构。 ①衣长在原型的基础上加长; ②前中线上的褶皱量一部分为胸省转移至此的量; ③褶皱另外的量来自与前中线剪开的放量
	绘制1∶5图片衣身结构图	
活动三 (60分钟)	(1)绘制衣身框架结构图 ①确定衣身规格尺寸,并制成表格 衣长56 cm,胸围92 cm,腰围70 cm,臀围94 cm,下摆围92 cm; ②拓印原型板; ③画框架图,衣身长度56 cm,门襟宽2 cm (2)绘制衣身前片结构 ①画前中线省造型线、胸下围造型线; ②画前侧缝省2 cm,腰省2.5 cm; ③剪开前中线造型线,合并袖笼胸省、腰上胸省,省量转移至前中线省造型线; ④省量不够,剪开省尖位至侧缝,展开放量2 cm; ⑤侧缝上2 cm画下弧线为衣服前下摆 (3)绘制衣身后片结构 ①过肩胛骨点画横向开刀线; ②转移后肩省至开刀线上	跟着教师按步骤绘制结构图(结构图)。 正常情境: 所有同学跟着教师速度一步步完成。 意外情境: ①没有跟上教师速度,步骤被打乱,无法继续绘制,或绘制步骤错误; ②没有听懂教师所讲省位转移与放量,无法继续绘制,或绘制错误 出错情境: ①胸省没有完全转移至前中线; ②前中线没有放量,导致褶皱量不够; ③前后各省量分配错误; ④衣身下摆量不够

教学环节	教　师	学　生
	绘制 1∶5 图片衣身结构图	
活动三 (60 分钟)	③定腰省:侧缝省 1.5 cm,过肩胛骨省 3.5 cm, 后中缝 1.5 cm; ④画出各省结构线; ⑤衣长侧缝上 2 cm,画后衣片下摆 (4)调整、完成结构图,如下图所示 	

续表

教学环节	教　师	学　生
活动四 (120分钟)	绘制1∶1图片衣身结构图	
	(1)辅导学生绘制1∶1图片衣身结构图。 注意要点: ①结构图线迹清晰,特别是弧线要流畅; ②前后衣片造型与图片一致; ③辅助线、结构线区分明了,标注齐全 (2)组织学生对结构图自检并修正	(1)绘制所给图片1∶1结构图。 (2)自检结构图并修正
活动五 (30分钟)	检查1∶1结构图并修正	
	检查要点如下: ①衣长、胸围、腰围、下摆围符合规格尺寸; ②各对应缝缝长度相等; ③前中线省转移、放量正确,过程清晰; ④后肩省转移正确,过程清晰; ⑤结构图线条流畅,特别是弧线; ⑥结构图造型与图片一致; ⑦结构图清晰、完整、标注齐全	(1)小组与小组同学交换互评。 (2)有问题的同学在其他同学的帮助下再次按图片修正结构图。 意外情境: ①省道转移过程不清楚; ②各对应缝缝长度有不相等的。 出错情境: ①前后衣片造型线、省位位置不准确,导致结构图与图片不一致; ②胸省没有完全转移至前中线; ③前中线没有放量,导致褶皱量不够; ④结构线、辅助线混乱,标注不齐全; ⑤各省量分配错误

活动六 (23分钟)	小结评价		
	评价内容	评价标准	得分/等级
	活动四检查结构图并修正	结构图尺寸规格正确,造型与图片一致,省道转移、放量方法正确,表达清晰,结构线、辅助线明了,标注齐全	85分以上
		结构图尺寸规格较正确,造型与图片较一致,省道转移、放量方法正确,表达较清晰,结构线、辅助线较明了,标注较齐全(两处,含两处错误以内)	70~84分
		结构图尺寸规格基本正确,造型与图片基本一致,省道转移、放量方法较正确,表达不够清晰,结构线、辅助线模糊,标注不齐(4处,含4处错误以内)	60~69分
		结构图尺寸规格基本正确,造型与图片不一致,省道转移、放量方法不正确,结构线、辅助线模糊,标注不齐(5处错误以上,含5处)	59分以下

布置作业 (2分钟)	绘制1∶5课堂结构图两遍

步骤四　女装衣身造型及修正（二）

教学目标	知识目标	(1)能掌握变化衣身褶皱立体造型步骤； (2)能掌握变化衣身褶皱造型修正依据； (3)能掌握变化衣身褶皱各主要修正部位	
	技能目标	(1)会依据衣身结构图进行相应的立体造型； (2)会根据造型修正依据对修正部位作出正确判断； (3)会正确修正各问题部位	
	素养目标	(1)有自我批评、自我检查的能力； (2)有自我修正、调整能力	
教学重点	(1)根据造型修正依据对修正部位作出正确判断； (2)正确修正各问题部位		
教学难点	(1)根据造型修正依据对修正部位作出正确判断； (2)正确修正各问题部位		
参考课时	6 课时		
教学准备	人台（每人一个）、铅笔、尺子、剪刀、红笔、胚布、大头针		
教学环节	教　师		学　生
活动一 (45 分钟)	立体造型准备工作		
	立体造型准备工作步骤： ①剪纸样； ②熨烫胚布； ③在胚布上画样、裁剪		按步骤做好立体造型准备工作。 意外情境： ①剪纸样标记不齐全,导致裁片标记不齐； ②裁剪时纸样移位,导致裁片与纸样有误； ③胸围线、腰围线未画 出错情境： ①裁片丝缕不正或方向错误； ②前中线褶皱范围未定点
活动二 (120 分钟)	立体造型		
	辅导学生进行立体造型。 ①在前后领弯、袖笼线、前后衣片弧线上打剪口（缝合在上的那块衣片弧线）； ②熨烫打剪口的各缝位； ③熨烫后肩缝、后侧缝、后中缝、前门襟、前中片侧缝、后中片侧缝； ④做前中线褶皱； ⑤用大头针缝合各缝缝和省位（中盖侧、后盖前）； ⑥造型穿上人台		按要求、步骤进行立体造型。 正常情境： 造型式样与图片符合,结构与人体符合。 意外情境： ①弧线剪口大的较深,致弧线不圆顺； ②结构图有问题,造型与图片有出入； ③前中线褶皱与所放量不等,导致前片不平服 出错情境： ①缝缝熨烫错误,导致裁片缝合时缝头倒向反了； ②大头针运用手法错误； ③各衣片胸围线、腰围线没对齐； ④各衣片下摆长短不齐

续表

教学环节	教 师	学 生
	检查所做立体造型	
活动三 (20分钟)	(1)引导学生观察自己所做造型在人台上与图片比较有哪些问题? (2)小组讨论,总结检查立体造型的各部位。 ①各缝缝、省位倒向是否正确(纵向倒中间,横向倒上方,侧缝到后面); ②各缝缝缝合是否符合立体造型要求(侧盖中、上盖下、后盖前); ③领口弧线、袖笼弧线是否顺畅; ④前后肩线两端是否对齐; ⑤胸围线、腰围线是否对齐、水平; ⑥各弧线缝缝处是否平整; ⑦前中线褶皱量是否与省量一致; ⑧下摆各缝缝是否一样长; ⑨造型大小,长短是否符合人台及图片款式; ⑩各针法是否符合立体造型手法; ⑪造型整体平整、干净	(1)观察自己所做造型在人台上与图片比较有哪些问题? (2)小组讨论,总结检查立体造型的各部位。 (3)各小组同学交换检查,有问题处用铅笔标注
	修正所做立体造型	
活动四 (50分钟)	组织学生修正问题部位	(1)学生按标注逐一修正所做造型。 (2)修正部位用红笔重新画结构线
	检查修正后造型	
活动五 (30分钟)	检查要点如下: ①立体造型结构、大小,长短符合人台及图片款式; ②各缝缝、省位倒向正确; ③各缝缝缝合符合立体造型要求; ④领口弧线、袖笼弧线顺畅; ⑤前后肩线两端对齐; ⑥各衣片胸围线、腰围线对齐、水平; ⑦各弧线缝缝处平整; ⑧下摆各缝缝一样长; ⑨各针法符合立体造型手法; ⑩造型整体平整、干净	(1)小组与小组同学交换互评。 (2)有问题的同学在其他同学的帮助下再次修正造型,调整修正线迹

续表

教学环节	教　师		学　生
活动六 (40分钟)	修正结构图		
	指导学生依据立体造型修正结构图。 ①拆下修正后的立体造型; ②对拆下的衣片熨烫平整; ③修正各衣片与相应纸质纸样重合,拓印修正部分,并画在纸样上		按步骤进行修正 正常情境: ①按步骤进行修正; ②所修正纸样与裁片版型一致吻合。 意外情境: 拓版时裁片移位,以至于所拓版型不准。 错误情境: 没有按步骤做,主要是省掉了熨烫
活动七 (10分钟)	小结评价		
	评价内容	评价标准	得分/等级
	活动五检查修正后造型	立体造型结构、大小,长短符合人台及图片款式,造型手法、针法符合立裁要求	85分以上
		立体造型结构、大小,长短较符合人台及图片款式,造型手法、针法较符合立裁要求(两处,含两处错误以内)	70~84分
		立体造型结构、大小,长短基本符合人台及图片款式,造型手法、针法基本符合立裁要求(4处,含4处错误以内)	60~69分
		立体造型结构、大小,长短基本不符合人台及图片款式,造型手法、针法基本不符合立裁要求(5处错误以上,含5处)	59分以下

步骤五　考核评价

教学目标	知识目标	能掌握省道转移、合并、放量原理
	技能目标	(1)会运用省道转移、合并、放量原理进行新造型; (2)会绘制常见变化衣身结构图; (3)会对常见衣身变化结构图进行立体造型
	素养目标	(1)有良好心态修正问题; (2)有正确的判断力
教学重点	评价常见变化衣身立体造型及修正的标准	
教学难点	依照评价标准给同学作业作出正确的评价	
参考课时	6课时	
教学准备	牛皮纸、铅笔、尺子、软尺、人台、大头针、评价表	

续表

教学环节	教　师	学　生
	根据图片绘制 1∶1 结构图及立体造型	
活动一 (275 分钟)	学生根据图片分析衣身结构,270 分钟内完成 1∶1 结构图绘制,并进行相应的立体造型与修正,如下图所示。 	(1)根据图片,分析衣身结构并完成 1∶1 结构图。 (2)根据结构图完成相应的立体造型。 (3)对所做立体造型进行修正。 (4)对纸样进行修正 正常情境: ①立体造型与图片款式一致,造型大小与人台符合; ②立体造型各手法正确; ③造型有修正,并标注修正线迹; ④纸样有修正线迹,并于造型修正保持一致 意外情境: ①胸省合并、转移分析不清晰,导致结构图绘制纠结,时间拖长; ②下摆荷叶放量太大或不够; ③造型不够平整、干净 出错情境: ①胸省合并、转移分析错误,导致结构图绘制错误; ②造型与原图片有较大出入; ③立体造型手法出现错误; ④造型没有修正或完全修正; ⑤造型没有标注修正线迹; ⑥纸样没有修正或修正与造型不服
	学习评价标准	
活动二 (25 分钟)	选 4 个不同层次的立体造型讲解其评价标准	听取教师讲解、分析立体造型与修正评价标准,并做好笔记
	(1)立体造型与修正评价标准 ①画有丝缕方向、胸围线、腰围线;　　　　　　　　　　　　5 分 ②作品丝缕正确,胸围线、腰围线水平,接缝整齐;　　　　15 分 ③作品缝缝拼接正确、整齐;　　　　　　　　　　　　　10 分 ④作品大头针针距 4~6 cm,且均匀;　　　　　　　　　　5 分 ⑤作品大头针朝向正确,针尖露 0.2~0.4 cm,针吃布 0.2~0.4 cm;　10 分 ⑥作品前后中缝、侧缝、肩缝与人台对齐;　　　　　　　10 分 ⑦作品有修正,并标注修正线迹;　　　　　　　　　　　15 分 ⑧作品完成后各主要数据与结构图保持一致;　　　　　　5 分 ⑨作品视觉效果与原图片一致;　　　　　　　　　　　　10 分 ⑩作品整体平整、干净、造型符合人台　　　　　　　　　10 分	

教学环节	教 师	学 生
	学习评价标准	
活动二 (25分钟)	(2)衣身纸样与修正评价标准 ①各部位尺寸与规格表一致； ②标注有丝缕方向、裁片名称、裁片数量； ③省道转移、合并过程清晰、正确,标注齐全、规范； ④位置放量标注齐全、规范； ⑤结构线、辅助线清晰、明了； ⑥有修正,并用异色标注； ⑦结构图整体完整、线条流畅、画面干净	5分 10分 35分 15分 10分 15分 10分
活动三 (58分钟)	评价、统计	
	权重比例:衣身立体造型70% + 衣身纸样30% =100%	

	得　分	人数(班级总人数:)	比　例
活动三 (58分钟)	85分以上		
	70~84分		
	60~69分		
	59分以下		

布置 作业 (2分钟)	70~84分段学生绘制1∶5考核图片结构图一遍;60~69分段学生绘制两遍;60以下分段学生绘制三遍

项目二　女装袖型结构设计及造型

任务一　衣袖原型结构及造型

完成任务步骤及课时:

步　骤	教学内容	课　时
步骤一	衣袖原型结构、造型	7
步骤二	考核评价	3
合　计		10

步骤一　衣袖原型结构及造型

教学目标	知识目标	(1)能掌握绘制衣袖原型结构的步骤； (2)能熟记衣袖原型结构的袖山高的确定； (3)能熟记衣袖原型结构的画顺袖山曲线的辅助点
	技能目标	(1)会准确找出衣袖原型结构各定位点； (2)会按步骤准确绘制1∶5衣袖原型结构(160/84A)； (3)会按步骤较准确、美观地绘制1∶1衣袖原型结构(160/84A)； (4)会运用立体造型手法较熟练地把袖装在衣身上造型
	素养目标	(1)有按步骤做事的好习惯； (2)有仔细、理性的做事习惯
教学重点		(1)按步骤绘制衣袖原型结构； (2)运用立体造型手法较熟练地把袖装在衣身上
教学难点		(1)按步骤绘制1∶1衣袖原型结构； (2)衣袖原型结构各定位点的确定
参考课时		7课时
教学准备		多媒体、课件、打板纸、打板尺、人台(每人一个)、白胚布、大头针
教学环节	教　师	学　生
活动一 (5分钟)	通过今年最新流行的时装图片(特别用不同袖型的服装)，学生讨论不同的袖型，引入袖型课	
活动二 (105分钟)	讲解并分步骤绘制衣袖原型结构	
	(1)合并胸省，衣BP点为圆心旋转衣片至前胸省完成合并，如下图所示。 (2)定袖山高，延长侧缝线，二等份前后肩点在延长线上的落差，再将此二等份点与袖隆之间的距离进行六等份，其中五份就是袖子的袖山高值，即5/6为袖山高点，如下图所示	(1)跟着教师分步骤绘制1∶5衣袖原型结构 正常情境： 所有同学跟着教师速度一步步完成。 意外情境： ①没有跟上教师速度，步骤被打乱，无法继续绘制，或绘制步骤错误； ②没有听懂教师所讲数据的计算，无法继续绘制，或绘制错误

教学环节	教　师	学　生
	讲解并分步骤绘制衣袖原型结构	
活动二 (105 分钟)	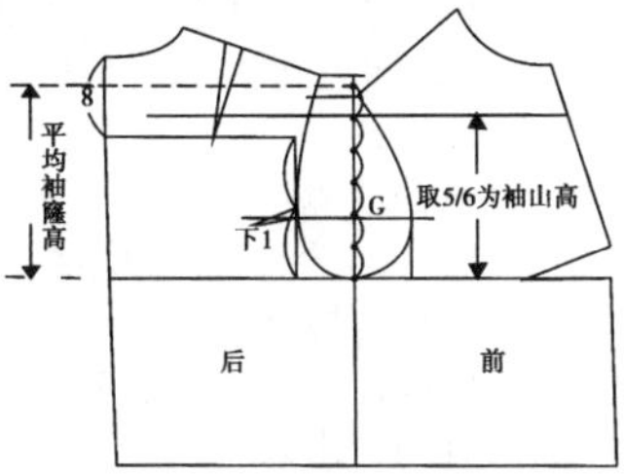 (3)G 与 F 辅助线,找出衣片上的水平辅助线 G 和竖直辅助线 F,三等份 F 线与侧缝的间距,过靠胸宽点作一竖直线与前袖窿弧线相交。 (4)取前后袖肥,以袖高点为圆心,以前 AH 为半径在袖窿线上截取前袖肥,同理,以后 AH + 1 cm 的长度截取后袖肥,如下图所示。 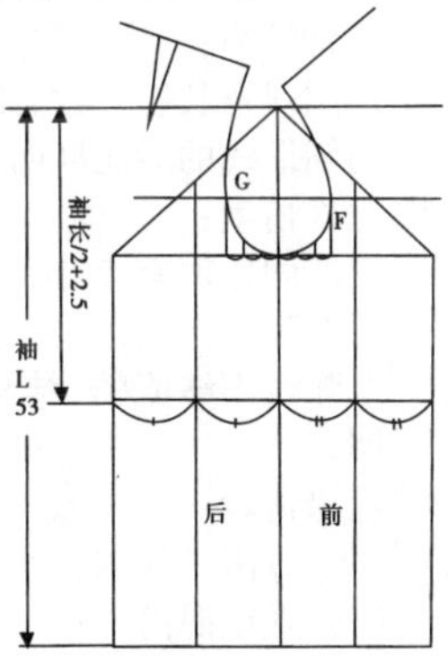 (5)作袖长 53 cm,并以袖长/2 + 2.5 cm 取得袖肘线。 (6)按图画顺袖山弧线,如下图所示 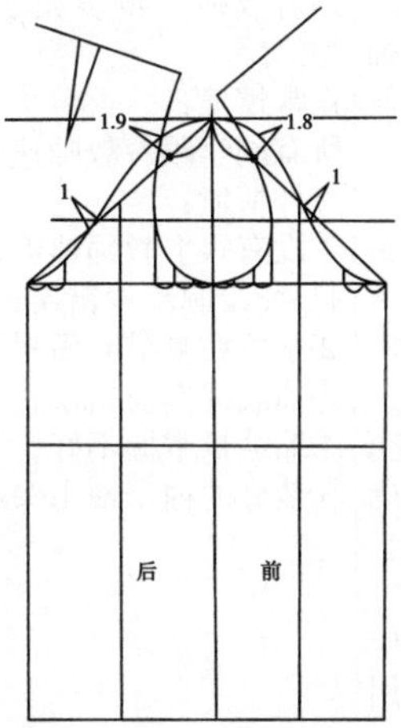 	

续表

教学环节	教　师	学　生
	比较所绘制原型袖	
活动三 (25分钟)	(1)组织各同学剪下所绘制的衣袖原型结构。 (2)组织小组比较所绘制的原型; (3)引导学生找到各自衣袖原型结构出入的原因	(1)剪下各自绘制的衣袖原型结构; (2)同组同学图形重叠,看看所画原型袖是不是一样 正常情境: 所有同学的衣袖原型结构都能完全重合。 意外情境: 所画比例有点小,带小数点的数据有可能画得有稍许出入。 出错情境: ①1∶5数字换算出了问题; ②公式记混淆了; ③尺子尺寸看错
	学生自行绘制1∶1衣袖原型结构	
活动四 (45分钟)	(1)布置课堂练习:绘制1∶1衣袖原型结构。 (2)强调绘制要求: ①严格按步骤进行绘制; ②绘制数据精确; ③绘制线条流畅,结构线与辅助线清晰明了; ④数据、公式等标注清晰 (3)强调绘制中的难点: 袖山弧线几个主要点的定位	学生画完图后,两个同学一组核对相应的线条长度、弧线的流畅度、结构线与辅助线的清晰度。 正常情境: 所画线条长度一致、弧线的流畅度一致、结构线与辅助线的对比度明显。 意外情境: ①所画比例有点小,带小数点的数据有可能画得有稍许出入; ②弧线不够流畅,结构线与辅助线的对比度不明显 出错情境: ①计算出了问题; ②公式记混淆了; ③尺子尺寸看错
	衣袖原型在人台上的造型	
活动五 (120分钟)	(1)剪下绘制好的1∶1比例的原型衣袖。 (2)在准备的衣布样上复描出衣袖,将外袖侧与里袖侧组合成筒状。袖底缝向后侧倒,用大头针别成型。 (3)装袖: ①在衣身袖窿底处与袖底对准,大头针头向下,针尖向上竖立固定,两侧离1~1.5 cm用同样方法固定好。并且从袖窿底开始前后4~4.5 cm,用大头针固定。 ②肩头与袖山点重合对准,用大头针固定。以装袖线为准,在衣身的前后腋点附近确认袖子的位置安稳与否,用大头针固定。粗略地分配袖山上部的缩缝量。 ③为了作出肩端点处的圆润及厚度感,应很好地分配袖山头的缩缝量,用大头针(用隐藏针法)密密地别出,并修正成型	跟着教师一步步完成衣袖原型结袖的组装造型。 正常情境: 所有同学跟着教师速度一步步完成。 意外情境: ①没有跟上教师速度,步骤被打乱,无法继续绘制,或绘制步骤错误; ②学生在复描时面料歪斜或用料错误; ③袖底缝倒向错误; ④缩缝量掌握不好; ⑤装好的袖子袖山头不圆顺

教学环节	教师			学生
活动六 (15分钟)	小结评价			
	评价内容	评价标准		得分/等级
	活动二讲解并分步骤绘制一片袖结构	学生能正确的完成衣袖原型结构,制图线条顺畅,对比度好,美观		优
		学生基本能正确的完成衣袖原型结构,线条较顺畅,对比度好		良
		学生基本能正确的完成衣袖原型结构,线条不够顺畅,对比度不够好		中
		学生不能完成衣袖原型结构		差
	活动四学生自行绘制1:1一片袖结构	学生能正确的完成衣袖原型结构,制图线条顺畅,对比度好,美观		优
		学生基本能正确的完成衣袖原型结构,线条较顺畅,对比度好		良
		学生基本能正确的完成衣袖原型结构,线条不够顺畅,对比度不够好		中
	活动五学生自行绘制1:1一片袖立体造型	学生能正确完成其立体造型,很好分配袖山头的缩缝量,外形美观		优
		学生能正确完成其立体造型,基本能分配袖山头的缩缝量,外形一般		良
		学生基本能完成其立体造型,分配袖山头的缩缝量不好,外形一般		中
		学生不能完成其立体造型		差

步骤二　考核评价

教学目标	知识目标	(1)能在15分钟内正确的完成衣袖原型结构图; (2)能在70分钟按要求、美观的把衣袖原型造型
	技能目标	(1)会规定时间正确的完成衣袖原型结构图; (2)会按标准正确评价其他同学的原型结构图; (3)会按标准正确评价其他同学的原型造型
	素养目标	(1)有正确的判断力; (2)有团队协作精神
教学重点	学生在规定时间内正确、美观的完成任务	
教学难点	依照评价标准如何给同学作出正确的评价	
参考课时	3课时	
教学准备	评价表	

续表

教学环节	教 师	学 生
活动一 (25分钟)	衣袖原型结构图	
	15分钟内完成1∶1衣袖原型结构	15分钟完成1∶1时衣袖原型结构 意外情境: 15分钟内没有完成衣袖原型结构。 出错情境: 15分钟完成了绘制、但有错误
活动二 (70分钟)	衣袖原型结构造型	
	70分钟内完成衣袖原型结构造型	70分钟内完成衣袖原型结构造型。 意外情境: ①70分钟内没有完成时尚女式上衣的造型; ②自己以为完成了,但有细节遗漏未做
活动三 (20分钟)	学习评价标准	
	(1)讲解考核项目的权重、比例; (2)立体造型讲解其评价标准	(1)听取教师讲解考核项目各自权重比例,并做好笔记; (2)听取教师讲解、分析立体造型评价标准,并做好笔记
	(1)权重比例:衣袖原型结构图50% +衣袖原型结构造型50% =100%。 (2)衣袖原型结构图评分标准: ①按规定的160/84A规格完成原型袖的制图计算尺寸正确; 50分 ②袖山头各部位对位点正确,袖山弧线圆顺; 30分 ③对位标记准确:其中包括各部位对位标记、纱向标记等。 20分 (3)衣袖原型结构造型评分标准: ①立体造型各手法正确; 30分 ②袖子造型无倾斜; 25分 ③袖笼缝合圆顺,无多余量; 30分 ④所用胚布纱向正确 15分	

活动四 (15分钟)	评价、统计		
	得 分	人数(班级总人数:)	比 例
	85分以上		
	70~84分		
	60~69分		
	59分以下		

布置 作业 (5分钟)	85分以下学生绘制原型袖两遍

任务二　常见袖型结构及造型

完成任务步骤及课时：

步　骤	教学内容	课　时
步骤一	一片袖结构、造型	5
步骤二	两片袖结构、造型	6
步骤三	插肩袖结构、造型	7
步骤四	考核评价	1
合　计		19

步骤一　一片袖结构及造型

教学目标	知识目标	(1)能掌握绘制一片袖结构的步骤； (2)能熟记一片袖结构袖中线和袖口偏移量； (3)能熟记一片袖结构的画顺袖山曲线的辅助点
	技能目标	(1)会准确画出袖中线和袖口偏移量； (2)会按步骤准确绘制1∶5一片袖结构(160/84A)； (3)会按步骤较准确、美观地绘制1∶1一片袖结构(160/84A)； (4)会运用立体造型手法较熟练地把一片袖装在衣身上造型
	素养目标	(1)有条理性做事的好习惯； (2)有仔细、理性的做事习惯
教学重点		(1)按步骤绘制一片袖结构； (2)运用立体造型手法较熟练地把一片袖装在衣身上
教学难点		(1)按步骤绘制1∶1一片袖结构； (2)一片袖结构袖中线和袖口偏移量
参考课时		5课时
教学准备		多媒体、课件、打板纸、打板尺、人台(每人一个)、白胚布、大头针
教学环节	教　师	学　生
活动一 (5分钟)	通过几组图片,让学生基本原型袖服装和合体一片袖服装的区别,激发学生对一片合体袖学习的热情,引入一片袖袖型课	

续表

教学环节	教　师	学　生
	讲解并分步骤绘制一片袖衣袖原型结构	
活动二 (75分钟)	一片袖制图规格 SL(袖长)$=0.3$ 号 $4\sim6$ cm $=54\sim56$ cm CW(袖口)$=B/10+3\sim4$ cm $=12\sim13$ cm $AH=$ 袖窿弧线长 制图方法： ①原型袖基础上，袖中线向前偏移 2 cm； ②衣袖中线为中心，左右确定袖口宽，前后差 1 cm； ③连接袖口与袖肥，在肘线处前进 1 cm，后出 1 cm； ④后袖口下降 1.5 cm，并与袖中线相连； ⑤取前后袖肥，以袖高点为圆心，以前 AH 为半径在袖窿线上截取前袖肥，同理，以后 $AH+1$ cm 的长度截取后袖肥，如下图所示； ⑥确定肘省	跟着教师分步骤绘制 1∶5 一片袖衣袖原型结构。 正常情境： 所有同学跟着教师速度一步步完成。 意外情境： ①没有跟上教师速度，步骤被打乱，无法继续绘制，或绘制步骤错误； ②没有听懂教师所讲数据的计算，无法继续绘制，或绘制错误
	比较所绘制一片袖原型袖	
活动三 (25分钟)	(1)组织各同学剪下所绘制的衣袖原型结构； (2)组织小组比较所绘制的原型； (3)引导学生找到各自一片衣袖原型结构出入的原因	(1)剪下各自绘制的衣袖原型结构； (2)同组同学图形重叠，看看所画原型袖是不是一样的 正常情境： 所有同学的衣袖原型结构都能完全重合。 意外情境： 所画比例有点小，带小数点的数据有可能画得有稍许出入。 出错情境： ①1∶5 数字换算出了问题； ②公式记混淆了； ③尺子尺寸看错

教学环节	教　师	学　生
活动四 (45分钟)	学生自行绘制1∶1一片袖衣袖原型结构	
	(1)布置课堂练习:绘制1∶1一片袖衣袖原型结构。 (2)强调绘制要求: ①严格按步骤进行绘制; ②绘制数据精确; ③绘制线条流畅,结构线与辅助线清晰明了; ④数据、公式等标注清晰 (3)强调绘制中的难点: ①袖山弧线几个主要点的定位; ②前后袖口有1 cm差量	学生画完图后,两个同学一组核对相应的线条长度、弧线的流畅度、结构线与辅助线的清晰度。 正常情境: 所画线条长度一致、弧线的流畅度一致、结构线与辅助线的对比度明显。 意外情境: ①所画比例有点小,带小数点的数据有可能画得有稍许出入; ②弧线不够流畅,结构线与辅助线的对比度不明显 出错情境: ①计算出了问题; ②公式记混淆了; ③尺子尺寸看错
活动五 (75分钟)	一片袖衣袖原型在人台上的造型	
	(1)剪下绘制好的1∶1比例的一片袖原型衣袖。 (2)在准备的袖布样上复描出衣袖,将外袖侧与里袖侧组合成筒状。袖底缝向后侧倒,用大头针别成型。 (3)装袖: ①在衣身袖窿底处与袖底对准,大头针头向下,针尖向上竖立固定,两侧离1～1.5 cm用同样方法固定好。并且从袖窿底开始前后4～4.5 cm,用大头针固定。 ②肩头与袖山点重合对准,用大头针固定。以装袖线为准,在衣身的前后腋点附近确认袖子的位置安稳与否,用大头针固定。粗略地分配袖山上部的缩缝量。 ③为了作出肩端点处的圆润及厚度感,应很好地分配袖山头的缩缝量,用大头针(用隐形针法)密密地别出,并修正成型	跟着教师一步步完成衣袖原型结袖的组装造型。 正常情境: 所有同学跟着教师速度一步步完成。 意外情境: ①没有跟上教师速度,步骤被打乱,无法继续绘制,或绘制步骤错误; ②学生在复描时面料歪斜或用料错误; ③袖底缝倒向错误; ④缩缝量掌握不好; ⑤装好的袖子袖山头不圆顺

续表

教学环节	教 师		学 生
	小结评价		
	评价内容	评价标准	得分/等级
活动六 (15分钟)	活动二讲解并分步骤绘制一片袖结构	学生能正确的完成一片袖结构,制图线条顺畅,对比度好,美观	优
		学生基本能正确的完成一片袖结构,线条较顺畅,对比度好	良
		学生基本能正确的完成一片袖结构,线条不够顺畅,对比度不够好	中
		学生不能完成一片袖结构	差
	活动四学生自行绘制1:1一片袖结构	学生能正确的完成一片袖结构,制图线条顺畅,对比度好,美观	优
		学生基本能正确的完成一片袖结构,线条较顺畅,对比度好	良
		学生基本能正确的完成一片袖结构,线条不够顺畅,对比度不够好	中
		学生不能完成衣袖原型结构	差
	活动五学生自行绘制1:1一片袖结构	学生能正确完成其立体造型,很好分配袖山头的缩缝量,外形美观	优
		学生能正确完成其立体造型,基本能分配袖山头的缩缝量,外形一般	良
		学生基本能完成其立体造型,分配袖山头的缩缝量不好,外形一般	中
		学生不能完成其立体造型	差

步骤二 二片袖结构、造型

教学目标	知识目标	(1)能掌握绘制二片袖结构的步骤; (2)能熟记3种二片袖结构制图
	技能目标	(1)会准确画出3种二片袖的结构制图; (2)会按步骤准确绘制1:5 3种二片袖结构(160/84A); (3)会按步骤较准确、美观的绘制1:1 3种二片袖结构(160/84A); (4)会运用立体造型手法较熟练地把3种二片袖装在衣身上造型
	素养目标	(1)有条理性做事的好习惯; (2)有仔细、理性的做事习惯
教学重点	(1)按步骤绘制二片袖结构; (2)运用立体造型手法较熟练地把二片袖装在衣身上	
教学难点	(1)按步骤绘制1:1二片袖结构; (2)3种二片袖不同的地方	
参考课时	7课时	
教学准备	多媒体、课件、打板纸、打板尺、人台(每人一个)、白胚布、大头针	

教学环节	教　师	学　生
活动一 （5分钟）	通过几组图片,让学生基本原型袖服装、合体一片袖、二片袖服装的区别,激发学生对一片合体袖学习的热情,引入二片袖型课。	
活动二 （105分钟）	<div>讲解并分步骤绘制二片袖衣袖原型结构</div>（1）向一边偏的二片袖制图规格,如下图所示。 SL（袖长）$=0.3$ 号 $4\sim6\ \mathrm{cm}=54\sim56\ \mathrm{cm}$ CW（袖口）$=B/10+3\sim4\ \mathrm{cm}=12\sim13\ \mathrm{cm}$ $AH=$ 袖窿弧线长 （2）制图方法: ①先画出合体一片袖的结构制图; ②把前后袖肥二等份; ③画顺前袖缝基础线,在袖肘线处收进 $1\ \mathrm{cm}$,画顺; ④袖口大:在袖口线处,后端降低 $1\ \mathrm{cm}$,从前袖缝基础线量出袖口大,一般在 $13\sim14\ \mathrm{cm}$; ⑤大袖片前袖缝基础线:把前袖缝基础线向外偏出 $3\ \mathrm{cm}$; ⑥小袖片前袖缝基础线:把前袖缝基础线向里收进 $3\ \mathrm{cm}$; ⑦见图画顺后袖缝线; ⑧袖口大 （3）向两边偏的二片袖结构制图: ①在一边偏的二片袖基础上进行变化。 ②第一种:后袖缝线在袖上深处前后偏出、进 $2\ \mathrm{cm}$,在袖肘线出偏出、偏进 $1.5\ \mathrm{cm}$,在袖口处偏出、进 $1.5\ \mathrm{cm}$ 分别为大、小袖片的后袖缝线,如下图所示	跟着教师分步骤绘制 $1:5$ 二片袖衣袖原型结构。 正常情境: 所有同学跟着教师速度一步步完成。 意外情境: ①没有跟上教师速度,步骤被打乱,无法继续绘制,或绘制步骤错误; ②没有听懂教师所讲数据的计算,无法继续绘制,或绘制错误

续表

教学环节	教　师	学　生
活动二 (105 分钟)	讲解并分步骤绘制二片袖衣袖原型结构 第二种:后袖缝线在袖上深处前后偏出、进 2 cm,在袖口处偏出、进 1 cm 袖口处不偏分别为大、小袖片的后袖缝线,如下图所示 	
活动三 (25 分钟)	比较所绘制二片袖原型袖 (1)组织各同学剪下所绘制的衣袖原型结构。 (2)组织小组比较所绘制的原型。 (3)引导学生找到各自二片衣袖原型结构出入的原因	(1)剪下各自绘制的衣袖原型结构。 (2)同组同学图形重叠,看看所画原型袖是不是一样的 正常情境: 所有同学的衣袖原型结构都能完全重合。 意外情境: 所画比例有点小,带小数点的数据有可能画得有稍许出入。 出错情境: ①1∶5 数字换算出了问题; ②公式记混淆了; ③尺子尺寸看错

教学环节	教 师	学 生
	学生自行绘制 1∶1 二片袖衣袖原型结构	
活动四 (60 分钟)	(1)布置课堂练习:绘制 1∶1 二片袖衣袖原型结构。 (2)强调绘制要求: ①严格按步骤进行绘制; ②绘制数据精确; ③绘制线条流畅,结构线与辅助线清晰明了; ④数据、公式等标注清晰 (3)强调绘制中的难点: ①袖山弧线几个主要点的定位; ②前后袖口有 1 cm 差量	学生画完图后,两个同学一组核对相应的线条长度、弧线的流畅度、结构线与辅助线的清晰度。 正常情境: 所画线条长度一致、弧线的流畅度一致、结构线与辅助线的对比度明显。 意外情境: ①所画比例有点小,带小数点的数据有可能画得有稍许出入; ②弧线不够流畅,结构线与辅助线的对比度不明显 出错情境: ①计算出了问题; ②公式记混淆了; ③尺子尺寸看错
	二片袖衣袖原型在人台上的造型	
活动五 (120 分钟)	(1)剪下绘制好的 1∶1 比例的二片袖原型衣袖。 (2)在准备的袖布样上复描出衣袖,将外袖侧与里袖侧组合成筒状。袖底缝向后侧倒,用大头针别成型。 (3)装袖: ①在衣身袖窿底处与袖底对准,大头针针头向下,针尖向上竖立固定,两侧离 1 ~ 1.5 cm用同样方法固定好。并且从袖窿底开始前后 4 ~ 4.5 cm,用大头针固定; ②肩头与袖山点重合对准,用大头针固定。以装袖线为准,在衣身的前后腋点附近确认袖子的位置安稳与否,用大头针固定。粗略地分配袖山上部的缩缝量; ③为了作出肩端点处的圆润及厚度感,应很好地分配袖山头的缩缝量,用大头针(用隐形针法)密密地别出,并修正成型	跟着教师一步步完成衣袖原型结袖的组装造型。 正常情境: 所有同学跟着教师速度一步步完成。 意外情境: ①没有跟上教师速度,步骤被打乱,无法继续绘制,或绘制步骤错误; ②学生在复描时面料歪斜或用料错误; ③袖底缝倒向错误; ④缩缝量掌握不好; ⑤装好的袖子袖山头不圆顺

续表

教学环节	教　师		学　生	
	小结评价			
	评价内容	评价标准		得分/等级
活动六 (15分钟)	活动二讲解 并分步骤绘 制一片袖结 构	学生能正确的完成二片袖结构,制图线条顺畅,对比度好,美观		优
		学生基本能正确的完成二片袖结构,线条较顺畅,对比度好		良
		学生基本能正确的完成二片袖结构,线条不够顺畅,对比度不够好		中
		学生不能完成二片袖结构		差
	活动四学生 自行绘制 1∶1一片袖 结构	学生能正确的完成二片袖结构,制图线条顺畅,对比度好,美观		优
		学生基本能正确的完成二片袖结构,线条较顺畅,对比度好		良
		学生基本能正确的完成二片袖结构,线条不够顺畅,对比度不够好		中
		学生不能完成衣袖原型结构		差
	活动五学生 自行绘制 1∶1一片袖 结构	学生能正确完成其立体造型,很好分配袖山头的缩缝量,外形美观		优
		学生能正确完成其立体造型,基本能分配袖山头的缩缝量,外形 一般		良
		学生基本能完成其立体造型,分配袖山头的缩缝量不好,外形一般		中
		学生不能完成其立体造型		差

步骤三　插肩袖结构及造型

教学目标	知识目标	(1)能掌握绘制插肩袖结构的步骤; (2)能熟记插肩袖结构制图
	技能目标	(1)会准确画出插肩袖的结构制图; (2)会按步骤准确绘制1∶5插肩袖结构(160/84A); (3)会按步骤较准确、美观的绘制1∶1插肩袖结构(160/84A); (4)会运用立体造型手法较熟练地把插肩袖装在衣身上造型
	素养目标	(1)有条理性做事的好习惯; (2)有仔细、理性的做事习惯
教学重点		(1)按步骤绘制插肩袖结构; (2)运用立体造型手法较熟练地把插肩袖装在衣身上
教学难点		(1)按步骤绘制1∶1插肩袖结构; (2)插肩袖不同的地方
参考课时		6课时
教学准备		多媒体、课件、打板纸、打板尺、人台(每人一个)、白胚布、大头针

教学环节	教　师	学　生
活动一 (5分钟)	在人台上展示二片袖和插肩袖服装,学生讨论其区别,引入插肩袖袖型课	
活动二 (105分钟)	**讲解并分步骤绘制插肩袖衣袖原型结构**	
	插肩制图规格 SL(袖长)$=0.3$ 号 $4\sim6$ cm $=54\sim56$ cm CW(袖口)$=B/10+3\sim4$ cm $=12\sim13$ cm 制图方法: (1)先画出新原型前后片结构制图。 (2)在前衣片上绘制前插肩袖: ①经过肩端点画出与上平线平行,与前中线平行的一个直角三角形的对角线; ②见图画出袖长线和袖肘线; ③从肩颈点量领口弧线4 cm,与袖窿深2/3处连接一直线; ④袖山深13.5 cm,袖肥大$B/5-1$; ⑤见图画好袖口大; ⑥见图画顺衣身弧线; ⑦见图画顺袖弧线; ⑧见图画顺袖中线; ⑨画顺前袖缝线 (3)在后衣片上绘制后插肩袖基本与前插肩袖同,不同之处如下: ①前后袖口大不一致,如下图所示; ②前后袖肥不同,如下图所示; ③前后领口插肩数不同前4后3; ④衣身弧线不同,如下图所示 	跟着教师分步骤绘制1∶5插肩袖衣袖原型结构。 正常情境: 所有同学跟着教师速度一步步完成。 意外情境: ①没有跟上教师速度,步骤被打乱,无法继续绘制,或绘制步骤错误; ②没有听懂教师所讲数据的计算,无法继续绘制,或绘制错误

续表

教学环节	教　师	学　生
活动二 (105 分钟)	讲解并分步骤绘制插肩袖衣袖原型结构	
活动三 (25 分钟)	比较所绘制插肩袖原型袖	
	(1)组织各同学剪下所绘制的插肩衣袖原型结构。 (2)组织小组比较所绘制的原型。 (3)引导学生找到各自插肩衣袖原型结构出入的原因	(1)剪下各自绘制的衣袖原型结构。 (2)同组同学图形重叠,看看所画原型袖是不是一样的 正常情境: 所有同学的衣袖原型结构都能完全重合。 意外情境: 所画比例有点小,带小数点的数据有可能画得有稍许出入。 出错情境: ①1:5 数字换算出了问题; ②公式记混淆了; ③尺子尺寸看错
活动四 (60 分钟)	学生自行绘制1:1插肩衣袖原型结构	
	(1)布置课堂练习:绘制 1:1 插肩袖衣袖原型结构。 (2)强调绘制要求: ①严格按步骤进行绘制; ②绘制数据精确; ③绘制线条流畅,结构线与辅助线清晰明了; ④数据、公式等标注清晰。 (3)强调绘制中的难点: ①袖山弧线几个主要点的定位; ②前后袖口有 1 cm 差量	学生画完图后,两个同学一组核对相应的线条长度、弧线的流畅度、结构线与辅助线的清晰度。 正常情境: 所画线条长度一致、弧线的流畅度一致、结构线与辅助线的对比度明显。 意外情境: ①所画比例有点小,带小数点的数据有可能画得有稍许出入; ②弧线不够流畅,结构线与辅助线的对比度不明显 出错情境: ①计算出了问题; ②公式记混淆了; ③尺子尺寸看错

教学环节	教 师	学 生
	插肩袖衣袖原型在人台上的造型	
活动五 (120分钟)	(1)剪下绘制好的1∶1比例的插肩袖原型衣袖。 (2)在准备的袖布样上复描出衣袖,将外袖侧与里袖侧组合成筒状。袖底缝向后侧倒,用大头针别成型。 (3)装袖: ①在衣身袖窿底处与袖底对准,大头针针头向下,针尖向上竖立固定,两侧离 1～1.5 cm用同样方法固定好。并且从袖窿底开始前后 4～4.5 cm,用大头针固定。 ②肩头与袖山点重合对准,用大头针固定。以装袖线为准,在衣身的前后腋点附近确认袖子的位置安稳与否,用大头针固定。粗略地分配袖山上部的缩缝量。 ③为了作出肩端点处的圆润及厚度感,应很好地分配袖山头的缩缝量,用大头针(用隐形针法)密密地别出,并修正成型	跟着教师一步步完成衣袖原型结袖的组装造型。 正常情境: 所有同学跟着教师速度一步步完成。 意外情境: ①没有跟上教师速度,步骤被打乱,无法继续绘制,或绘制步骤错误; ②学生在复描时面料歪斜或用料错误; ③袖底缝倒向错误; ④缩缝量掌握不好; ⑤装好的袖子袖山头不圆顺

活动六 (15分钟)	小结评价		
	评价内容	评价标准	得分/等级
	活动二讲解并分步骤绘制一片袖结构	学生能正确的完成插肩袖结构,制图线条顺畅,对比度好,美观	优
		学生基本能正确的完成插肩袖结构,线条较顺畅,对比度好	良
		学生基本能正确的完成插肩袖结构,线条不够顺畅,对比度不够好	中
		学生不能完成插肩袖结构	差
	活动四学生自行绘制1∶1一片袖结构	学生能正确的完成插肩袖结构,制图线条顺畅,对比度好,美观	优
		学生基本能正确的完成插肩袖结构,线条较顺畅,对比度好	良
		学生基本能正确的完成插肩袖结构,线条不够顺畅,对比度不够好	中
		学生不能完成衣袖原型结构	差
	活动五学生自行绘制1∶1一片袖结构	学生能正确完成其立体造型,很好分配袖山头的缩缝量,外形美观	优
		学生能正确完成其立体造型,基本能分配袖山头的缩缝量,外形一般	良
		学生基本能完成其立体造型,分配袖山头的缩缝量不好,外形一般	中
		学生不能完成其立体造型	差

步骤四　考核评价

教学目标	知识目标	(1)能在规定时间正确的完成两片袖的结构； (2)能在规定时间正确的完成插肩袖的结构
	技能目标	(1)会规定时间正确的完成两片袖结构图； (2)会规定时间正确的完成插肩袖结构图； (3)会按评价标准正确的评价
	素养目标	(1)有快速计算,制图熟练的能力； (2)有团队协作精神
教学重点	\multicolumn{2}{l	}{学生在规定时间内正确、美观的完成两片袖和插肩袖结构图}
教学难点	\multicolumn{2}{l	}{依照评价标准如何给同学作出正确的评价}
参考课时	\multicolumn{2}{l	}{1 课时}
教学准备	\multicolumn{2}{l	}{评价表}

教学环节	教　师	学　生
	\multicolumn{2}{c|}{两片袖结构图}	
活动一 (15 分钟)	15 分钟内完成 1∶5 两片袖结构图	15 分钟完成 1∶5 两片袖结构图 意外情境： 15 分钟内没有完成衣袖原型结构 出错情境： 15 分钟完成了绘制、但有错误
	\multicolumn{2}{c|}{插肩袖结构制图}	
活动二 (15 分钟)	15 分钟内完成 1∶5 插肩袖结构图	15 分钟完成 1∶5 两片袖结构图 意外情境： 15 分钟内没有完成衣袖原型结构 出错情境： 15 分钟完成了绘制、但有错误
	\multicolumn{2}{c|}{学习评价标准}	
活动三 (8 分钟)	讲解考核项目的比例	听取教师讲解考核项目各自权重比例,并做好笔记
	评分标准 (1)按规定的 160/84A 规格完成两片袖的制图计算尺寸正确；　　　　　50 分 (2)袖山头各部位对位点正确,袖山弧线圆顺；　　　　　25 分 (3)对位标记准确:其中包括各部位对位标记、纱向标记等　　　　　25 分	

	\multicolumn{3}{c	}{评价、统计}
活动四 (7 分钟)	得　分	人数(班级总人数：)	比　例
	85 分以上		
	70~84 分		
	60~69 分		
	59 分以下		

任务三　袖型结构设计及造型

完成任务步骤及课时：

步　骤	教学内容	课　时
步骤一	袖型代表结构（一）	6
步骤二	女装衣身造型及修正（一）	3
步骤三	袖型代表结构（二）	5
步骤四	女装衣身造型及修正（二）	3
步骤五	袖型代表结构（三）	8
步骤六	女装袖型造型及修正（三）	4
步骤七	考核评价	5
合　计		33

步骤一　袖型代表结构（一）——窄泡肩袖、宽松泡肩袖、灯笼袖

教学目标	知识目标	（1）能掌握绘制窄泡肩袖、松泡肩袖、灯笼袖结构的步骤； （2）能熟记窄泡肩袖、松泡肩袖、灯笼袖结构制图
	技能目标	（1）会准确画出窄泡肩袖、松泡肩袖、灯笼袖的结构制图； （2）会按步骤准确绘制1∶5窄泡肩袖、松泡肩袖、灯笼袖结构（160/84A）； （3）会按步骤较准确、美观的绘制1∶1窄泡肩袖、松泡肩袖、灯笼袖结构（160/84A）； （4）会运用立体造型手法较熟练地把窄泡肩袖、松泡肩袖、灯笼袖装在衣身上造型
	素养目标	（1）有条理性做事的习惯； （2）有仔细、理性做事习惯
教学重点		（1）按步骤绘制窄泡肩袖、松泡肩袖、灯笼袖结构； （2）运用立体造型手法较熟练地把窄泡肩袖、松泡肩袖、灯笼袖装在衣身上
教学难点		（1）按步骤绘制1∶1窄泡肩袖、松泡肩袖、灯笼袖结构； （2）泡肩袖、松泡肩袖、灯笼袖不同的地方
参考课时		6课时
教学准备		多媒体、课件、打板纸、打板尺、人台（每人一个）、白胚布、大头针
教学环节	教　师	学　生
活动一 （10分钟）	在人台上展示不同袖型，学生讨论其区别，引入窄泡肩袖、松泡肩袖、灯笼袖型课	

续表

教学环节	教　师	学　生
	讲解并分步骤绘制窄泡肩袖、松泡肩袖、灯笼袖结构	
活动二 (135 分钟)	(1)窄泡肩袖 制图要点： ①在原型袖基础上，截取短袖长，并在袖口两侧各收 1~3 cm； ②袖山高线、袖肥线剪开； ③袖上头片拉展 6~12 cm； ④修顺新袖山弧线，如下图所示 (2)宽松泡肩袖 ①按褶裥的个数，在袖山头处，均匀设剪开线； ②从袖山头剪至袖口线，拉开袖山各剪片，片片间加褶量，褶宽 $a < b$； ③袖山头抬高 4 cm，画顺袖山弧线，如下图所示 	跟着教师分步骤绘制 1∶5 窄泡肩袖、松泡肩袖、灯笼袖结构 正常情境： 所有同学跟着教师速度一步步完成 意外情境： ①没有跟上教师速度，步骤被打乱，无法继续绘制，或绘制步骤错误； ②没有听懂教师所讲数据的计算，无法继续绘制，或绘制错误

教学环节	教　师	学　生
活动二 (135 分钟)	讲解并分步骤绘制窄泡肩袖、松泡肩袖、灯笼袖结构 （3）灯笼袖 制图要点： ①剪开袖中线，拉展 5 cm； ②剪开袖肥线，袖山头抬高 4 cm； ③袖口两侧斜出 3 cm； ④画顺袖山弧线和袖口线，如下图所示 	

续表

教学环节	教　师	学　生
活动三 (35分钟)	比较所绘窄泡肩袖、松泡肩袖、灯笼袖	
	(1)组织各同学剪下所绘制的窄泡肩袖、松泡肩袖、灯笼袖。 (2)组织小组比较所绘制的窄泡肩袖、松泡肩袖、灯笼袖。 (3)引导学生找到各自窄泡肩袖、松泡肩袖、灯笼袖结构出入的原因	(1)剪下各自绘制的衣袖原型结构。 (2)同组同学所画图形重叠,看看原型袖是不是一样 正常情境: 所有同学的窄泡肩袖、松泡肩袖、灯笼袖都能完全重合。 意外情境: 所画比例有点小,带小数点的数据有可能画得有稍许出入。 出错情境: ①1∶5数字换算出了问题; ②公式记混淆了; ③尺子尺寸看错
活动四 (45分钟)	学生自行绘制1∶1窄泡肩袖、松泡肩袖、灯笼袖结构	
	(1)布置课堂练习:绘制1∶1窄泡肩袖、松泡肩袖、灯笼袖结构。 (2)强调绘制要求: ①严格按步骤进行绘制; ②绘制数据精确; ③绘制线条流畅,结构线与辅助线清晰明了; ④数据、公式等标注清晰 (3)强调绘制中的难点: ①袖山弧线几个主要点的定位; ②前后袖口有1 cm差量	学生画完图后,两个同学一组核对相应的线条长度、弧线的流畅度、结构线与辅助线的清晰度。 正常情境: 所画线条长度一致、弧线的流畅度一致、结构线与辅助线的对比度明显。 意外情境: ①所画比例有点小,带小数点的数据有可能画得有稍许出入; ②弧线不够流畅,结构线与辅助线的对比度不明显 出错情境: ①计算出了问题; ②公式记混淆了; ③尺子尺寸看错

教学环节	评价内容	评价标准	得分/等级
活动五 (15分钟)	小结评价		
	活动二讲解并分步骤绘制窄泡肩袖、松泡肩袖、灯笼袖结构	学生能正确的完成窄泡肩袖、松泡肩袖、灯笼袖结构,制图线条顺畅,对比度好,美观	优
		学生基本能正确的完成窄泡肩袖、松泡肩袖、灯笼袖结构,线条较顺畅,对比度好	良
		学生基本能正确的完成窄泡肩袖、松泡肩袖、灯笼袖结构,线条不够顺畅,对比度不够好	中
		学生不能完成插肩袖结构	差

续表

教学环节	教　师		学　生	
活动五 (15分钟)	小结评价			
	评价内容	评价标准		得分/等级
	活动四学生自行绘制1∶1窄泡肩袖、松泡肩袖、灯笼袖结构	学生能正确的完成窄泡肩袖、松泡肩袖、灯笼袖结构,制图线条顺畅,对比度好,美观		优
		学生基本能正确的完成窄泡肩袖、松泡肩袖、灯笼袖结构,线条较顺畅,对比度好		良
		学生基本能正确的完成窄泡肩袖、松泡肩袖、灯笼袖结构,线条不够顺畅,对比度不够好		中
		学生不能完成窄泡肩袖、松泡肩袖、灯笼袖结构		差

步骤二　窄泡肩袖、灯笼袖造型及修正(一)

教学目标	知识目标	(1)掌握变化窄泡肩袖、灯笼袖造型步骤; (2)掌握窄泡肩袖、灯笼袖造型修正依据; (3)掌握窄泡肩袖、灯笼袖主要修正部位
	技能目标	(1)能依据窄泡肩袖、灯笼袖结构图进行相应的立体造型; (2)能根据造型修正依据对修正部位作出正确判断; (3)能正确修正各问题部位
	素养目标	(1)有自我批评、自我检查的能力; (2)有自我修正、调整能力
教学重点		(1)根据造型修正依据对修正部位作出正确判断; (2)正确修正各问题部位
教学难点		(1)根据造型修正依据对修正部位作出正确判断; (2)正确修正各问题部位
参考课时		4课时
教学准备		人台(每人一个)、铅笔、尺子、剪刀、红笔、胚布、大头针
教学环节	教　师	学　生
活动一 (25分钟)	立体造型准备工作	
	立体造型准备工作步骤如下: ①剪纸样; ②熨烫胚布; ③在胚布上画样、裁剪	按步骤做好立体造型准备工作 意外情境: ①剪纸样标记不齐全,导致裁片标记不齐; ②裁剪时纸样移位,导致裁片与纸样有误; ③袖中线未画 出错情境: 裁片丝缕不正或方向错误

续表

教学环节	教　师	学　生
	立体造型	
活动二 (45 分钟)	辅导学生进行立体造型。 ①袖山头用手工针进行抽褶,抽褶在袖山头前后 4~5 cm 把褶量抽进去,灯笼袖在袖口出也抽褶,把褶量抽均匀; ②熨烫后袖缝,扣烫缝头; ③用大头针缝合袖底缝; ④造型穿上人台	按要求、步骤进行立体造型 正常情境: 造型式样与图片符合,结构与人体符合。 意外情境: ①袖山弧线不圆顺; ②结构图有问题,造型与图片有出入 出错情境: ①缝缝熨烫错误,导致裁片缝合时缝头倒向反了; ②大头针运用手法错误
	检查所做立体造型	
活动三 (20 分钟)	(1)引导学生观察自己所做造型在人台比较图片上有哪些问题? (2)小组讨论,总结检查立体造型的各部位。 ①各缝缝倒向是否正确(缝缝倒向后); ②各缝缝缝合是否符合立体造型要求(后盖前); ③袖山弧线是否顺畅; ④抽褶是否均匀; ⑤造型大小,长短是否符合人台及图片款式; ⑥各针法是否符合立体造型手法; ⑦整体造型是否干净、平整	(1)观察自己所做造型在人台上与图片比较有哪些问题? (2)小组讨论,总结检查立体造型的各部位。 (3)各小组同学交换检查,有问题处用铅笔标注
	修正所做立体造型	
活动四 (20 分钟)	组织学生修正问题部位	(1)学生按标注逐一修正所做造型。 (2)修正部位用红笔重新画结构线
	检查修正后造型	
活动五 (30 分钟)	检查要点如下: ①立体造型结构、大小,长短符合人台及图片款式; ②各缝缝、省位倒向正确; ③各缝缝缝合符合立体造型要求; ④袖山弧线顺畅; ⑤弧线缝缝处平整; ⑥袖底缝一样长; ⑦各针法符合立体造型手法; ⑧整体造型是否干净、平整	(1)小组与小组同学交换互评。 (2)有问题的同学在其他同学的帮助下再次修正造型,调整修正线迹

教学环节	教　师		学　生
	修正结构图		
活动六 (30 分钟)	指导学生依据立体造型修正结构图： ①拆下修正后的立体造型； ②对拆下的衣片熨烫平整； ③修正各衣片与相应纸质纸样重合,拓印修正部分,并画在纸样上		按步骤进行修正。 正常情境： ①按步骤进行修正； ②所修正纸样与裁片版型一致吻合。 意外情境： 拓版时裁片移位,以至于所拓版型不准。 错误情境： 没有按步骤做,主要是省掉了熨烫
活动七 (10 分钟)	小结评价		
	评价内容	评价标准	得分/等级
	活动五检查修正后造型	立体造型结构、大小,长短符合人台及图片款式,造型手法、针法符合立裁要求	85 分以上
		体造型结构、大小,长短较符合人台及图片款式,造型手法、针法较符合立裁要求(两处,含两处错误以内)	70~84 分
		造型结构、大小,长短基本符合人台及图片款式,造型手法、针法基本符合立裁要求(4 处,含 4 处错误以内)	60~69 分
		立体造型结构、大小,长短基本不符合人台及图片款式,造型手法、针法基本不符合立裁要求(5 处错误以上,含 5 处)	59 分以下

步骤三　袖型代表结构(二)——变化灯笼袖

教学目标	知识目标	(1)掌握绘制变化灯笼袖结构的步骤； (2)熟记变化灯笼袖结构制图
	技能目标	(1)能准确画出变化灯笼袖的结构制图； (2)能按步骤准确绘制 1∶5 变化灯笼袖结构(160/84A)； (3)能按步骤较准确、美观的绘制 1∶1 变化灯笼袖结构(160/84A)
	素养目标	(1)按步骤绘制培养学生做事条理性； (2)尺寸数据的运用,培养学生做事仔细、理性
教学重点	(1)按步骤绘制变化灯笼袖结构； (2)能把握好褶量	
教学难点	(1)按步骤绘制变化灯笼袖结构； (2)能把握好褶量	
课时	3 课时	
教学准备	多媒体、课件、打板纸、打板尺、人台(每人一个)、白胚布、大头针	

续表

教学环节	教　师	学　生
活动一 (10分钟)	展示近几年流行的变化灯笼袖的图片,激发学生的学习热情	
活动二 (50分钟)	**讲解并分步骤绘制变化灯笼袖结构**	
	变化灯笼袖制图要点: ①在原型一片袖基础上画出所需要的短袖; ②画出相应的分割线; ③分析图出现的褶量展开袖山头褶量,和袖身,如下图所示; ④画顺相应的弧线并做好标记 	跟着教师分步骤绘制1∶5变化灯笼袖结构。 正常情境: 所有同学跟着教师速度一步步完成。 意外情境: ①没有跟上教师速度,步骤被打乱,无法继续绘制,或绘制步骤错误; ②没有听懂教师所讲数据的计算,无法继续绘制,或绘制错误
活动三 (30分钟)	**比较所绘制变化灯笼袖**	
	(1)组织各同学剪下所绘制的变化灯笼袖。 (2)组织小组比较所绘制的变化灯笼袖。 (3)引导学生找到各自变化灯笼袖结构出入的原因	(1)剪下各自绘制的变化灯笼袖。 (2)同组同所画学图形重叠,看看原型袖是不是一样的。 正常情境: 所有同学的变化灯笼袖都能完全重合。 意外情境: 所画比例有点小,带小数点的数据有可能画得有稍许出入。 出错情境: ①1∶5数字换算出了问题; ②公式记混淆了; ③尺子尺寸看错

教学环节	教　师	学　生
活动四 （30分钟）	学生自行绘制1∶1变化灯笼袖结构	
	（1）布置课堂练习：绘制1∶1变化灯笼袖结构 （2）强调绘制要求： ①严格按步骤进行绘制； ②绘制数据精确； ③绘制线条流畅，结构线与辅助线清晰明了； ④数据、公式等标注清晰 （3）强调绘制中的难点： ①袖山弧线几个主要点的定位； ②前后袖口有1 cm差量	（1）学生画完图后，两个同学一组核对相应的线条长度、弧线的流畅度、结构线与辅助线的清晰度。 正常情境： （2）所画线条长度一致、弧线的流畅度一致、结构线与辅助线的对比度明显。 意外情境： ①所画比例有点小，带小数点的数据有可能画得有稍许出入； ②弧线不够流畅，结构线与辅助线的对比度明显 出错情境： ①计算出了问题； ②公式记混淆了； ③尺子尺寸看错

活动五 （15分钟）	小结评价			
	评价内容	评价标准		得分/等级
	活动四绘制 1∶1变化灯笼袖结构	袖型结构正确、造型一致，结构图过程、标注清晰、明了		优
		袖型结构较正确、造型较一致，结构图过程、标注较清晰、明了		良
		袖型结构基本正确、造型基本一致，结构图过程、标注清晰、明了		中
		袖型结构不正确、造型不一致，结构图过程、标注不清晰、明了		差

步骤四　变化灯笼袖造型及修正（二）

教学目标	知识目标	（1）能掌握变化灯笼袖造型步骤； （2）能掌握变化灯笼袖造型修正依据； （3）能掌握变化灯笼袖主要修正部位
	技能目标	（1）会依据变化灯笼袖结构图进行相应的立体造型； （2）会根据造型修正依据对修正部位作出正确判断； （3）会正确修正各问题部位
	素养目标	（1）有自我批评、自我检查的能力； （2）有自我修正、调整能力
教学重点		（1）根据造型修正依据对修正部位作出正确判断； （2）正确修正各问题部位

续表

教学环节	教　师	学　生
教学难点	(1)根据造型修正依据对修正部位作出正确判断； (2)正确修正各问题部位	
参考课时	3课时	
教学准备	人台(每人一个)、铅笔、尺子、剪刀、红笔、胚布、大头针	
教学环节	教　师	学　生
	立体造型准备工作	
活动一 (20分钟)	立体造型准备工作步骤如下： ①剪纸样； ②熨烫胚布； ③在胚布上画样、裁剪	按步骤做好立体造型准备工作 意外情境： ①剪纸样标记不齐全，导致裁片标记不齐； ②裁剪时纸样移位，导致裁片与纸样有误； ③袖中线未画 出错情境： 裁片丝缕不正或方向错误
	立体造型	
活动二 (30分钟)	辅导学生进行立体造型： ①变化灯笼袖袖山头用手工针进行抽褶，抽褶在袖山头前后4~5 cm把褶量抽进去，袖身用同样的办法抽褶，把褶量抽均匀； ②熨烫后袖缝，扣烫缝头； ③用大头针缝合袖底缝； ④造型穿上人台	按要求、步骤进行立体造型。 正常情境： 造型式样与图片符合，结构与人体符合。 意外情境： ①袖山弧线不圆顺； ②结构图有问题，造型与图片有出入； ③抽褶量不匀 出错情境： ①缝缝熨烫错误，导致裁片缝合时缝头倒向反了； ②大头针运用手法错误
	检查所做立体造型	
活动三 (20分钟)	(1)引导学生观察自己所做造型在人台比较图片上有哪些问题？ (2)小组讨论，总结检查立体造型的各部位。 ①各缝缝倒向是否正确(缝份倒向后)； ②各缝缝缝合是否符合立体造型要求(后盖前)； ③袖山弧线是否顺畅； ④抽褶是否均匀； ⑤造型大小，长短是否符合人台及图片款式； ⑥各针法是否符合立体造型手法； ⑦整体造型是否干净、平整	(1)观察自己所做造型在人台上与图片比较有哪些问题？ (2)小组讨论，总结检查立体造型的各部位。 (3)各小组同学交换检查，有问题处用铅笔标注

教学环节	教 师		学 生
活动四 (20分钟)	修正所做立体造型		
	组织学生修正问题部位		(1)学生按标注逐一修正所做造型。 (2)修正部位用红笔重新画结构线
活动五 (20分钟)	检查修正后造型		
	检查要点： ①立体造型结构、大小,长短符合人台及图片款式； ②各缝缝、省位倒向正确； ③各缝缝缝合符合立体造型要求； ④袖山弧线顺畅； ⑤弧线缝缝处平整； ⑥袖底缝一样长； ⑦各针法符合立体造型手法； ⑧整体造型是否干净、平整		(1)小组与小组同学交换互评。 (2)有问题的同学在其他同学的帮助下再次修正造型,调整修正线迹
活动六 (15分钟)	修正结构图		
	指导学生依据立体造型修正结构图： ①拆下修正后的立体造型； ②对拆下的衣片熨烫平整； ③修正各衣片与相应纸质纸样重合,拓印修正部分,并画在纸样上		按步骤进行修正。 正常情境： ①按步骤进行修正； ②所修正纸样与裁片版型一致吻合 意外情境： 拓版时裁片移位,以至于所拓版型不准。 错误情境： 没有按步骤做,主要是省掉了熨烫
活动七 (10分钟)	小结评价		
	评价内容	评价标准	得分/等级
	活动五检查修正后造型	立体造型结构、大小,长短符合人台及图片款式,造型手法、针法符合立裁要求	85分以上
		立体造型结构、大小,长短较符合人台及图片款式,造型手法、针法较符合立裁要求(两处,含两处错误以内)	70~84分
		立体造型结构、大小,长短基本符合人台及图片款式,造型手法、针法基本符合立裁要求(4处,含4处错误以内)	60~69分
		立体造型结构、大小,长短基本不符合人台及图片款式,造型手法、针法基本不符合立裁要求(5处错误以上,含5处)	59分以下

步骤五 袖型代表结构(三)——袖山分割弯身袖

教学目标	知识目标	(1)掌握绘制袖山分割弯身袖结构的步骤; (2)熟记袖山分割弯身袖结构制图
	技能目标	(1)能准确画出袖山分割弯身袖的结构制图; (2)能按步骤准确绘制1∶5袖山分割弯身袖结构(160/84A); (3)能按步骤较准确、美观的绘制1∶1袖山分割弯身袖结构(160/84A)
	素养目标	(1)按步骤绘制培养学生做事条理性; (2)尺寸数据的运用培养学生做事仔细、理性
教学重点		(1)按步骤绘制袖山分割弯身袖袖结构; (2)能把握好缩缝量
教学难点		(1)按步骤袖山分割弯身袖结构; (2)缩缝量的掌握
课时		7课时
教学准备		多媒体、课件、打板纸、打板尺、人台(每人一个)、白胚布、大头针
教学环节	教　师	学　生
活动一 (10分钟)	展示近几年流行的袖山分割弯身袖的图片,激发学生的学习热情	
活动二 (180分钟)	讲解并分步骤绘制袖山分割弯身袖结构	
	袖山分割弯身袖制图要点: 在原型两片袖基础上画出弯身袖 在前后衣片上修剪出需要的衣片借量,如下图所示 	跟着教师分步骤绘制1∶5袖山分割弯身袖结构。 正常情境: 所有同学跟着教师速度一步步完成。 意外情境: ①没有跟上教师速度,步骤被打乱,无法继续绘制,或绘制步骤错误; ②没有听懂教师所讲数据的计算,无法继续绘制,或绘制错误

教学环节	教 师	学 生
活动二 (180 分钟)	**讲解并分步骤绘制袖山分割弯身袖结构** 把修剪出的前后衣片拼接到前后袖窿弧线上,注意拼接袖山头的缩缝量以及画顺袖山弧线(缩放量在 2～3 cm)	
活动三 (70 分钟)	**比较所绘制袖山分割弯身袖** (1)组织各同学剪下所绘制的袖山分割弯身袖。 (2)组织小组比较所绘制的袖山分割弯身袖。 (3)引导学生找到各自袖山分割弯身袖结构出入的原因	(1)剪下各自绘制的袖山分割弯身袖。 (2)同组同学图形重叠,看看所画原型袖是不是一样的 正常情境: 所有同学的窄袖山分割弯身袖都能完全重合。 意外情境: 所画比例有点小,带小数点的数据有可能画得有稍许出入。 出错情境: ①1∶5 数字换算出了问题; ②公式记混淆了; ③尺子尺寸看错
活动四 (45 分钟)	**学生自行绘制1∶1袖山分割弯身袖结构** (1)布置课堂练习:绘制 1∶1 袖山分割弯身袖结构。 (2)强调绘制要求: ①严格按步骤进行绘制; ②绘制数据精确; ③绘制线条流畅,结构线与辅助线清晰明了; ④数据、公式等标注清晰 (3)强调绘制中的难点: ①衣片与袖山弧线拼接的位置掌握; ②缩放量的把握	学生画完图后,两个同学一组核对相应的线条长度、弧线的流畅度、结构线与辅助线的清晰度。 正常情境: 所画线条长度一致、弧线的流畅度一致、结构线与辅助线的对比度明显。 意外情境: ①所画比例有点小,带小数点的数据有可能画得有稍许出入; ②弧线不够流畅,结构线与辅助线的对比度不明显 出错情境: ①计算出了问题; ②公式记混淆了; ③尺子尺寸看错

续表

教学环节	教　师		学　生	
	小结评价			
	评价内容	评价标准		得分/等级
活动五 (15分钟)	活动二讲解并分步骤绘制袖山分割弯身袖结构	学生能正确的完成袖山分割弯身袖结构,制图线条顺畅,对比度好,美观		优
		学生基本能正确的完成袖山分割弯身袖结构,线条较顺畅,对比度好		良
		学生基本能正确的完成袖山分割弯身袖结构,线条不够顺畅,对比度不够好		中
		学生不能完成袖山分割弯身袖结构		差
	活动四学生自行绘制1∶1袖山分割弯身袖结构	学生能正确的完成袖山分割弯身袖结构,制图线条顺畅,对比度好,美观		优
		学生基本能正确的完成袖山分割弯身袖结构,线条较顺畅,对比度好		良
		学生基本能正确的完成袖山分割弯身袖结构,线条不够顺畅,对比度不够好		中
		学生不能完成袖山分割弯身袖结构		差

步骤六　袖山分割弯身袖造型及修正(一)

教学目标	知识目标	(1)掌握袖山分割弯身袖造型步骤; (2)掌握袖山分割弯身袖造型修正依据; (3)掌握袖山分割弯身袖主要修正部位
	技能目标	(1)能依据袖山分割弯身袖结构图进行相应的立体造型; (2)能根据造型修正依据对修正部位作出正确判断; (3)能正确修正各问题部位
	素养目标	(1)有自我批评、自我检查的能力; (2)有自我修正、调整能力
教学重点		(1)根据造型修正依据对修正部位作出正确判断; (2)正确修正各问题部位
教学难点		(1)根据造型修正依据对修正部位作出正确判断; (2)正确修正各问题部位
参考课时		4课时
教学准备		人台(每人一个)、铅笔、尺子、剪刀、红笔、胚布、大头针

教学环节	教　师	学　生
	立体造型准备工作	
活动一 (25分钟)	立体造型准备工作步骤如下： ①剪纸样； ②熨烫胚布； ③在胚布上画样、裁剪	按步骤做好立体造型准备工作。 意外情境： ①剪纸样标记不齐全，导致裁片标记不齐； ②裁剪时纸样移位，导致裁片与纸样有误； ③袖中线未画 出错情境： 裁片丝缕不正或方向错误
	立体造型	
活动二 (45分钟)	辅导学生进行立体造型： ①用折叠针法固定前后袖缝线，上盖下； ②用折叠针法固定肩缝，后盖前； ③袖山头用手针抽出缩缝量，然后用隐藏针法装袖，注意袖山头的圆势； ④熨烫后袖缝，扣烫缝头； ⑤用大头针缝合袖底缝； ⑥再用隐藏针法把袖子组装到袖窿，造型穿上人台	按要求、步骤进行立体造型。 正常情境： 造型式样与图片符合，结构与人体符合。 意外情境： ①袖山弧线不圆顺； ②结构图有问题，造型与图片有出入 出错情境： ①缝缝熨烫错误，导致裁片缝合时缝头倒向反了； ②大头针运用手法错误
	检查所做立体造型	
活动三 (20分钟)	(1)引导学生观察自己所做造型在人台比较图片上有哪些问题？ (2)小组讨论，总结检查立体造型的各部位： ①各缝缝倒向是否正确(缝份倒向后)； ②各缝缝缝合是否符合立体造型要求(后盖前)； ③袖山弧线是否顺畅； ④抽褶是否均匀； ⑤造型大小，长短是否符合人台及图片款式； ⑥各针法是否符合立体造型手法； ⑦整体造型是否干净、平整	(1)观察自己所做造型在人台上与图片比较有哪些问题？ (2)小组讨论，总结检查立体造型的各部位。 (3)各小组同学交换检查，有问题处用铅笔标注
	修正所做立体造型	
活动四 (20分钟)	组织学生修正问题部位	(1)学生按标注逐一修正所做造型。 (2)修正部位用红笔重新画结构线

续表

教学环节	教　师		学　生
	检查修正后造型		
活动五 (30分钟)	检查要点如下： ①立体造型结构、大小，长短符合人台及图片款式； ②各缝缝、省位倒向正确； ③各缝缝缝合符合立体造型要求； ④袖山弧线顺畅； ⑤弧线缝缝处平整； ⑥袖底缝一样长； ⑦各针法符合立体造型手法； ⑧整体造型是否干净、平整		(1)小组与小组同学交换互评。 (2)有问题的同学在其他同学的帮助下再次修正造型,调整修正线迹
	修正结构图		
活动六 (30分钟)	指导学生依据立体造型修正结构图： ①拆下修正后的立体造型； ②对拆下的衣片熨烫平整； ③修正各衣片与相应纸质纸样重合，拓印修正部分,并画在纸样上		按步骤进行修正。 正常情境： ①按步骤进行修正； ②所修正纸样与裁片版型一致吻合 意外情境： 拓版时裁片移位，以至于所拓版型不准。 错误情境： 没有按步骤做，主要是省掉了熨烫
	小结评价		
活动七 (10分钟)	评价内容	评价标准	得分/等级
	活动五检查 修正后造型	立体造型结构、大小，长短符合人台及图片款式,造型手法、针法符合立裁要求	85分以上
		立体造型结构、大小，长短较符合人台及图片款式,造型手法、针法较符合立裁要求(两处,含两处错误以内)	70~84分
		立体造型结构、大小，长短基本符合人台及图片款式,造型手法、针法基本符合立裁要求(4处,含4处错误以内)	60~69分
		立体造型结构、大小，长短基本不符合人台及图片款式,造型手法、针法基本不符合立裁要求(5处错误以上,含5处)	59分以下

步骤七　考核评价

教学目标	知识目标	(1)能根据图片正确分析袖型结构; (2)能掌握袖型立体造型要点	
	技能目标	(1)会70分钟内完成其1∶1袖型结构图; (2)会90分钟内完成其1∶1袖型立体造型; (3)能按评价标准正确的评价	
	素养目标	(1)有快速计算、制图熟练的能力; (2)有团队协作精神	
教学重点	学生在规定时间内正确、美观的完成规定的袖型结构图		
教学难点	依照评价标准如何给同学作出正确的评价		
参考课时	5课时		
教学准备	评价表		
教学环节	教　师		学　生
活动一 (75分钟)	变化袖型结构图		
	70分钟完成变化袖型结构图,如下图所示。 		90分钟内完成变化袖型结构图。 意外情境: 90分钟内没有完成变化袖型结构图。 出错情境: 90分钟内完成了绘制、但有错误
活动二 (95分钟)	变化袖型立体造型		
	90分钟内完成变化袖型造型		90分钟内完成立变化袖型造型。 意外情境: ①90分钟内没有完成变化袖型造型; ②自己以为完成了,但有细节遗漏未做
活动三 (25分钟)	学习评价标准		
	(1)讲解考核项目的权重、比例。 (2)选两款不同风格款式的结构图讲解其评价标准。 (3)立体造型讲解其评价标准		(1)听取教师讲解考核项目各自权重比例,并做好笔记。 (2)听取教师讲解、分析不同风格款式的结构图评价标准,并做好笔记。 (3)听取教师讲解、分析立体造型评价标准,并做好笔记

续表

教学环节	教 师	学 生
	学习评价标准	
活动三 (25分钟)	(1)权重比例: 变化袖型结构图50% + 立体造型50% = 100% (2)变化袖型结构图评价标准: ①纸样造型与款式图造型一致,纸样规格尺寸符合命题所提供的规格尺寸与款式图的造型要求; 70分 ②纸样主件、零部件齐全,无遗漏; 10分 ③对位标记准确:其中包括各部位对位标记、纱向标记等 20分 (3)变化袖型体造型评价标准: ①立体造型手法正确; 40分 ②袖型整体造型与原图片一致; 25分 ③袖子袖肥、袖山量与原图片要求一致; 20分 ④造型所用胚布纱向正确 15分	

活动四 (30分钟)	评价、统计		
	得 分	人数(班级总人数:)	比 例
	85分以上		
	70~84分		
	60~69分		
	59分以下		

项目三 衣领结构设计及造型

任务一 常见领型结构及造型

完成任务步骤及课时:

步 骤	教学内容	课 时
步骤一	立领结构、造型及修正	4
步骤二	坦领结构、造型及修正	3
步骤三	翻领结构、造型及修正	4
步骤四	翻驳领结构、造型及修正	6
步骤五	考核评价	5
合 计		22

步骤一 立领结构、造型及修正

教学目标	知识目标	(1)能了解立领类型,观察不同立领区别; (2)能分析不同立领结构,掌握怎样在原型进行结构制图; (3)能进行立体造型及修正
	技能目标	(1)会运用原型制作不同领型结构图; (2)会准确利用原型制图并进行立体制作
	素养目标	(1)有观察的能力; (2)有团队协作能力
教学重点	分析立领,利用原型进行结构制图,造型及修正	
参考课时	4 课时	
教学准备	多媒体、课件、牛皮子(每人 1 张)、裁剪台、白胚布	

教学环节	教　师	学　生
活动一 (10 钟)	观察不同立领的形状,分析不同领型的结构	
	(1)观察不同立领图片。 (2)引导学生分析不同领型的结构。 (3)通过比较,结合人体结构,运动特点进行结构制图	(1)观察,分组讨论。 (2)回答不同领型的区别:观察出图片中有哪些立领造型? 意外情境: 学生不会分析领型款式和结构
活动二 (60 分钟)	利用日本新文化进行立领的结构制图	
	(1)分析图片中立领的形状,指导学生运用日本新文化原型绘制 1∶5 结构图,如下图所示 规格设计 前领片: ①划好前衣片原型; ②根据领高 $a=3$,划出前领围大; ③划好前、后领围,将前后领围组合,如下图所示	(1)通过观察,分析图片中领形区别。 (2)指出我们最常见的立领。 (3)分析图片,利用新文化原型进行结构制图 意外情境: ①款式分析不准确; ②制图时不会用原型,对领形不会造型

号型	领围/cm	领高(a)/cm
160/84A	38	3

续表

教学环节	教　师	学　生
活动二 （60 分钟）	利用日本新文化进行立领的结构制图 后领片： ①在后片原型基础上,画出立领的外领弧线； ②测量领圈长和外领弧长确定立领松斜度 （2）学生绘制 1∶1 立领结构图,如下图所示 	
活动三 （70 分钟）	造型及修正	
	（1）准确利用制作的结构板,进行布料的裁剪。 （2）进行立体造型。 （3）观察造型进行修正 结构制版： ①用制作好的结构图进行裁剪,制版时注意衣领的领围和衣身的领围一定要相合； ②用制作好的样板,进行布料裁剪,裁剪布料时先对布料进行熨烫,布料一定要平整 立体造型： 用裁剪好的裁片在人台上进行假缝,缝好后进行观察,看是否和图片的领形相似,缝合的线条是否圆顺。 观察造型进行修正： 观察做好的作品,如和图片领形不相合,指导学生进行修正	（1）分组进行结构制作版样,造型及修正。 （2）互相观察做好的作品,指出需要修正地方 意外情境： 进行立体造型时,布料纱向分不清楚,对款式造型不会观察

续表

教学环节	教 师			学 生	
活动四 (20分钟)	活动二利用 新文化进行 立领的结构 制图(1∶1)	小结评价			
		评价内容	评价标准		得分/等级
		在30分钟完成作业款式分析准确,结构制图线条流畅,造型准确			85分以上
		在30分钟完成作业款式分析有差异,但结构制图线条流畅。款式分析准确,结构制图线条不流畅			70~84分
		在30分钟完成作业但款式分析有差异,造型不准确,结构制图线条不流畅			69~60分
		在30分钟未完成作业款式分析有差异,线条不流畅,造型不准确			60分以下

步骤二　坦领结构、造型及修正

教学目标	知识目标	(1)能了解坦领的类型,观察不同坦领的区别; (2)能分析不同坦领结构,掌握怎样在原型进行结构制图; (3)能进行立体造型及修正
	技能目标	(1)会运用原型制作不同领型结构图; (2)会准确利用原型制图并进行立体制作
	素养目标	(1)有善于观察的能力; (2)有团队协作能力
教学重点	分析坦领,利用原型进行结构制图,造型及修正	
参考课时	3课时	
教学准备	多媒体、课件、牛皮子(每人1张)、裁剪台、白胚布	

教学环节	教 师	学 生
活动一 (10钟)	观察不同坦领的形状,分析不同领型的结构	
	(1)观察视频,分析不同领形,指出哪些是坦领。 (2)引导学生分析不同领型的结构。 (3)通过比较,结合人体结构,运动特点怎样进行结构制图	(1)观察,分组讨论。 (2)回答不同领型的区别:观察出图片中有哪些坦领造型 意外情境: 学生不会分析领型款式和结构

续表

教学环节	教　师	学　生
	利用日本新文化进行坦领结构制图	
活动二 (60分钟)	(1)分析图片中坦领的形状,指导学生运用日本新文化原型绘制1∶5结构。 确定款式:如下图所示。 规格设计 前领片步骤: ①划好前衣片原型; ②根据翻领宽 $b=7$,划出前领围大; ③划好前、后领围,将前后领围组合,如下图所示 后领片步骤: 在后片原型基础上,画出坦领的外领弧线,如下图所示。 (2)学生绘制1∶1坦领结构图	(1)通过观察,分析图片中领形的区别。 (2)指出我们最常见的坦领。 (3)分析图片,利用新文化原型进行结构制图 意外情境: ①款式分析不准确; ②制图时不会用原型,对领形不会造型

规格设计

号型	领围/cm	翻领宽(b)/cm
160/84A	38	7

续表

教学环节	教 师	学 生
	造型及修正	
活动三 (70分钟)	(1)准确利用制作的结构板,进行布料的裁剪。 (2)进行立体造型。 (3)观察造型进行修正 结构制版: ①用制作好的结构图进行裁剪,制版时注意衣领的领围和衣身的领围一定要相合; ②用制作好的样板,进行布料裁剪,裁剪布料时先对布料进行熨烫,布料一定要平整 立体造型: 用裁剪好的裁片在人台上进行假缝,缝好后进行观察,看是否和图片的领形相似,缝合的线条是否圆顺。 观察造型进行修正: 观察做好的作品,如和图片领形不相合,指导学生进行修正	(1)分组进行结构制作版样,造型及修正。 (2)互相观察做好的作品,指出需要修正地方 意外情境: 进行立体造型时,布料纱向分不清楚,对款式造型不会观察

教学环节		小结评价	
	评价内容	评价标准	得分/等级
活动四 (20分钟)	活动二利用日本新文化进行坦领结构制图(1∶1)	在40分钟内完成作品,款式分析准确,结构制图线条流畅,造型准确	85分以上
		在40分钟内完成作品,款式分析有差异,但结构制图线条流畅。款式分析准确,结构制图线条不流畅	70~84分
		在40分钟内完成作品,但款式分析有差异,造型不准确,结构制图线条不流畅	69~60分
		在40分钟规定时间内未完成作品,款式分析有差异,线条不流畅,造型不准确	60分以下

步骤三 翻领结构、造型及修正

教学目标	知识目标	(1)能了解翻领类型,观察不同翻领的区别; (2)能分析领形结构,掌握怎样在原型进行结构制图; (3)能进行立体造型及修正
	技能目标	(1)会运用原型制作不同领型结构图; (2)会准确利用原型制图并进行立体制作
	素养目标	(1)有善于观察的能力; (2)有团队协作能力

续表

教学重点	分析翻领,利用原型进行结构制图,造型及修正	
参考课时	4 课时	
教学准备	多媒体、课件、牛皮子、裁剪台、白胚布	
教学环节	教　师	学　生
活动一 (10钟)	观察不同翻领的形状,分析不同领型的结构	
	(1)观察视频,分析不同领形,指出是翻领的不同要点。 (2)引导学生分析不同领型的结构。 (3)通过比较,结合人体结构,运动特点怎样进行结构制图	(1)观察,分组讨论。 (2)回答不同领型的区别:观察出图片中有哪些坦领造型 意外情境: 学生不会分析领型款式和结构
活动二 (60 分钟)	利用日本新文化进行翻领的结构制图	
	(1)分析图片中翻领的形状,指导学生运用日本新文化原型绘制 1:5 结构图,如下图所示。 规格设计 前领片步骤: ①在新原型前衣片基础上进行; ②从肩斜领端点延伸肩斜下 $0.8a$,经过延伸点,连接前中心线作一条驳口直线; ③在前衣片上进行翻领款式造型对称复制前领片到驳口线的另一边,如下图所示。 	(1)通过观察,分析图片中领形区别。 (2)指出我们最常见的翻领。 (3)分析图片,利用新文化原型进行结构制图 意外情境: ①款式分析不准确; ②制图时不会用原型,对领形不会造型

号型	领围/cm	坐领 a/cm	翻领 b/cm
160/84A	28	3	4.5

教学环节	教　师	学　生
活动二 (60分钟)	**利用日本新文化进行翻领的结构制图** 后领片步骤： ①在后片原型基础上,画出立领的外领弧线； ②测量领圈长和外领弧长确定立领松斜度,如下图所示。 (2)学生绘制1:1翻领结构图	
活动三 (70分钟)	**造型及修正** (1)准确利用制作的结构板,进行布料的裁剪。 (2)进行立体造型。 (3)观察造型进行修正 结构制版： ①用制作好的结构图进行裁剪,制版时注意衣领的领围和衣身的领围一定要相合； ②用制作好的样板,进行布料裁剪,裁剪布料时先对布料进行熨烫,布料一定要平整。 立体造型： 用裁剪好的裁片在人台上进行假缝,缝好后进行观察,看是否和图片的领形相似,缝合的线条是否圆顺。 观察造型进行修正： 观察做好的作品,如和图片领形不相合,指导学生进行修正	(1)分组进行结构制作版样,造型及修正。 (2)互相观察做好的作品,指出需要修正地方 意外情境： 进行立体造型时,布料纱向分不清楚,对款式造型不会观察

小结评价

评价内容	评价标准	得分/等级
活动二利用日本新文化进行翻领的结构制图(1:1)	在40分钟内完成作品,款式分析准确,结构制图线条流畅,造型准确	85分以上
	在40分内钟完成作品,款式分析有差异,但结构制图线条流畅。款式分析准确,结构制图线条不流畅	70~84分
	在40分钟内完成作品,但款式分析有差异,造型不准确,结构制图线条不流畅	69~60分
	在40分钟内未完成作品,款式分析有差异,线条不流畅,造型不准确	60分以下

活动四
(20分钟)

步骤四 翻驳领结构、造型及修正

<table>
<tr><td rowspan="3">教学目标</td><td>知识目标</td><td>(1)能了解翻驳领类型,观察不同翻驳领的区别;
(2)能分析领形结构,掌握怎样在原型进行结构制图;
(3)能进行立体造型及修正</td></tr>
<tr><td>技能目标</td><td>(1)会运用原型制作不同领型的结构图;
(2)会准确利用原型制图并进行立体制作</td></tr>
<tr><td>素养目标</td><td>(1)有善于观察的能力;
(2)有团队协作能力</td></tr>
<tr><td colspan="2">教学重点</td><td>分析翻驳领,利用原型进行结构制图,造型及修正</td></tr>
<tr><td colspan="2">参考课时</td><td>6课时</td></tr>
<tr><td colspan="2">教学准备</td><td>多媒体、课件、牛皮子、裁剪台、白胚布</td></tr>
<tr><td colspan="2">教学环节</td><td>教 师</td><td>学 生</td></tr>
<tr><td rowspan="2">活动一
(15分钟)</td><td colspan="3">观察不同翻驳领的形状,分析不同领型的结构</td></tr>
<tr><td>(1)观察视频,分析不同领形,指出是翻领的不同要点。
(2)引导学生分析不同领型的结构。
(3)通过比较,结合人体结构,运动特点怎样进行结构制图</td><td>(1)观察,分组讨论。
(2)回答不同领型的区别:观察出图片中的翻驳领有哪些区别
意外情境:
学生不会分析领型款式和结构</td></tr>
<tr><td rowspan="2">活动二
(100分钟)</td><td colspan="3">利用日本新文化进行翻领的结构制图</td></tr>
<tr><td>(1)分析图片中翻领的形状,指导学生运用日本新文化原型制作结构。
确定款式:如下图所示。

规格设计:
<table><tr><td>号 型</td><td>腰围
/cm</td><td>翻领 b
/cm</td><td>坐领 a
/cm</td></tr><tr><td>160/84A</td><td>38</td><td>4.5</td><td>3</td></tr></table>
前领片:
①划好前衣片原型,在原型上勾画出所需的领形,然后在驳折;
②线上画对角线,对角线要与驳折线垂直;
用对称法画出前衣片的驳头,如下图所示。</td><td>(1)通过观察,分析图片中领形区别。
(2)指出我们最常见的翻驳领。
(3)分析图片,利用新文化原型进行结构制图
意外情境:
①款式分析不准确;
②制图时不会用原型,对领形不会造型</td></tr>
</table>

教学环节	教 师	学 生
活动二 (100 分钟)	**利用日本新文化进行翻领的结构制图** 后领片： 在后片原型基础上，画出立领的外领弧线 测量领圈长和外领弧长确定立领松斜度， 如下图所示。 （2）学生绘制 1：1 反驳领结构图	
活动三 (100 分钟)	**造型及修正** （1）准确利用制作的结构板，进行布料的裁剪。 （2）进行立体造型。 （3）观察造型进行修正 结构制图： ①用制作好的结构图进行裁剪，制版时注意衣领的领围和衣身的领围一定要相合； ②用制作好的样板，进行布料裁剪，裁剪布料时先对布料进行熨烫，布料一定要平整 立体造型： 用裁剪好的裁片在人台上进行假缝，缝好后进行观察，看是否和图片的领形相似，缝合的线条是否圆顺。 观察造型进行修正： 观察做好的作品，如和图片领形不相合，指导学生进行修正	（1）分组进行结构制作版样，造型及修正。 （2）互相观察做好的作品，指出需要修正地方 意外情境： 进行立体造型时，布料纱向分不清楚，对款式造型不会观察

续表

教学环节	教　师		学　生	
活动四 (40分钟)	小结评价			
	评价内容	评价标准	得分/等级	
	活动二利用日本新文化进行翻领的结构制图 (1∶1)	在50分钟内完成作品,款式分析准确,结构制图线条流畅,造型准确	85分以上	
		在50分钟内完成作品,款式分析有差异,但结构制图线条流畅。款式分析准确,结构制图线条不流畅	70~84分	
		在50分钟内完成作品,但款式分析有差异,造型不准确,结构制图线条不流畅	69~60分	
		在50分钟内未完成作品,款式分析有差异,线条不流畅,造型不准确	60分以下	

步骤五　考核评价

教学目标	知识目标	(1)能根据款式在新原型的基础上进行衣领结构图; (2)能清楚新原型结构图评价的各条标准
	技能目标	(1)会通过调整后的新原型进行款式制图; (2)会按标准正确评价其他同学的结构制图
	素养目标	(1)有正确的判断力; (2)有团队协作精神
教学重点	评价衣领制图的标准	
教学难点	依照评价标准如何给同学作出正确的评价	
参考课时	5课时	
教学准备	评价表	

教学环节	教　师	学　生
活动一 (45分钟)	复习基础领型结构图	
	辅导学生复习基础领型结构图	自行复习基础领型结构图
活动二 (45分钟)	女式西装领结构制图	
	学生45分钟内绘制完成1∶1女式西装领结构图,如下图所示 	40分钟内绘制完成1∶1时尚女式上衣衣领结构图。 意外情境: 40分钟内没有完成女装新原型的绘制。 出错情境: 40分钟完成了绘制、但有错误

教学环节	教　师	学　生
	女式上衣衣领立体造型及修正	
活动三 (90分钟)	90分钟内完成女式上衣衣领立体造型	90分钟完成对女式西装领立体造型及修正。 意外情境： ①90分钟内没有完成女式西装衣领的造型； ②自己以为完成了，但有细节遗漏未做
	学习评价标准	
活动四 (20分钟)	(1)讲解考核项目的权重、比例。 (2)选4款不同等级结构图讲解其评价标准。 (3)立体造型讲解其评价标准	(1)听取教师讲解考核项目各自权重比例，并做好笔记。 (2)听取教师讲解、分析不同风格款式的结构图评价标准，并做好笔记。 (3)听取教师讲解、分析立体造型评价标准，并做好笔记
	(1)权重比例：女式上衣衣领结构图50% ＋立体造型50% ＝100% 。 (2)女式上衣衣领结构图评价标准： ①纸样造型与款式图造型一致，纸样规格尺寸符合命题所提供的规格尺寸与款式图的造型要求；　　　　　　　　　　　　　　　　　　　　　　　70分 ②纸样主件、零部件齐全，无遗漏；　　　　　　　　　　　　10分 ③对位标记准确：其中包括各部位对位标记、纱向标记等　　20分 (3)女式上衣衣领立体造型评价标准： ①立体造型各手法正确；　　　　　　　　　　　　　　　　　30分 ②整体造型与原图片一致；　　　　　　　　　　　　　　　　40分 ③所用胚布纱向正确；　　　　　　　　　　　　　　　　　　10分 ④造型上有修正的痕迹，并做出标记　　　　　　　　　　　　20分	

	评价、统计		
活动五 (25分钟)	得　分	人数(班级总人数：　)	比　例
	85分以上		
	70~84分		
	60~69分		
	59分以下		

任务二　领型结构设计及造型

完成任务步骤及课时：

步　骤	教学内容	课　时
步骤一	立领代表结构	5
步骤二	立领代表造型及修正	3
步骤三	翻领代表结构	5
步骤四	翻领代表造型及修正	3
步骤五	翻驳领代表结构	8
步骤六	翻驳领造型及修正	3
步骤七	考核评价	6
合　计		33

步骤一　立领代表结构

<table>
<tr><td rowspan="3">教学目标</td><td>知识目标</td><td>(1)能分析不同立领的特点；
(2)能在原型基础上进行结构造型</td></tr>
<tr><td>技能目标</td><td>(1)会分析不同领型外形特点；
(2)会利用衣片原型进行结构造型</td></tr>
<tr><td>素养目标</td><td>(1)有善于观察的能力；
(2)有小组协作能力</td></tr>
<tr><td>教学重点</td><td colspan="2">分析立领利用原型进行结构制图</td></tr>
<tr><td>教学难点</td><td colspan="2">前后领片结构造型</td></tr>
<tr><td>参考课时</td><td colspan="2">5课时</td></tr>
<tr><td>教学准备</td><td colspan="2">多媒体、课件、牛皮子(每人1张)、裁剪台</td></tr>
<tr><td>教学环节</td><td>教　师</td><td>学　生</td></tr>
<tr><td rowspan="2">活动一
(20钟)</td><td colspan="2" align="center">播放一组不同特点的立领款式视频</td></tr>
<tr><td>(1)观察不同立领照片，如下图1、图2所示。
(2)通过比较，找出它们的相同点和不同点

图1

图2</td><td>(1)观看视频，分组讨论。
(2)回答不同领型的区别：观察出图片中有哪些立领造型</td></tr>
</table>

续表

教学环节	教　师	学　生
活动二 (90分钟)	利用日本新文化进行立领的结构制图 分析图片中立领的形状,指导学生运用日本新文化原型绘制1∶5结构图,如下图所示 规格设计 <table><tr><td>号型</td><td>领围/cm</td><td>领高 a/cm</td></tr><tr><td>160/84A</td><td>38</td><td>3</td></tr></table> 	(1)通过观察,分析图片中领形区别。 (2)指出我们最常见的立领。 (3)分析图片,利用新文化原型进行结构制图 意外情境: ①款式分析不准确; ②制图时不会用原型,外领弧线造型不对
活动三 (30分钟)	检查1∶5结构图 检查要点如下: ①结构造型是否与原图片一致; ②省道转移是否正确,过程是否清晰; ③结构线、辅助线是否明了; ④结构整体完整、线条流畅、干净	(1)小组同学交换相互检查。 (2)有问题同学及时修正

续表

教学环节	教　师	学　生
活动四 (70分钟)	绘制1∶1结构图	
	选择图1绘制1∶1结构图	绘制图1的1∶1结构图

活动五 (15分钟)		小结评价		
	评价内容	评价标准		得分/等级
	活动三检查 1∶5结构图	结构造型与原图片一致,省道转移正确,过程清晰,结构线、辅助线明了,结构完整、线条流畅、干净		85分以上
		结构造型与原图片较一致,省道转移较正确,过程较清晰,结构线、辅助线较明了,结构完整、线条较流畅、干净		70~84分
		结构造型与原图片基本一致,省道转移基本正确、清晰,结构线、辅助线基本明了,结构较完整、线条基本流畅、干净		69~60分
		结构造型与原图片出入较大,省道转移基本正确,结构线、辅助线不明,整体效果差		60分以下

步骤二　立领代表造型及修正

教学目标	知识目标	(1)能掌握立领立体造型步骤; (2)能掌握立领造型修正依据; (3)能掌握立领各主要修正部位
	技能目标	(1)会依据衣身结构图进行相应的立体造型; (2)会根据造型修正依据对修正部位作出正确判断; (3)会正确修正各问题部位
	素养目标	(1)有自我批评、自我检查的能力; (2)有自我修正、调整能力
教学重点	根据造型修正依据对修正部位作出正确判断	
教学难点	正确修正各问题部位	
参考课时	3课时	
教学准备	人台(每人一个)、铅笔、尺子、剪刀、红笔、胚布、大头针	
教学环节	教　师	学　生

教学环节	教　师	学　生
	立领立体造型准备工作	
活动一 (30分钟)	(1)播放有关立领造型准备工作的视频。 (2)根据视频进行立体造型准备工作 ①剪纸样; ②熨烫胚布; ③在胚布上画样、裁剪	(1)观看视频。 (2)按步骤做好立体造型准备工作 意外情境: ①剪纸样标记不齐全,导致裁片标记不齐; ②裁剪时纸样移位,导致裁片与纸样有误; ③胸围线、腰围线未画。 出错情境: ①裁片丝缕不正或方向错误; ②裁片省位未画完全
	立领立体造型	
活动二 (45分钟)	(1)播放有关立领造型的视频。 (2)辅导学生进行立领立体造型: ①在前后领圈、立领、袖笼弧线上打剪口; ②熨烫打剪口的各缝位; ③熨烫后肩缝、后侧缝、后中缝、前门襟、前后省位(倒向中缝); ④用大头针缝合各缝位和省位; ⑤造型穿上人台; ⑥立领装在前后领圈上造型	(1)观看视频操作流程。 (2)按流程要求、步骤进行立体造型 正常情境: 造型领样与领形相符,结构与人体符合。 意外情境: ①弧线剪口大的较深,致弧线不圆顺; ②结构图有问题,造型与图片有出入; ③大头针运用手法错误
	检查所做立体造型	
活动三 (15分钟)	(1)引导学生观察自己所做造型在人台上与图片比较有哪些问题? (2)小组讨论,总结检查立体造型的各部位: ①领口弧线是否顺畅; ②前后肩线两端是否对齐; ③立领安装是否平服,领嘴宽窄是否一致; ④左右肩缝、后中缝是否与立领各点对齐; ⑤立领造型大小,长短是否符合图片款式; ⑥各针法是否符合立体造型手法; ⑦整体造型是否干净、平整	(1)观察自己所做造型在人台上与图片上比较有哪些问题? (2)小组讨论,总结检查立领立体造型各部位。 (3)各小组同学交换检查,有问题处用铅笔标注
	修正所做立体造型	
活动四 (20分钟)	组织学生修正问题部位	(1)学生按标注逐一修正所做造型。 (2)修正部位用红笔重新画结构线

续表

教学环节	教 师		学 生
活动五 (5分钟)	检查修正后造型		
	检查要点如下： ①立体造型结构、大小、长短符合人台及图片款式； ②各缝位、省位倒向正确； ③立领安装是否平服，领嘴宽窄是否一致； ④前后肩线两端对齐； ⑤各针法符合立体造型手法； ⑥整体造型干净、平整		（1）小组与小组同学交换互评。 （2）有问题的同学在其他同学的帮助下再次修正造型，调整修正线迹
活动六 (20分钟)	修正结构图		
	指导学生依据立体造型修正结构图： ①拆下修正后的立体造型； ②对拆下的衣片、领片熨烫平整； ③修正领片与相应纸质纸样重合，拓印修正部分，并画在纸样上		按步骤进行修正。 正常情境： ①按步骤进行修正； ②所修正纸样与裁片版型一致吻合 意外情境： 拓版时裁片移位，以至于所拓版型不准。 错误情境： 没有按步骤做，主要是省掉了熨烫
活动七 (10分钟)	小结评价		
	评价内容	评价标准	得分/等级
	活动五检查修正后造型	立领造型结构、大小，长短符合图片款式，造型手法、针法符合立裁要求	85分以上
		立领造型结构、大小，长短较符合图片款式，造型手法、针法较符合立裁要求（1处错误）	70～84分
		立领造型结构、大小，长短基本符合图片款式，造型手法、针法基本符合立裁要求（两处错误）	60～69分
		立体造型结构、大小，长短基本不符合图片款式，造型手法、针法基本不符合立裁要求	59分以下

步骤三　翻领代表结构

教学目标	知识目标	（1）会分析不同翻领的特点； （2）会在原型基础上进行结构造型
	技能目标	（1）能分析不同领型外形特点； （2）能利用衣片原型进行结构造型
	素养目标	（1）培养学生善于观察的能力； （2）培养学生小组协作能力

续表

教学重点	分析翻领利用原型进行结构制图	
教学难点	前后领片结构造型	
参考课时	5 课时	
教学准备	多媒体、课件、牛皮子(每人 1 张)、裁剪台	
教学环节	教　师	学　生
活动一 (20 钟)	展示几组不同特点的翻领款式视频	
	(1)观察不同翻领照片,如下图 1、图 2 所示。 图 1 图 2 (2)通过比较,找出它们各自的外观特点	(1)观看视频,分组讨论。 (2)回答它们的外观特点: ①图 1 为双层翻领,上面层大、下面层小; ②图 2 为偏门襟领,单层
活动二 (90 分钟)	利用日本新文化进行翻领的结构制图	
	(1)分析图片中翻领的形状,指导学生运用日本新文化原型绘制 1∶5 结构图,如下图 1、图 2 所示。 图 1	(1)通过观察,分析两种领子的结构。 (2)分析指出与常见翻领它们在结构上有哪些不同: ①图 1 领子较高、双层领; ②图 2 直开领较深,领座较图 1 矮,前领弧线较大 (3)分析图片,利用新文化原型进行结构制图 意外情境: ①款式分析不准确; ②制图时不会用原型,外领弧度不准确

续表

教学环节	教　师	学　生
活动二 (90分钟)	利用日本新文化进行翻领的结构制图 图2 (2)规格设计： | 号型 | 领围 /cm | 坐领(a) /cm | 座领(b) /cm | | 160/84A | 38 | 5 | 3 |	
活动三 (30分钟)	检查1∶5结构图	
	(1)检查要点如下： ①结构造型是否与原图片一致； ②省道转移是否正确,过程是否清晰； ③结构线、辅助线是否明了； ④结构整体完整、线条流畅、干净	(1)小组同学交换相互检查。 (2)有问题同学及时修正
活动四 (70分钟)	绘制1∶1结构图	
	选择图1绘制1∶1结构图	绘制图2的1∶1结构图
活动五 (15分钟)	小结评价	

下面的规格设计表单独列出：

号型	领围/cm	坐领(a)/cm	座领(b)/cm
160/84A	38	5	3

活动五小结评价表：

	评价内容	评价标准	得分/等级
活动五 (15分钟)	活动三检查 1∶5结构图	结构造型与原图片一致,省道转移正确,过程清晰,结构线、辅助线明了,结构完整、线条流畅、干净	85分以上
		结构造型与原图片较一致,省道转移较正确,过程较清晰,结构线、辅助线较明了,结构完整、线条较流畅、干净	70~84分
		结构造型与原图片基本一致,省道转移基本正确、清晰,结构线、辅助线基本明了,结构较完整、线条基本流畅、干净	69~60分
		结构造型与原图片出入较大,省道转移基本正确,结构线、辅助线不明,整体效果差	60分以下

步骤四　翻领代表造型及修正

教学目标	知识目标	(1)能掌握翻领立体造型步骤; (2)能掌握翻领造型修正依据; (3)能掌握翻领各主要修正部位
	技能目标	(1)会依据衣身结构图进行相应的立体造型; (2)会根据造型修正依据对修正部位作出正确判断; (3)会正确修正各问题部位
	素养目标	(1)有自我批评、自我检查的能力; (2)有自我修正、调整能力
教学重点		根据造型修正依据对修正部位作出正确判断
教学难点		正确修正各问题部位
参考课时		3课时
教学准备		人台(每人一个)、铅笔、尺子、剪刀、红笔、胚布、大头针
教学环节	教　师	学　生
	翻领立体造型准备工作	
活动一 (30分钟)	(1)播放有关翻领造型准备工作的视频。 (2)根据视频进行立体造型准备工作: ①剪纸样; ②熨烫胚布; ③在胚布上画样、裁剪	(1)观看视频。 (2)按步骤作好立体造型准备工作 意外情境: ①剪纸样标记不齐全,导致裁片标志不齐; ②裁剪时纸样移位,导致裁片与纸样有误; ③胸围线、腰围线未画 出错情境: ①裁片丝缕不正或方向错误; ②裁片省位未画完全
	翻领立体造型	
活动二 (45分钟)	(1)播放有关翻领造型的视频。 (2)辅导学生进行翻领立体造型: ①在前后领圈、翻领、袖笼弧线上打剪口; ②熨烫打剪口的各缝位; ③熨烫后肩缝、后侧缝、后中缝、前门襟、前后省位(倒向中缝); ④用大头针缝合各缝位和省位; ⑤造型穿上人台; ⑥翻领装在前后领圈上造型	(1)观看视频操作流程。 (2)按流程要求、步骤进行立体造型 正常情境: 造型领样与领形相符,结构与人体符合。 意外情境: ①弧线剪口大的较深,致弧线不圆顺; ②结构图有问题,造型与图片有出入; ③大头针运用手法错误

续表

教学环节	教 师	学 生
活动三 (15分钟)	检查所做立体造型	
	(1)引导学生观察自己所做造型在人台上与图片上比较有哪些问题? (2)小组讨论,总结检查立体造型的各部位: ①领口弧线是否顺畅; ②前后肩线两端是否对齐; ③翻领安装是否平服,领嘴宽窄是否一致; ④左右肩缝、后中缝是否与立领各点对齐; ⑤翻领造型大小,长短是否符合图片款式; ⑥各针法是否符合立体造型手法; ⑦整体造型是否干净、平整	(1)观察自己所做造型在人台上与图片上比较有哪些问题? (2)小组讨论,总结检查立领立体造型各部位。 (3)各小组同学交换检查,有问题处用铅笔标注
活动四 (20分钟)	修正所做立体造型	
	组织学生修正问题部位	(1)学生按标注逐一修正所做造型; (2)修正部位用红笔重新画结构线
活动五 (5分钟)	检查修正后造型	
	检查要点如下: ①立体造型结构、大小,长短符合人台及图片款式; ②各缝位、省位倒向正确; ③翻领安装是否平服,领嘴宽窄是否一致; ④前后肩线两端对齐; ⑤各针法符合立体造型手法; ⑥整体造型干净、平整	(1)小组与小组同学交换互评。 (2)有问题的同学在其他同学的帮助下再次修正造型,调整修正线迹
活动六 (20分钟)	修正结构图	
	指导学生依据立体造型修正结构图: ①拆下修正后的立体造型; ②对拆下的衣片、领片熨烫平整; ③修正领片与相应纸质纸样重合,拓印修正部分,并画在纸样上	按步骤进行修正。 正常情境: ①按步骤进行修正; ②所修正纸样与裁片版型一致吻合。 意外情境: 拓版时裁片移位,以至于所拓版型不准。 错误情境: 没有按步骤做,主要是省掉了熨烫

教学环节	教 师		学 生	
活动七 (10分钟)	活动五检查 修正后造型	小结评价		
		评价内容	评价标准	得分/等级
		翻领结构造型符合图片款式,造型手法、针法符合立裁要求		85分以上
		翻领结构造型基本符合图片款式,造型手法、针法较符合立裁要求(1处错误)		70~84分
		翻领结构造型基本符合图片款式,造型手法、针法基本符合立裁要求(两处错误)		60~69分
		翻体结构造型不符合图片款式,造型手法、针法不符合立裁要求		59分以下

步骤五　翻驳领代表结构

教学目标	知识目标	(1)能分析不同翻驳领的特点; (2)能在原型基础上进行结构造型
	技能目标	(1)会分析不同翻驳领型外形特点; (2)会利用衣片原型进行结构造型
	素养目标	(1)有善于观察的能力; (2)有小组协作能力
教学重点	分析翻驳领利用原型进行结构制图	
教学难点	前后领片结构造型	
参考课时	8课时	
教学准备	多媒体、课件、牛皮子(每人1张)、裁剪台	

教学环节	教 师	学 生
活动一 (20钟)	展示几组不同特点的翻驳领款式视频	
	(1)观察不同翻驳领照片,如下图1、图2所示。 图1	(1)观看图片,分组讨论。 (2)回答它们的区别: ①图1跟平常的西装领很像,但翻领上多了两个褶; ②图2外形较为圆顺,驳领线延伸到了颈侧点

续表

教学环节	教　师	学　生
活动一 (20 钟)	展示几组不同特点的翻驳领款式视频 图 2 (2)通过比较,找出它们的相同点和不同点	
活动二 (150 分钟)	利用日本新文化进行翻驳领的结构制图	
	(1)分析下图 1、图 2 中翻驳领的形状,指导学生运用日本新文化原型绘制 1:5 结构图。 图 1 图 2 (2)规格设计:	(1)通过观察,分析两种领子的结构。 (2)分析指出与常见翻驳领在结构上有哪些变化: ①图 1,翻领多了两个褶,在结构上应有放量; ②图 2,驳领线造型在颈侧点; ③分析图片,利用新文化原型进行结构制图 意外情境: ①款式分析不准确; ②制图时不会用原型,外领弧度不够

(2)规格设计:

号型	领围 /cm	坐领(a) /cm	座领(b) /cm
160/84A	38	4	3

续表

教学环节	教　师		学　生
活动三 (40分钟)	检查1：5结构图		
	检查要点如下： ①结构造型是否与原图片一致； ②省道转移是否正确,过程是否清晰； ③结构线、辅助线是否明了； ④结构整体完整、线条流畅、干净		(1)小组同学交换相互检查。 (2)有问题同学及时修正
活动四 (80分钟)	绘制1：1结构图		
	选择图1绘制1：1结构图		绘制图1的1：1结构图
活动五 (45分钟)	学生自找一些图片,练习图绘制其1：5结构		自找一些图片,练习图绘制其1：5结构
活动六 (25分钟)	小结评价		
	评价内容	评价标准	得分/等级
	活动三检查 1：5结构图	结构造型与原图片一致,省道转移正确,过程清晰,结构线、辅助线明了,结构完整、线条流畅、干净	85分以上
		结构造型与原图片较一致,省道转移较正确,过程较清晰,结构线、辅助线较明了,结构完整、线条较流畅、干净	70~84分
		结构造型与原图片基本一致,省道转移基本正确、清晰,结构线、辅助线基本明了,结构较完整、线条基本流畅、干净	69~60分
		结构造型与原图片出入较大,省道转移基本正确,结构线、辅助线不明,整体效果差	60分以下

步骤六　翻驳领造型及修正

教学目标	知识目标	(1)能掌握翻驳领立体造型步骤； (2)能掌握翻驳领造型修正依据； (3)能掌握翻驳领各主要修正部位
	技能目标	(1)会依据衣身结构图进行相应的立体造型； (2)会根据造型修正依据对修正部位作出正确判断； (3)会正确修正各问题部位
	素养目标	(1)有自我批评、自我检查的能力； (2)有自我修正、调整能力
教学重点	根据造型修正依据对修正部位作出正确判断	
教学难点	正确修正各问题部位	
参考课时	3课时	
教学准备	人台(每人一个)、铅笔、尺子、剪刀、红笔、胚布、大头针	

续表

教学环节	教　师	学　生
	翻驳领立体造型准备工作	
活动一 (30分钟)	(1)播放有关翻驳领造型准备工作的视频。 (2)根据视频进行立体造型准备工作： ①剪纸样； ②熨烫胚布； ③在胚布上画样、裁剪	(1)观看视频。 (2)按步骤做好立体造型准备工作 意外情境： ①剪纸样标记不齐全，导致裁片标记不齐； ②裁剪时纸样移位，导致裁片与纸样有误； ③胸围线、腰围线未画 出错情境： ①裁片丝缕不正或方向错误； ②裁片省位未画完全
	翻领立体造型	
活动二 (45分钟)	(1)播放有关翻驳领造型的视频。 (2)辅导学生进行翻驳领立体造型： ①在前后领圈、翻驳领、袖笼弧线上打剪口； ②熨烫打剪口的各缝位； ③熨烫后肩缝、后侧缝、后中缝、前门襟、前后省位(倒向中缝)； ④用大头针缝合各缝位和省位； ⑤造型穿上人台； ⑥翻驳领在前后领圈上造型	(1)观看视频操作流程。 (2)按流程要求、步骤进行立体造型 正常情境： 造型领样与领形相符，结构与人体符合。 意外情境： ①弧线剪口大的较深，致弧线不圆顺； ②结构图有问题，造型与图片有出入； ③大头针运用手法错误
	检查所做立体造型	
活动三 (15分钟)	(1)引导学生观察自己所做造型在人台上与图片上比较有哪些问题？ (2)小组讨论，总结检查立体造型的各部位： ①领口弧线是否顺畅； ②前后肩线两端是否对齐； ③翻驳领安装是否平服，领嘴宽窄是否一致； ④左右肩缝、后中缝是否与立领各点对齐； ⑤翻驳领造型大小，长短是否符合图片款式； ⑥各针法是否符合立体造型手法； ⑦整体造型是否干净、平整	(1)观察自己所做造型在人台上与图片上比较有哪些问题？ (2)小组讨论，总结检查立领立体造型各部位。 (3)各小组同学交换检查，有问题处用铅笔标注

续表

教学环节	教 师	学 生
活动四 (20分钟)	修正所做立体造型	
	组织学生修正问题部位	(1)学生按标注逐一修正所做造型。 (2)修正部位用红笔重新画结构线
活动五 (5分钟)	检查修正后造型	
	检查要点如下: ①立体造型结构、大小,长短符合人台及图片款式; ②各缝位、省位倒向正确; ③翻驳领安装是否平服,领嘴宽窄是否一致; ④前后肩线两端对齐; ⑤各针法符合立体造型手法; ⑥整体造型干净、平整	(1)小组与小组同学交换互评。 (2)有问题的同学在其他同学的帮助下再次修正造型,调整修正线迹
活动六 (20分钟)	修正结构图	
	指导学生依据立体造型修正结构图: ①拆下修正后的立体造型; ②对拆下的衣片、领片熨烫平整; ③修正领片与相应纸质纸样重合,拓印修正部分,并画在纸样上	按步骤进行修正。 正常情境: ①按步骤进行修正; ②所修正纸样与裁片版型一致吻合。 意外情境: 拓版时裁片移位,以至于所拓版型不准。 错误情境: 没有按步骤做,主要是省掉了熨烫

活动七 (10分钟)	小结评价		
	评价内容	评价标准	得分/等级
	活动五检查 修正后造型	翻驳领结构造型符合图片款式,造型手法、针法符合立裁要求	85分以上
		翻驳领结构造型基本符合图片款式,造型手法、针法较符合立裁要求(1处错误)	70~84分
		翻驳领结构造型基本符合图片款式,造型手法、针法基本符合立裁要求(两处错误)	60~69分
		翻驳领结构造型不符合图片款式,造型手法、针法不符合立裁要求	59分以下

步骤七　考核评价

教学目标	知识目标	(1)能根据款式在新原型的基础上进行衣领结构图； (2)能清楚新原型结构图评价的各条标准
	技能目标	(1)会通过调整后的新原型进行款式制图； (2)会按标准正确评价其他同学的结构制图
	素养目标	有正确的判断力
教学重点	评价衣领制图的标准	
教学难点	依照评价标准如何给同学作出正确的评价	
参考课时	5课时	
教学准备	评价表	
教学环节	教　师	学　生
活动一 (30分钟)	复习代表领型结构图	
	辅导学生复习代表领型结构图	复习代表领型结构图
活动二 (60分钟)	女式上衣衣领结构图	
	60分钟内完成1∶1时尚女式上衣衣领结构图,如下图所示 	25分钟内完成1∶1时尚女式上衣结构图。 意外情境: 30分钟内没有完成女装新原型的绘制。 出错情境: 30分钟内完成了绘制、但有错误
活动三 (90分钟)	女式上衣衣领立体造型	
	90分钟内完成女式上衣衣领立体造型及修正	90分钟内完成对女式上衣衣领立体造型及修正。 意外情境: ①90分钟内没有完成女式上衣衣领的造型及修正; ②自己以为完成了,但有细节遗漏未做
活动四 (20分钟)	学习评价标准	
	(1)讲解考核项目的权重、比例。 (2)选4款不同等级衣领结构图讲解其评价标准。 (3)立体造型讲解其评价标准	(1)听取教师讲解考核项目各自权重比例,并做好笔记。 (2)听取教师讲解、分析不同风格款式的结构图评价标准,并做好笔记。 (3)听取教师讲解、分析立体造型评价标准,并做好笔记

教学环节	教　师	学　生
	学习评价标准	
活动四 (20分钟)	(1)权重比例:女式上衣衣领结构图50% + 立体造型50% =100%。 (2)女式上衣衣领结构图评价标准: ①纸样造型与款式图造型一致,纸样规格尺寸符合命题所提供的规格尺寸与款式图的造型要求;　　　　　　　　　　　　　　　　　70分 ②纸样主件、零部件齐全,无遗漏;　　　　　　　　　10分 ③对位标记准确:其中包括各部位对位标记、纱向标记等　20分 (3)女式上衣衣领立体造型评价标准: ①立体造型各手法正确;　　　　　　　　　　　　　40分 ② 造型与原图片款式一致;　　　　　　　　　　　　30分 ③立体造型所用胚布纱向正确;　　　　　　　　　　10分 ④造型有修正痕迹,并做出修正标记　　　　　　　　20分	
活动五 (25分钟)	评价、统计	

	得　分	人数(班级总人数:　)	比　例
活动五 (25分钟)	85分以上		
	70 ~ 84分		
	60 ~ 69分		
	59分以下		

项目四　女式上衣结构设计及造型

任务一　常见女式上衣结构及造型

完成任务步骤及课时:

步　骤	教学内容	课　时
步骤一	女式休闲上衣结构制图	5
步骤二	女式休闲上衣立体造型	6
步骤三	女式休闲上衣纸样修正	3
步骤四	时尚女式上衣结构制图	5
步骤五	时尚女式上衣立体造型	6
步骤六	时尚女式上衣纸样修正	3
步骤七	考核评价	5
合　计		33

步骤一 女式休闲上衣结构造型

教学目标	知识目标	(1)能分析女式休闲上衣原理； (2)能进行女式休闲上衣款式的结构造型	
	技能目标	(1)会准确画出160/84A女装新原型； (2)会正确分析款式图中结构造型变化； (3)会根据女装原型画出款式结构图	
	素养目标	(1)有自主学习,善于观察的能力； (2)有团队协作意识	
教学重点	分析女式休闲上衣款式结构造型变化		
教学难点	新原型基础上进行款式结构造型变化		
参考课时	5课时		
教学准备	多媒体、课件、牛皮纸、尺子、铅笔		
教学环节	教　师		学　生
活动一 (15分钟)	展示5款女士休闲上衣款式		
	通过观察分析发现这5款上衣在结构上有哪些相同之处和不同之处		(1)观察分析,分组讨论。 (2)从结构上进行款式造型分析找出它们的相同之处和不同之处 出错情境: ①学生观察不仔细,回答不准确； ②没有进行小组分析讨论,无法表达
活动二 (30分钟)	女式休闲上衣款式结构分析		
	 (1)每组从提供的5个款式中选择一款。 (2)分小组进行结构分析和数据采集		(1)观察样衣外形的特征。 (2)分析款式结构造型和数据,作好记录 出错情境: ①学生图片观察不仔细； ②学生对款式造型和数据采集把握不准

教学环节	教　师	学　生
活动三 (45分钟)	<p align="center">前后衣片分割线造型</p>（1）确定制图规格： | 号型	衣长 /cm	胸围 /cm	袖长 /cm
---	---	---	---
160/84A	52	92	56 | （2）在新原型的基础上进行前后衣片结构造型，如下图所示： 前衣片： ①根据新原型在前衣片确定二条分割线； ②合并前胸省转移到肩省，形成分割线 后衣片： ①第一条分割线：根据款式造型在后袖隆上确定分割点与腰省进行连省成缝造型； ②第二条分割线：利用新原型把省道转变成分割线	（1）每组提供所测量款式制图数据制定规格表。 （2）根据款式进行前后衣片分割线造型 意外情境： ①小组测量的数据不准确，导致制图不准； ②分割线造型不准确、不美观

续表

教学环节	教 师	学 生
活动四 (45分钟)	衣袖结构造型制图	
	在新原型袖制图的基础上进行造型,如下图所示: ①原型一片袖的基础上进行二片袖结构造型; ②袖山吃势 1～1.5 cm	(1)每组在原型袖的基础上进行二片袖造型。 (2)袖山吃势控制在 1～1.5 cm 出错情境: ①学生无法进行一片袖转二片袖造型; ②袖肥过大,袖山过浅; ③无法控制吃势
活动五 (45分钟)	立领结构造型制图	
	(1)确定驳口线位置。 (2)确定立领的宽度和位置。 (3)画出原型后领,测量后领圈、立领外围长度。 (4)根据后领圈长度进行后领结构造型。 (5)以后领外围长度确定松斜度	(1)学生根据款式在衣片上进行立领造型。 (2)根据后领圈长度进行领子结构造型 出错情境: ①没有按要求确定驳口线位置; ②领子造型不准确; ③后领松斜度确定不准确
活动六 (45分钟)	小结评价	

小结评价

评价内容	评价标准	得分/等级
女式休闲上衣款式结构造型	50分钟内完成时尚女式上衣款式结构造型,线条流畅,造型准确	85分以上
	60分钟内完成时尚女式上衣款式结构造型,主辅线条不明显	70～84分
	60分钟内完成时尚女式上衣款式结构造型,造型有2处以上错误	60～69分
	60分钟内无法完成时尚女式上衣款式结构造型	60分以下

步骤二　女式休闲上衣立体造型

教学目标	知识目标	(1)能掌握上衣整体立体造型步骤; (2)能掌握上衣排料基本方法	
	技能目标	(1)会依据上衣结构图进行相应的立体造型; (2)会把服装零部件总装成一完整服装; (3)会较为节约的进行排料	
	素养目标	(1)有步骤的完成任务; (2)有节约意识	
教学重点	(1)把服装零部件总装成一完整服装; (2)排料方法,节约排料		
教学难点	(1)把服装零部件总装成一完整服装; (2)排料方法,节约排料		
参考课时	6课时		
教学准备	人台(每人一个)、铅笔、尺子、剪刀、红笔、胚布、大头针		
教学环节	教　师		学　生
	引入排版		
活动一 (15分钟)	(1)展示服装企业裁床图片,提问裁床工作在企业生产中的重要性表现在哪些方面? (2)什么样的排版是好质量的排版		学生分组讨论 (1)回答裁床工作重要性: ①裁床停止工作生产就无法进行; ②裁床工作出错,产品就会出错 (2)好质量的排版具有: ①用料少,减少产品成本; ②纱向正,提高产品质量; ③裁片缝缝准确、平滑,提高产品质量 意外情境: ①对服装裁床不熟悉,回答不上或不全; ②没有亲身体验不同质量排版带来的结果,回答问题不全面
	示范排版		
活动二 (30分钟)	(1)排版注意事项(视频): ①排版前要清理好纸样数量; ②胚布幅宽较窄,单层画版样,画完裁剪时下面再加一层胚布; ③排版基本规律:采用先衣身、再袖片、再零部件的原则,纸样长短基本一致放在一起,纸样大小差异大的要适当调整; ④用料要在规定的范围完成 (2)示范排版: ①清理纸样数量; ②按基本规律排版; ③按纸样大小调整排版; ④定位、画板; ⑤叠双层胚布,测量用料		(1)听教师讲解排版注意事项,并做好笔记。 (2)看教师示范,领会技法要领

续表

教学环节	教　师	学　生
	排版练习	
活动三 (20分钟)	用同一上衣纸样,学生分组15分钟完成排版练习	用同一上衣纸样,分组进行排版练习 正常情境: 在规定时间、规定用料内完成排版 意外情境: ①在规定的时间内没有完成排版; ②按时完成排版,但用料超过规定 出错情境: ①有纸样排掉了; ②排版纱向不正或纱向错误
	检查排版情况	
活动四 (20分钟)	小组交换检查排版情况 检查要点如下: ①是否完成排版; ②用料是否在规定的范围内; ③排版纱向是否正确	小组交换检查排版情况,并打出等级
	立体造型准备工作	
活动五 (45分钟)	立体造型准备工作步骤(视频): ①剪纸样; ②熨烫胚布; ③在胚布上排版、画样、裁剪(用料2.2 m内)	按步骤作好立体造型准备工作 正常情境: ①按步骤完成了立裁准备工作; ②用料在2.2 m以内 意外情境: ①剪纸样标记不齐全,导致裁片标记不齐; ②裁剪时纸样移位,导致裁片与纸样有误; ③胸围线、腰围线未画; ④排料浪费,2.2 m胚布不够用 出错情境: ①裁片丝缕不正或方向错误; ②裁片错误,出现多了、少了或裁剪错误
	立体造型	
活动六 (135分钟)	(1)辅导学生进行衣身立体造型(视频): ①在前后领弯、袖笼线、前后衣片弧线上打剪口(缝合在上的那块衣片弧线); ②熨烫后肩缝、后侧缝、后中缝、前门襟、前后衣片缝(缝合在上的那块衣片缝缝)、衣下摆; ③用大头针缝合各缝缝(中盖侧、后盖前、上盖下); ④穿上人台 (2)辅导学生进行衣袖造型: ①熨烫大袖缝缝; ②大袖与小袖缝合; ③装袖,袖笼腋下点与袖子腋下点重合,上袖子底端弧线;重合袖肩点,上袖笼弧线 (3)辅导学生进行领子造型: ①双层领定位、重合; ②领子后中点与领弯后中点重合,上领 (4)调整造型穿着效果	按要求、步骤进行立体造型 正常情境: 造型式样与图片符合,结构与人体符合 意外情境: ①结构图有问题,造型与图片有出入; ②裁片有丢失,导致造型不能完成 出错情境: ①缝缝熨烫错误,导致裁片缝合时缝头倒向反了; ②大头针运用手法错误; ③各衣片胸围线、腰围线没对齐; ④各衣片下摆长短不齐

续表

教学环节	教　师		学　生
	小结评价		
活动七 (5分钟)	评价内容	评价标准	得分/等级
	活动三检查 排版情况	团队协作完成排版,纱向完全正确,用料在1.9 m以内	优
		团队协作完成排版,纱向较正确,用料在2.1 m以内	良
		基本为团队协作排版,纱向基本正确,用料在2.2 m以内	中
		基本为团队协作排版,纱向有明显错误,用料在2.2 m以上	差

步骤三　时尚女式上衣纸样修正

教学目标	知识目标	(1)能掌握上衣立体造型调整的基本方法; (2)能掌握上衣立体造型的常见部位
	技能目标	(1)会根据原图片调整立体造型; (2)会根据调整的立体造型修正结构图
	素养目标	有自我发现、自我调节能力
教学重点		(1)根据原图片调整立体造型; (2)根据调整的立体造型修正结构图
教学难点		根据原图片调整立体造型
参考课时		3课时
教学准备		人台(每人一个)、所做立体造型、铅笔、尺子、剪刀、红笔、大头针
教学环节	教　师	学　生
	检查所做立体造型	
活动一 (20分钟)	(1)引导学生观察自己所做造型与原图片比较有哪些问题? (2)小组讨论,总结检查立体造型的各部位: ①各缝缝、省位倒向是否正确(纵向倒中间,横向倒上方,侧缝到后面); ②各缝缝缝合是否符合立体造型要求(侧盖中、上盖下、后盖前); ③肩线、侧缝、前后中缝是否与人台相应部位对齐; ④胸围线、腰围线是否对齐、水平; ⑤各弧线缝缝处是否平整; ⑥下摆各缝缝是否一样长; ⑦袖子造型是否与原图一致; ⑧袖子装得是否圆顺,袖山顶点是否与肩点重合	(1)观察自己所做造型在人台上与图片上比较有哪些问题? (2)小组讨论,总结检查立体造型的各部位。 (3)各小组同学交换检查,有问题处用铅笔标注

续表

教学环节	教　师	学　生
	检查所做立体造型	
活动一 (20分钟)	⑨袖子是否前后倾斜； ⑩袖笼底的衣片或袖片是否平服； ⑪立领装得是否圆顺，是否符合款式特征及颈部特征； ⑫整体造型大小、长短是否符合人台及图片款式； ⑬各针法是否符合立体造型手法； 整体造型是否干净、平整	
活动二 (40分钟)	修正所做立体造型	
	组织学生修正问题部位	(1)学生按标注逐一修正所做造型； (2)修正部位用红笔重新画结构线
活动三 (20分钟)	检查修正后造型	
	检查要点： ①立体造型结构、大小，长短符合人台及原图片款式； ②各缝缝、省位倒向正确； ③各缝缝缝合符合立体造型要求； ④各衣片胸围线、腰围线对齐、水平； ⑤肩线、侧缝、前后中缝与人台相应部位对齐； ⑥各弧线缝缝处平整； ⑦下摆各缝缝一样长； ⑧袖子圆顺，无倾斜、造型与原图片一致； ⑨袖笼底部衣片或袖片平服； ⑩立领圆顺，造型与原图片一致； ⑪各针法符合立体造型手法； ⑫整体造型是否干净、平整	(1)小组同学交换互评。 (2)有问题的同学在其他同学的帮助下再次修正造型，调整修正线迹
活动四 (33分钟)	修正结构图	
	指导学生依据立体造型修正结构图： ①拆下修正后的立体造型； ②对拆下的衣片熨烫平整； ③修正各衣片与相应纸质纸样重合，拓印修正部分，并画在纸样上	按步骤进行修正。 正常情境： ①按步骤进行修正； ②所修正纸样与裁片版型一致吻合 意外情境： ①拓版时裁片移位，以至于所拓版型不准； ②结构修正部位没有用异色笔分开 错误情境： 没有按步骤做，主要是省掉了熨烫

教学环节	教 师		学 生	
活动五 (10分钟)	检查修正后结构图			
	检查要点： ①调整后的结构图与调整后的裁片一致； ②调整部位用异色笔区分		(1)小组同学交换互评。 (2)有问题的同学在其他同学的帮助下再次修正结构图	
活动六 (10分钟)	小结评价			
	评价内容	评价标准		得分/等级
	活动三检查修正后造型	立体造型结构、大小、长短符合人台及图片款式,造型手法、针法符合立裁要求		85分以上
		立体造型结构、大小、长短较符合人台及图片款式,造型手法、针法较符合立裁要求(2处,含2处错误以内)		70~84分
		立体造型结构、大小、长短基本符合人台及图片款式,造型手法、针法基本符合立裁要求(4处,含4处错误以内)		60~69分
		立体造型结构、大小、长短基本不符合人台及图片款式,造型手法、针法基本不符合立裁要求(5处错误以上,含5处)		59分以下
	活动五检查修正后结构图	调整后的结构图与调整后的裁片一致,调整部位并用异色笔区分		85分以上
		调整后的结构图与调整后的裁片较一致,调整部位并用异色笔区分		70~84分
		调整后的结构图与调整后的裁片基本一致,调整部位未用异色笔区分		60~69分
		调整后的结构图与调整后的裁片基本不一致,调整部位未用异色笔区分		59分以下
布置作业 (2分钟)	绘制调整后的上衣1∶5结构图2遍			

步骤四　时尚女式上衣结构造型

教学目标	知识目标	(1)能进行女装原型原理分析及熟记各数据； (2)能进行女装款式的结构造型
	技能目标	(1)会准确画出160/84A女装新原型； (2)会正确分析款式图中结构造型变化； (3)会根据女装原型画出款式结构图
	素养目标	(1)培养学生学习,善于观察的能力； (2)培养学生团队协作能力
教学重点	分析女装款式结构造型变化	

续表

教学难点	新原型基础上进行款式结构造型变化	
参考课时	5课时	
教学准备	多媒体、课件、人台(每组一个)、裁剪台	
教学环节	教　师	学　生
活动一 (15分钟)	<p style="text-align:center">播放一段《今年流行时尚女式上衣》视频</p>观看视频,让学生回答今年的流行元素是什么,在结构上是怎样表现的	(1)观看视频,分组讨论。 (2)从视频中找到流行元素,分析元素在款式中的表现形式 出错情境: ①学生观察不仔细,找不到设计元素; ②分析不到位,无法表达
活动二 (30分钟)	<p style="text-align:center">时尚女式上衣款式结构分析</p>(1)为每组提供一件相同款式的时尚女式样衣图片,如下图所示。 (2)分小组进行结构分析和数据采集	(1)观察样衣外形的特征。 (2)分析款式结构造型和数据,作好记录 出错情境: ①学生图片观察不仔细; ②学生对款式造型和数据采集把握不准
活动三 (60分钟)	<p style="text-align:center">前后衣片分割线造型</p>(1)确定制图规格: <table><tr><td>号型</td><td>衣长 /cm</td><td>胸围 /cm</td><td>袖长 /cm</td><td>背长 /cm</td></tr><tr><td>160/84A</td><td>65</td><td>96</td><td>59</td><td>38</td></tr></table>(2)在新原型的基础上进行前后衣片结构造型,如下图所示: 	(1)每组提供所测量款式制图数据制订规格表。 (2)根据款式进行前后衣片分割线造型 意外情境: ①小组测量的数据不准确,导致制图不准; ②分割线造型不准确、不美观

教学环节	教　师	学　生
活动三 (60分钟)	前后衣片分割线造型 前衣片: ①转移合并前胸省,形成一个完整的造型面; ②根据款式在袖隆上确定分割点,与腰省省根连接进行分割线造型,造型线距离BP点1.5 cm左右; ③合并腰节以下腰省量,形成造型面,根据款式进行弧线分割造型; ④还原部分分割造型面至腰节下,与前夹形成完整造型面 后衣片: ①根据款式造型在后袖隆上确定分割点与腰省进行连省成缝造型; ②合并腰节以下腰省量,形成造型面,根据款式进行弧线分割造型	
活动四 (45分钟)	衣袖结构造型制图	
	在新原型袖制图的基础上进行造型,如下图所示。 ①原型一片袖的基础上进行二片袖结构造型; ②在原型袖山弧线的基础上抬高一定的量进行泡泡袖结构造型	(1)每组在原型袖的基础上进行二片袖造型。 (2)抬高袖山弧线进行泡泡袖造型 出错情境: ①学生无法进行一片袖转二片袖造型; ②抬高的量不准确,不是过高就是过低; ③泡泡袖造型不准

续表

教学环节	教 师	学 生
活动四 （45 分钟）	衣袖结构造型制图 	
活动五 （45 分钟）	立领结构造型制图 （1）确定驳口线位置。 （2）根据款式领子造型在前片领口处进行造型。 （3）画出原型后领，测量后领圈、领圈外围长度。 （4）根据后领圈长度进行结构造型	（1）学生根据款式在衣片上进行领子造型。 （2）根据后领圈长度进行领子结构造型 出错情境： ①没有按要求确定驳口线位置； ②领子造型不准确； ③后领松斜度确定不准确

<table>
<tr><td rowspan="5">活动六
（45 分钟）</td><td colspan="3" align="center">小结评价</td></tr>
<tr><td>评价内容</td><td>评价标准</td><td>得分/等级</td></tr>
<tr><td rowspan="4">时尚女式上衣款式结构造型</td><td>50 分钟内完成时尚女式上衣款式结构造型,线条流畅,造型准确</td><td>85 分以上</td></tr>
<tr><td>60 分钟内完成时尚女式上衣款式结构造型,主辅线条不明显</td><td>70~84 分</td></tr>
<tr><td>60 分钟内完成时尚女式上衣款式结构造型,造型有 2 处以上错误</td><td>60~69 分</td></tr>
<tr><td>60 分钟内无法完成时尚女式上衣款式结构造型</td><td>60 分以下</td></tr>
</table>

步骤五　女式休闲上衣立体造型

教学目标	知识目标	（1）能熟练掌握上衣整体立体造型的步骤； （2）能熟练掌握上衣排料基本方法
	技能目标	（1）会依据上衣结构图进行相应的立体造型； （2）会熟练把服装零部件总装成一套完整的服装； （3）会节约地进行排料
	素养目标	（1）有步骤、按质量完成任务的意识； （2）有节约意识

教学重点	（1）把服装变化款式零部件总装成一套完整的服装； （2）不排料方法，节约排料	
教学难点	（1）把服装零部件总装成一套完整的服装； （2）排料方法，节约排料	
参考课时	6课时	
教学准备	人台（每人一个）、铅笔、尺子、剪刀、红笔、胚布、大头针	
教学环节	教　师	学　生
活动一 （20分钟）	立体造型准备工作	
	立体造型准备工作步骤： ①剪纸样； ②熨烫胚布	按步骤做好立体造型准备工作 意外情境： ①纸样不小心剪错； ②胚布熨烫不够平整 出错情境： ①胚布熨烫纱向不正； ②没有去掉布边
活动二 （25分钟）	排版	
	（1）学生检查纸样数量。 （2）辅导学生在15分钟，2.5 m用料内完成排版	（1）检查纸样数量。 （2）进行排版 正常情境： 在规定的时间、用料内正确完成排版。 意外情境： 没有在规定的时间或用料内完成排版。 错误情境： ①纸样排版丝缕不正或方向错误； ②纸样排版错误，出现多了、少了
活动三 （25分钟）	检查排版情况	
	小组交换检查排版情况。 检查要点： ①是否完成排版； ②用料是否在规定的范围内； ③排版纱向是否正确	小组同学交换检查排版情况，并打出等级
活动四 （45分钟）	画样、裁剪	
	（1）问题同学调整排版。 （2）辅导学生进行版型的画样、裁剪	（1）问题同学调整版型。 （2）完成版型画样、裁剪 意外情境： 裁片上标记不全。 错误情境： ①下摆缝头不足2~3 cm； ②裁片裁剪错误

续表

教学环节	教　师		学　生
	立体造型		
活动五 (140分钟)	(1)辅导学生进行衣身立体造型(视频)。 ①在前后领弯、袖笼线、前后衣片弧线上打剪口(缝合在上的那块衣片弧线); ②熨烫后肩缝、后侧缝、后中缝、前门襟、前后衣片缝(缝合在上的那块衣片缝缝)、衣下摆; ③用大头针缝合各缝缝(中盖侧、后盖前、上盖下); ④穿上人台 (2)辅导学生进行衣袖造型。 ①熨烫大袖缝缝; ②大袖与小袖缝合; ③按袖笼褶量做褶; ④装袖,袖笼腋下点与袖子腋下点重合,上袖子底端弧线;重合袖肩点,上袖笼弧线 (3)辅导学生进行领子造型。 ①领子后中点与领弯后中点重合,上领; ②第二层驳领上在翻折线上。 (4)调整造型穿着效果		按要求、步骤进行立体造型。 正常情境: 造型式样与图片符合,结构与人体符合 意外情境: ①结构图有问题,造型与图片有出入; ②裁片有丢失,导致造型不能完成 出错情境: ①缝缝熨烫错误,导致裁片缝合时缝头倒向反了; ②大头针运用手法错误; ③各衣片胸围线、腰围线没对齐; ④各衣片下摆长短不齐

	小结评价		
活动六 (15分钟)	评价内容	评价标准	得分/等级
	活动三检查 排版情况	独立完成排版,纱向完全正确,用料在2.2 m以内	优
		独立协作完成排版,纱向较正确,用料在2.4 m以内	良
		基本为独立协作排版,纱向基本正确,用料在2.5 m以内	中
		基本为独立协作排版,纱向有明显错误,用料在2.5 m以上	差

步骤六　时尚女式上衣纸样修正

教学目标	知识目标	(1)能掌握上衣立体造型调整的基本方法; (2)能掌握上衣立体造型的常见部位
	技能目标	(1)会根据原图片调整立体造型; (2)会根据调整的立体造型修正结构图
	素养目标	有自我发现、自我调节能力
教学重点		(1)根据原图片调整立体造型; (2)根据调整的立体造型修正结构图

教学难点	根据原图片调整立体造型	
参考课时	3 课时	
教学准备	人台(每人一个)、所做立体造型、铅笔、尺子、剪刀、红笔、大头针	
教学环节	教　师	学　生
活动一 (20分钟)	**检查所做立体造型** (1)引导学生观察自己所做造型与原图片比较有哪些问题? (2)小组讨论,总结检查立体造型的各部位: ①各缝缝、省位倒向是否正确(纵向倒中间,横向倒上方,侧缝倒后面); ②各缝缝缝合是否符合立体造型要求(侧盖中、上盖下、后盖前); ③肩线、侧缝、前后中缝是否与人台相应部位对齐; ④胸围线、腰围线是否对齐、水平; ⑤各弧线缝缝处是否平整; ⑥下摆各缝缝是否一样长; ⑦袖子造型是否与原图一致; ⑧袖子装得是否圆顺,袖山顶点是否与肩点重合; ⑨袖子是否前后倾斜; ⑩袖笼底的衣片或袖片是否平服; ⑪立领装得是否圆顺,是否符合款式特征及颈部特征; ⑫整体造型大小,长短是否符合人台及图片款式; ⑬各针法是否符合立体造型手法整体造型是否干净、平整	(1)观察自己所做造型在人台上与图片比较有哪些问题? (2)小组讨论,总结检查立体造型的各部位。 (3)各小组同学交换检查,有问题处用铅笔标注
活动二 (40分钟)	**修正所做立体造型** 组织学生修正问题部位	(1)学生按标注逐一修正所做造型。 (2)修正部位用红笔重新画结构线
活动三 (20分钟)	**检查修正后造型** 检查要点: ①立体造型结构、大小,长短符合人台及原图片款式; ②各缝缝、省位倒向正确; ③各缝缝缝合符合立体造型要求; ④各衣片胸围线、腰围线对齐、水平; ⑤肩线、侧缝、前后中缝与人台相应部位对齐; ⑥各弧线缝缝处平整; ⑦下摆各缝缝一样长; ⑧袖子圆顺,无倾斜、造型与原图片一致; ⑨袖笼底部衣片或袖片平服; ⑩立领圆顺,造型与原图片一致; ⑪各针法符合立体造型手法; ⑫整体造型是否干净、平整	(1)小组同学交换互评。 (2)有问题的同学在其他同学的帮助下再次修正造型,调整修正线迹

续表

教学环节	教 师	学 生
	修正结构图	
活动四 (33分钟)	指导学生依据立体造型修正结构图: ①拆下修正后的立体造型; ②对拆下的衣片熨烫平整; ③修正各衣片与相应纸质纸样重合,拓印修正部分,并画在纸样上	按步骤进行修正 正常情境: ①按步骤进行修正; ②所修正纸样与裁片版型一致吻合 意外情境: ①拓版时裁片移位,以至于所拓版型不准; ②结构修正部位没有用异色笔分开 错误情境: 没有按步骤做,主要是省掉了熨烫
活动五 (10分钟)	检查修正后结构图	
	检查要点: ①调整后的结构图与调整后的裁片一致; ②调整部位用异色笔区分	(1)小组同学交换互评。 (2)有问题的同学在其他同学的帮助下再次修正结构图

活动六 (10分钟)	小结评价		
	评价内容	评价标准	得分/等级
	活动三检查修正后造型	立体造型结构、大小,长短符合人台及图片款式,造型手法、针法符合立裁要求	85分以上
		立体造型结构、大小,长短较符合人台及图片款式,造型手法、针法较符合立裁要求(2处,含2处错误以内)	70~84分
		立体造型结构、大小,长短基本符合人台及图片款式,造型手法、针法基本符合立裁要求(4处,含4处错误以内)	60~69分
		立体造型结构、大小,长短基本不符合人台及图片款式,造型手法、针法基本不符合立裁要求(5处错误以上,含5处)	59分以下
	活动五检查修正后结构图	调整后的结构图与调整后的裁片一致,调整部位并用异色笔区分	85分以上
		调整后的结构图与调整后的裁片较一致,调整部位并用异色笔区分	70~84分
		调整后的结构图与调整后的裁片基本一致,调整部位未用异色笔区分	60~69分
		调整后的结构图与调整后的裁片基本不一致,调整部位未用异色笔区分	59分以下

布置作业 (2分钟)	(1)绘制调整后的上衣1:5结构图1遍。 (2)教师给一款式图,学生分析结构并绘制出相应结构图

步骤七　考核评价

教学目标	知识目标	能根据服装款式图片较正确分析其结构	
	技能目标	(1)会通过分析款式图绘制较正确的结构图; (2)会按标准正确评价其他同学的结构制图	
	素养目标	(1)有一定的分析能力; (2)有客观的评价事物的能力	
教学重点	评价纸样制图的标准		
教学难点	依照评价标准如何给同学作出正确的评价		
参考课时	5 课时		
教学准备	评价表、牛皮纸、铅笔、尺子		
教学环节	教　师		学　生
活动一 (155分钟)	时尚女式上衣结构图		
	提供时尚女式上衣图片,学生观察、分析其结构,150分钟内完成1:1结构图,如下图所示 		观察、分析时尚女式上衣结构,150分钟内完成1:1结构图。 正常情境: 在规定的时间内完成结构图绘制。 意外情境: 150分钟内没有完成结构图绘制。 出错情境: 150分钟完成了绘制、但有错误
活动二 (30分钟)	学习评价标准		
	选4份不同等级的结构图讲解其评价标准		听取教师讲解、分析不同等级的结构图评价标准,并做好笔记
	评分点		
	(1)纸样造型与款式图造型一致。	15分	
	(2)纸样各部位尺寸与规格表一致。	10分	
	(3)对位标记准确齐全:其中包括各部位对位标记、纱向标记等。	15分	
	(4)省道转移、合并、放量过程清晰、正确,标注齐全、规范。	40分	
	(5)结构线、辅助线清晰、明了。	10分	
	(6)结构图整体完整、线条流畅、画面干净	10分	

续表

教学环节	教　师		学　生	
活动三 (35分钟)	评价、统计			
	得　分	人数(班级总人数：　)		比　例
	85分以上			
	70～84分			
	60～69分			
	59分以下			
布置 作业 (5分钟)	(1)绘制考核服装图片结构图,85分以上不画,70～84分画1遍,70分以下2遍。 (2)指定一服装图片,学生分析其结构,并绘制出结构图			

任务二　女式上衣结构设计及造型

完成任务步骤及课时：

步　骤	教学内容	课　时
步骤一	2011年全国中职服装技能大赛重庆市选拔赛试题:女式春夏时尚成衣结构造型	5
步骤二	女式春夏时尚成衣立体造型	8
步骤三	女式春夏时尚成衣纸样修正	4
步骤四	2011年全国职业院校技能大赛中职组服装设计制作试题:女式春夏时尚成衣结构造型	5
步骤五	女式春夏时尚成衣立体造型	7
步骤六	女式春夏时尚成衣纸样修正	4
步骤七	考核评价	11
合　计		44

步骤一　2011年中职服装技能大赛重庆市选拔赛试题——女式春夏时尚成衣结构造型

教学目标	知识目标	(1)能分析重庆市技能大赛的要求和目标; (2)能进行女式春夏时尚成衣款式的结构造型
	技能目标	(1)会领会大赛的评分标准; (2)会正确分析款式图中结构造型变化; (3)会根据女装原型画出款式结构图
	素养目标	有自信心、有荣誉感

教学重点	(1)分析款式图中结构造型变化； (2)手工假缝手法及要点； (3)分析重庆市技能大赛的评分标准	
教学难点	女式春夏时尚成衣结构造型	
参考课时	5课时	
教学准备	多媒体、课件、牛皮纸、铅笔、尺子	
教学环节	教　师	学　生
活动一 (15分钟)	视频《2011年我校选手在重庆市选拔赛上风采》	
	通过观看视频让学生了解我校选手是如何在大赛训练场、选拔赛场上努力拼搏的	(1)观看视频，分组讨论。 (2)让学生从中找到荣誉感，树立榜样，树立信心
活动二 (30分钟)	2011年重庆市大赛作品分析	
	(1)为每组提供2011年女式春夏时尚成衣样衣实物，如下图所示。 (2)分小组进行讨论结构分析和采集数据	(1)观察实物样衣外形的特征。 (2)分析款式结构造型和采集数据,作好记录。 出错情境： ①学生实物观察不仔细； ②学生对款式造型和数据采集把握不准
活动三 (45分钟)	女式春夏时尚成衣结构造型分析	
	(1)确定制图规格： 表格 (2)在新原型的基础上进行前后衣片结构造型，如下图1和图2所示： 图1	(1)每组提供所测量款式制图数据制定规格表。 (2)根据款式进行前后衣片分割线造型。 意外情境： ①小组测量的数据不准确,导致制图不准； ②分割线造型不准确、不美观

（活动三表格：）

号型	衣长/cm	胸围/cm	袖长/cm	背长/cm
160/84A	60	92	56	38

续表

教学环节	教 师	学 生
	女式春夏时尚成衣结构造型分析	
活动三 (45 分钟)	前衣片: ①根据款式在领圈处与驳口线起点处,通过 BP 点作第一条造型分割线; ②合并腰省形成完整造型面,进行第 2 条造型分割线; ③合并胸省量转移到领省处形成分割线; ④平移腰节上部省量到分割线处; ⑤袋位进行装饰分割,分割线上部部分还原到前夹中 图 2 后衣片: ①根据款式造型在后袖隆上确定分割点与腰省进行连省成缝造型; ②肩省处理:从小肩宽外肩端点处偏进肩省量即可	
	衣袖结构造型制图	
活动四 (45 分钟)	在新原型袖制图的基础上进行造型: ①原型一片袖的基础上进行二片袖结构造型; ②在原型袖山弧线的基础上抬高一定的量进行塔袖结构造型	(1)每组在原型袖的基础上进行 2 片袖造型。 (2)抬高袖山弧线进行塔袖造型 出错情境: ①学生无法进行一片袖转二片袖造型; ②抬高的量不准确,不是过高就是过低; ③塔袖造型不准
	衣领结构造型制图	
活动五 (45 分钟)	确定驳口线位置: ①根据款式领子造型在前片领口处进行造型; ②画出原型后领,测量后领圈、领圈外围长度; ③根据后领圈长度进行结构造型	(1)学生根据款式在衣片上进行领子造型。 (2)根据后领圈长度进行领子结构造型 出错情境: ①没有按要求确定驳口线位置; ②领子造型不准确; ③后领松斜度确定不准确

续表

教学环节	教　师	学　生
活动六 (45 分钟)	小结评价	

评价内容	评价标准	得分/等级
女式春夏时尚成衣结构造型	120 分钟内完成女式春夏时尚成衣结构造型,线条优美,标注准确	85 分以上
	120 分钟内完成女式春夏时尚成衣结构造型,线条不流畅	70 ~ 84 分
	120 分钟内完成女式春夏时尚成衣结构造型,款式造型有问题	60 ~ 69 分
	120 分钟无法完成女式春夏时尚成衣结构造型	60 分以下

步骤二　女式春夏时尚成衣立体造型

教学目标	知识目标	(1)能熟练掌握上衣变化款式立体造型步骤; (2)能掌握手工假缝的手法及技巧
	技能目标	(1)会依据上衣变化结构图进行相应的立体造型; (2)会运用手工假缝进行立体造型
	素养目标	有精益求精的精神
教学重点		(1)依据上衣变化结构图进行相应的立体造型; (2)运用手工假缝进行立体造型
教学难点		运用手工假缝进行立体造型
参考课时		8 课时
教学准备		人台(每人一个)、尺子、剪刀、胚布、大头针、手工针、线

教学环节	教　师	学　生
活动一 (20 分钟)	展示、比较两种立体造型手法的优缺点	
	(1)展示两种立体造型实物,学生观察。 (2)学生讨论回答两种造型手法的各自特点? (3)学生讨论回答比较两种造型手法的优缺点	(1)观察两种造型实物。 (2)分小组回答两种造型手法的特点:一种是用大头针造型;另一种是用手工针造型。 (3)分小组回答比较两种造型的优缺点: ①大头针造型节省时间些,易调整,但有针的地方不够平整; ②手工针造型慢一些,且不易调整,但外观效果要好,平整。 意外情境: 观察不仔细,找到的或找不全特点和优缺点
活动二 (30 分钟)	手工针立体造型示范	
	观察手工立体造型手法(视频): ①衣片缝缝重合原则与大头针立体造型一致; ②线用单股,头子不打结,留 6 ~ 8 cm; ③线迹:上 0.2 ~ 0.4 cm,下 1.5 ~ 3 cm,线迹离布边 2.0 ~ 0.3 cm	(1)学生仔细观察各手法。 (2)学生做好各手法要点笔记

续表

教学环节	教　师	学　生
活动三 (65 分钟)	**立体造型准备工作**	
	立体造型准备工作步骤(视频)： ①剪纸样； ②熨烫胚布； ③在胚布上排版、画样、裁剪(用料 2.2 m 内)	按步骤做好立体造型准备工作 正常情境： ①按步骤完成了立裁准备工作； ②用料在 2.2 m 以内 意外情境： ①剪纸样标记不齐全,导致裁片标记不齐； ②裁剪时纸样移位,导致裁片与纸样有误； ③胸围线、腰围线未画； ④排料浪费,2.2 m 胚布不够用 出错情境： ①裁片丝缕不正或方向错误； ②裁片错误,出现多了、少了,或裁剪错误
活动四 (200 分钟)	**手工针立体造型**	
	(1)手工针立体造型部位。 ①衣身除侧缝、肩缝外,全部用手工针造型； ②衣袖、上袖笼线、衣身侧缝、肩缝用大头针造型 (2)辅导学生进行衣身立体造型(视频)。 ①在前后领弯、袖笼线、前后衣片弧线上打剪口(缝合在上的那块衣片弧线)； ②熨烫后肩缝、后侧缝、后中缝、前门襟、前后衣片缝(缝合在上的那块衣片缝缝)、衣下摆； ③用手工针缝合衣身各缝缝； ④用大头针缝合衣身侧缝、肩缝； ⑤穿上人台 (3)辅导学生进行领子造型。 领子后中点与领弯后中点重合,手工针上领。 (4)辅导学生进行衣袖造型。 ①熨烫大袖缝缝； ②大袖与小袖缝合； ③手工针缝缝袖山造型部分； ④大头针缝合大小袖； ⑤装袖,袖笼腋下点与袖子腋下点重合,上袖子底端弧线；重合袖肩点,上袖笼弧线 (5)调整造型穿着效果	按要求、步骤进行立体造型。 正常情境： 造型式样与图片符合,结构与人体符合。 意外情境： ①结构图有问题,造型与图片有出入； ②裁片有丢失,导致造型不能完成； ③袖山弧线与袖笼弧线不符合； ④手工针缝合处不平复 出错情境： ①缝缝熨烫错误,导致裁片缝合时缝头倒向反了； ②大头针运用手法错误； ③手工针运用手法错误； ④各衣片胸围线、腰围线没对齐； ⑤各衣片下摆长短不齐

教学环节	教　师		学　生	
	检查手工造型			
活动五 (30分钟)	学生分组检查手工造型部分检查要点： ①造型平整、干净； ②手工针法符合要求(线用单股，头子不打结，留6~8 cm，线迹：上0.2~0.4 cm，下1.5~3 cm，线迹离布边2.0~0.3 cm)； ③整体造型手法符合要求(上盖下、中盖侧、后盖前)		分组检查手工造型部分	
	小结评价			
活动六 (15分钟)	评价内容	评价标准		得分/等级
	活动五手工针立体造型(只手工针造型部分)	造型平整、干净，手工针手法符合要求，整体造型手法符合要求		85分以上
		造型较平整、干净，手工针手法较基本符合要求，整体造型手法较符合要求		70~84分
		造型基本平整、干净，手工针手法基本符合要求，整体造型手法基本符合要求		60~79分
		造型不平整、干净，手工针手法多数不符合要求，整体造型手法多数不符合要求		60分以下

步骤三　女式春夏时尚成衣纸样修正

教学目标	知识目标	(1)能掌握手工针立体造型调整的基本方法； (2)能掌握手工针上衣立体造型的常见部位
	技能目标	(1)会根据原图片调整立体造型，特别是手工针部分； (2)会根据调整的立体造型修正结构图
	素养目标	(1)有恒心，有耐心； (2)有自我发现不足，并调整修改的素养
教学重点	(1)根据原图片调整立体造型女式，特别是手工针部分； (2)根据调整的立体造型修正结构图	
教学难点	根据原图片调整立体造型，特别是手工针部分	
参考课时	3课时	
教学准备	人台(每人一个)、所做立体造型、铅笔、尺子、剪刀、红笔、大头针	

续表

教学环节	教　师	学　生
	检查所做立体造型	
活动一 (25分钟)	(1)引导学生观察自己所做造型与原图片比较有哪些问题? (2)小组讨论,总结检查立体造型的各部位: ①各缝缝、省位倒向是否正确(纵向倒中间,横向倒上方,侧缝到后面); ②各缝缝缝合是否符合立体造型要求(侧盖中、上盖下、后盖前); ③肩线、侧缝、前后中缝是否与人台相应部位对齐; ④胸围线、腰围线是否对齐、水平; ⑤各弧线缝缝处是否平整; ⑥下摆各缝缝是否一样长; ⑦袖子造型是否与原图一致; ⑧袖子装得是否圆顺,袖山顶点是否与肩点重合; ⑨袖子是否前后倾斜; ⑩袖笼底的衣片或袖片是否平服; ⑪立青果领造型是否符合,外领圈是否长度是否合适; ⑫整体造型大小,长短是否符合人台及图片款式; ⑬手工针、大头针各针法是否符合立体造型手法; ⑭整体造型是否干净、平整	(1)观察自己所做造型在人台上比较图片有哪些问题? (2)小组讨论,总结检查立体造型的各部位。 (3)各小组同学交换检查,有问题处用铅笔标记
	修正所做立体造型	
活动二 (60分钟)	组织学生修正问题部位	(1)学生按标记逐一修正所做造型(手工针调整部位需拆掉线迹,重新定位、缝制)。 (2)修正部位用红笔重新画结构线
	检查修正后造型	
活动三 (25分钟)	检查要点: ①立体造型结构、大小,长短符合人台及原图片款式; ②各缝缝、省位倒向正确; ③各缝缝缝合符合立体造型要求; ④各衣片胸围线、腰围线对齐、水平; ⑤肩线、侧缝、前后中缝与人台相应部位对齐; ⑥各弧线缝缝处平整; ⑦下摆各缝缝一样长; ⑧袖子圆顺,无倾斜,造型与原图片一致; ⑨袖笼底部衣片或袖片平服; ⑩青果领平服,外领圈大小适中; ⑪手工针、大头针各针法符合立体造型手法; ⑫整体造型干净、平整	(1)小组同学交换互评。 (2)有问题的同学在其他同学的帮助下再次修正造型,调整修正线迹

续表

教学环节	教　师			学　生	
	修正结构图				
活动四 (43分钟)	指导学生依据立体造型修正结构图： ①拆下修正后的立体造型； ②对拆下的衣片熨烫平整； ③修正各衣片与相应纸质纸样重合，拓印修正部分，并画在纸样上			按步骤进行修正 正常情境： ①按步骤进行修正； ②所修正纸样与裁片版型一致吻合 意外情境： ①拓版时裁片移位，以至于所拓版型不准； ②结构修正部位没有用异色笔分开 错误情境： 没有按步骤做，主要是省掉了熨烫	
	检查修正后结构图				
活动五 (15分钟)	检查要点： ①调整后的结构图与调整后的裁片一致； ②调整部位用异色笔区分			(1)小组同学交换互评。 (2)有问题的同学在其他同学的帮助下再次修正结构图	
	小结评价				
	评价内容	评价标准			得分/等级
活动六 (15分钟)	活动三检查修正后造型	立体造型结构、大小、长短符合人台及图片款式，造型手法、针法符合立裁要求			85分以上
		立体造型结构、大小、长短较符合人台及图片款式，造型手法、针法较符合立裁要求(2处，含2处错误以内)			70~84分
		立体造型结构、大小、长短基本符合人台及图片款式，造型手法、针法基本符合立裁要求(4处，含4处错误以内)			60~69分
		立体造型结构、大小、长短基本不符合人台及图片款式，造型手法、针法基本不符合立裁要求(5处错误以上，含5处)			59分以下
	活动五检查修正后结构图	调整后的结构图与调整后的裁片一致，调整部位并用异色笔区分			85分以上
		调整后的结构图与调整后的裁片较一致，调整部位并用异色笔区分			70~84分
		调整后的结构图与调整后的裁片基本一致，调整部位未用异色笔区分			60~69分
		调整后的结构图与调整后的裁片基本不一致，调整部位未用异色笔区分			59分以下
布置作业 (2分钟)	(1)绘制调整后的上衣1∶5结构图1遍。 (2)教师给一款式图，学生分析结构并绘制出相应结构图				

步骤四　2011年全国职业院校技能大赛中职组服装设计制作试题——女式春夏时尚成衣结构造型

<table>
<tr><td rowspan="3">教学目标</td><td>知识目标</td><td>(1)能分析全国技能大赛的要求和目标；
(2)能进行女式春夏时尚成衣款式的结构造型</td></tr>
<tr><td>技能目标</td><td>(1)会准确领会大赛的评分标准；
(2)会正确分析款式图中结构造型变化；
(3)会根据女装原型画出款式结构图</td></tr>
<tr><td>素养目标</td><td>(1)培养学生学习,善于观察的能力；
(2)培养学生团队协作能力</td></tr>
<tr><td>教学重点</td><td colspan="2">分析全国技能大赛的评分标准</td></tr>
<tr><td>教学难点</td><td colspan="2">新原型基础上进行女式春夏时尚成衣结构造型</td></tr>
<tr><td>参考课时</td><td colspan="2">5课时</td></tr>
<tr><td>教学准备</td><td colspan="2">多媒体课件、人台(每组一个)、裁剪台</td></tr>
<tr><td>教学环节</td><td>教　师</td><td>学　生</td></tr>
<tr><td rowspan="2">活动一
(15分钟)</td><td colspan="2">视频《2011年我校选手在全国大赛场的风采》</td></tr>
<tr><td>通过观看视频让学生了解我校选手是如何在全国赛场上争金夺银的</td><td>(1)观看视频,分组讨论。
(2)让学生从中找到荣誉感,树立榜样,树立信心</td></tr>
<tr><td rowspan="2">活动二
(30分钟)</td><td colspan="2">2011年全国大赛作品分析</td></tr>
<tr><td>(1)为每组提供2011年全国职业院校技能大赛中职组服装设计制作试题:女式春夏时尚成衣结构造型样衣实物,如下图所示。

(2)分小组进行讨论结构分析和采集数据</td><td>(1)观察实物样衣外形的特征。
(2)分析款式结构造型和采集数据,作好记录
出错情境:
①学生实物观察不仔细；
②学生对款式造型和数据采集把握不准</td></tr>
</table>

教学环节	教 师	学 生
	女式春夏时尚成衣结构造型分析	
活动三 (45分钟)	（1）确定制图规格： | 号型	衣长 /cm	胸围 /cm	袖长 /cm	背长 /cm | |---|---|---|---|---| | 160/84A | 60 | 92 | 56 | 38 | （2）在新原型的基础上进行前后衣片结构造型，如下图1、图2所示： 图1 前衣片： ①根据款式在领圈处与驳口线起点处，通过BP点作第一条造型分割线； ②合并腰省形成完整造型面，进行第二条造型分割线； ③合并胸省量转移到领省处形成分割线； ④平移腰节上部省量到分割线处； ⑤袋位进行装饰分割，分割线上部部分还原到前夹中 后衣片： ①根据款式造型在后袖隆上确定分割点与腰省进行连省成缝造型； ②肩省处理：从小肩宽外肩端点处偏进肩省量即可	（1）每组提供所测量款式制图数据制定规格表。 （2）根据款式进行前后衣片分割线造型 意外情境： ①小组测量的数据不准确，导致制图不准； ②分割线造型不准确、不美观

续表

教学环节	教　师	学　生
活动三 (45 分钟)	女式春夏时尚成衣结构造型分析	
	 图 2	
	衣袖结构造型制图	
活动四 (45 分钟)	在新原型袖制图的基础上进行造型： ①原型一片袖的基础上进行二片袖结构造型； ②在原型袖山弧线的基础上抬高一定的量进行塔袖结构造型	(1)每组在原型袖的基础上进行二片袖造型。 (2)抬高袖山弧线进行塔袖造型 出错情境： ①学生无法进行一片袖转二片袖造型； ②抬高的量不准确，不是过高就是过低； ③塔袖造型不准
	衣领结构造型制图	
活动五 (45 分钟)	确定驳口线位置： ①根据款式领子造型在前片领口处进行造型； ②画出原型后领,测量后领圈、领圈外围长度； ③根据后领圈长度进行结构造型	(1)学生根据款式在衣片上进行领子造型。 (2)根据后领圈长度进行领子结构造型 出错情境： ①没有按要求确定驳口线位置； ②领子造型不准确； ③后领松斜度确定不准确

活动六 (45 分钟)	小结评价		
	评价内容	评价标准	得分/等级
	女式春夏时尚成衣结构造型	120 分钟内完成女式春夏时尚成衣结构造型,线条优美,标注准确	85 分以上
		120 分钟内完成女式春夏时尚成衣结构造型,线条不流畅	70~84 分
		120 分钟内完成女式春夏时尚成衣结构造型,款式造型有问题	60~69 分
		120 分钟无法完成女式春夏时尚成衣结构造型	60 分以下

步骤五　女式春夏时尚成衣立体造型

教学目标	知识目标	(1)能掌握面料纱向的灵活运用; (2)能熟练掌握手工假缝的手法及技巧
	技能目标	(1)会依据上衣变化结构图进行相应的立体造型; (2)会熟练运用手工假缝进行立体造型
	素养目标	(1)有精益求精的精神; (2)有耐心、恒心
教学重点		(1)依据上衣褶皱变化结构图进行相应的立体造型; (2)运用手工假缝进行立体造型
教学难点		依据上衣褶皱变化结构图进行相应的立体造型
参考课时		7课时
教学准备		人台(每人一个)、尺子、剪刀、胚布、大头针、手工针、线

教学环节	教　师	学　生
	分析上衣结构特点与造型	
活动一 (20分钟)	(1)展示原图片,学生分组讨论、分析其款式特点? (2)观察图片,学生讨论、分析其造型手法与面料要求	(1)分组讨论、分析原图片款式特点? ①领子上有细碎褶; ②袖子、口袋有大的较均匀褶 (2)讨论、分析原图片造型手法与面料要求? ①有碎褶和大的均匀褶,碎褶可在造型时直接用手工针完成;大的均匀褶要先用大头针固定,再造型; ②口袋的褶带斜度,可用斜纱做更易达到效果 意外情境: 因经验较少,特别是斜纱的运用,回答不上或不全原图片造型手法与面料要求
	立体造型准备工作	
活动二 (65分钟)	立体造型准备工作步骤(视频): ①剪纸样; ②熨烫胚布; ③在胚布上排版、画样、裁剪(用料2.8 m内)	按步骤做好立体造型准备工作。 正常情境: ①按步骤完成了立裁准备工作; ②用料在2.8 m以内 意外情境: ①剪纸样标记不齐全,导致裁片标记不齐; ②裁剪时纸样移位,导致裁片与纸样有误; ③胸围线、腰围线未画; ④排料浪费,2.8 m胚布不够用 出错情境: ①裁片丝缕不正或方向错误; ②裁片错误,出现多了、少了,或裁剪错误; ③口袋未用斜纱面料; ④大褶裥处缝头预留量不够

续表

教学环节	教 师	学 生
	手工针立体造型	
活动三 (200分钟)	(1)手工针立体造型部位。 ①衣身除侧缝、肩缝外,全部用手工针造型; ②衣袖、上袖笼线、衣身侧缝、肩缝用大头针造型 (2)辅导学生进行衣身立体造型(视频)。 ①在前后领弯、袖笼线、前后衣片弧线上打剪口(缝合在上的那块衣片弧线); ②熨烫后肩缝、后侧缝、后中缝、前门襟、前后衣片缝(缝合在上的那块衣片缝缝)、衣下摆; ③大头针固定口袋褶位及大小; ④用手工针缝合衣身各缝缝,包括口袋; ⑤用大头针缝合衣身侧缝、肩缝; ⑥穿上人台 (2)辅导学生进行领子造型。 ①手工针收领子碎褶,与驳领缝合; ②领子后中点与领弯后中点重合,手工针上领 (3)辅导学生进行衣袖造型。 ①熨烫后袖袖缝; ②大头针固定袖山褶位及大小; ③大头针缝合袖缝缝上袖; ④大头针上袖,袖笼腋下点与袖子腋下点重合,上袖子底端弧线;重合袖肩点,上袖笼弧线 (4)调整造型穿着效果	按要求、步骤进行立体造型。 正常情境: 造型式样与图片符合,结构与人体符合。 意外情境: ①结构图有问题,造型与图片有出入; ②裁片有丢失,导致造型不能完成; ③碎褶定位不准,两边效果不一致; ④大褶裥处理不好,褶效果不到位或两边不对称; ⑤手工针缝合处不平复 出错情境: ①缝缝熨烫错误,导致裁片缝合时缝头倒向反了; ②大头针运用手法错误; ③手工针运用手法错误; ④各衣片胸围线、腰围线没对齐; ⑤袖山弧线做褶后,长度与袖笼弧线有差异; ⑥各衣片下摆长短不齐

	小结评价		
	评价内容	评价标准	得分/等级
活动四 (15分钟)	活动五手工针立体造型	立体造型结构、大小,长短符合人台及图片款式,造型手法、针法符合立裁要求,皱褶处理漂亮、对称	85分以上
		立体造型结构、大小,长短较符合人台及图片款式,造型手法、针法较符合立裁要求,皱褶处理较漂亮、对称(2处,含2处错误以内)	70~84分
		立体造型结构、大小,长短基本符合人台及图片款式,造型手法、针法基本符合立裁要求,皱褶处理基本合格、对称(4处,含4处错误以内)	60~69分
		立体造型结构、大小,长短基本不符合人台及图片款式,造型手法、针法基本不符合立裁要求,皱褶处理不合格、对称(5处错误以上,含5处)	59分以下

步骤六　女式春夏时尚成衣纸样修正

教学目标	知识目标	能掌握大褶的做法与调整
	技能目标	(1)会根据原图片调整立体造型,特别是褶皱部分造型; (2)会根据调整的立体造型修正结构图
	素养目标	(1)有反复修改、调整的耐心; (2)有追求完美意识
教学重点	(1)根据原图片调整立体造型女式,特别是褶皱部分造型; (2)根据调整的立体造型修正结构图	
教学难点	根据原图片调整立体造型,特别是褶皱部分造型	
参考课时	4 课时	
教学准备	人台(每人一个)、所做立体造型、铅笔、尺子、剪刀、红笔、大头针	
教学环节	教　师	学　生
活动一 (25 分钟)	检查所做立体造型	
	(1)引导学生观察自己所做造型与原图片比较有哪些问题? (2)小组讨论,总结检查立体造型的各部位: ①各缝缝、省位倒向是否正确(纵向倒中间,横向倒上方,侧缝到后面); ②各缝缝缝合是否符合立体造型要求(侧盖中、上盖下、后盖前); ③肩线、侧缝、前后中缝是否与人台相应部位对齐; ④胸围线、腰围线是否对齐、水平; ⑤各弧线缝缝处是否平整; ⑥下摆各缝缝是否一样长; ⑦袖子造型是否与原图一致; ⑧袖子装得是否圆顺,袖山顶点是否与肩点重合; ⑨袖子是否前后倾斜; ⑩袖笼底的衣片或袖片是否平服; ⑪立青果领造型是否符合,外领圈长度是否合适; ⑫口袋造型是否与原图片一致; ⑬整体造型大小,长短是否符合人台及图片款式; ⑭手工针、大头针各针法是否符合立体造型手法; ⑮整体造型是否干净、平整	(1)观察自己所做造型在人台上比较图片有哪些问题? (2)小组讨论,总结检查立体造型的各部位。 (3)各小组同学交换检查,有问题处用铅笔标记

续表

教学环节	教　师	学　生
活动二 (60分钟)	修正所做立体造型	
	组织学生修正问题部位	(1)学生按标记逐一修正所做造型(手工针调整部位需拆掉线迹,重新定位、缝制)。 (2)修正部位用红笔重新画结构线
活动三 (25分钟)	检查修正后造型	
	检查要点如下: ①立体造型结构、大小、长短符合人台及原图片款式; ②各缝缝、省位倒向正确; ③各缝缝缝合符合立体造型要求; ④各衣片胸围线、腰围线对齐、水平; ⑤肩线、侧缝、前后中缝与人台相应部位对齐; ⑥各弧线缝缝处平整; ⑦下摆各缝缝一样长; ⑧袖子褶裥重叠均匀、袖山圆顺,无倾斜、两袖对称; ⑨袖笼底部衣片或袖片平服; ⑩青果领碎褶到位,缝合平服,对称,外领圈大小适中; ⑪口袋褶裥倾斜到位,重叠漂亮,两袋对称; ⑫手工针、大头针各针法符合立体造型手法; ⑬整体造型干净、平整	(1)小组同学交换互评。 (2)有问题的同学在其他同学的帮助下再次修正造型,调整修正线迹
活动四 (38分钟)	修正结构图	
	指导学生依据立体造型修正结构图。 ①拆下修正后的立体造型; ②对拆下的衣片熨烫平整; ③修正各衣片与相应纸质纸样重合,拓印修正部分,并画在纸样上	按步骤进行修正。 正常情境: ①按步骤进行修正; ②所修正纸样与裁片版型一致吻合 意外情境: ①拓版时裁片移位,以至于所拓版型不准; ②结构修正部位没有用异色笔分开; ③褶裥或碎褶位置标注不准确 错误情境: ①没有按步骤做,主要是省掉了熨烫; ②大褶处缝头位置不对或不够

教学环节	教　师		学　生
活动五 (15 分钟)	检查修正后结构图		
	检查要点: (1)调整后的结构图与调整后的裁片一致; (2)调整部位用异色笔区分		(1)小组同学交换互评。 (2)有问题的同学在其他同学的帮助下再次修正结构图
活动六 (15 分钟)	小结评价		
	评价内容	评价标准	得分/等级
	活动三检查 修正后造型	立体造型结构、大小,长短符合人台及图片款式,造型手法、针法符合立裁要求,皱褶处理漂亮、对称	85 分以上
		立体造型结构、大小,长短较符合人台及图片款式,造型手法、针法较符合立裁要求,皱褶处理较漂亮、对称	70~84 分
		立体造型结构、大小,长短基本符合人台及图片款式,造型手法、针法基本符合立裁要求,皱褶处理基本漂亮、对称	60~69 分
		立体造型结构、大小,长短基本不符合人台及图片款式,造型手法、针法基本不符合立裁要求,皱褶处理不漂亮、对称	59 分以下
	活动五检查 修正后结构 图	调整后的结构图与调整后的裁片一致,调整部位并用异色笔区分	85 分以上
		调整后的结构图与调整后的裁片较一致,调整部位并用异色笔区分	70~84 分
		调整后的结构图与调整后的裁片基本一致,调整部位未用异色笔区分	60~69 分
		调整后的结构图与调整后的裁片基本不一致,调整部位未用异色笔区分	59 分以下
布置 作业 (2 分钟)	(1)85 分以下学生绘制调整后的上衣 1∶5 结构图 1 遍。 (2)教师给一款式图,学生分析结构并绘制出相应结构图		

步骤七　考核评价

教学目标	知识目标	(1)能熟练掌握省道转移、合并、放量; (2)能熟悉评价标准
	技能目标	(1)会运用省道转移、合并、放量原理进行新造型; (2)会绘制常见变化衣身结构图; (3)会对常见衣身变化结构图进行立体造型
	素养目标	(1)有良好心态修正问题; (2)对事物有正确的判断力
教学重点	在规定的时间内按要求完成考核内容	

续表

教学难点	（1）在规定的时间内按要求完成考核内容； （2）对考核内容进行正确的评价	
参考课时	11 课时	
教学准备	牛皮纸、铅笔、尺子、软尺、人台、大头针、评价表	
教学环节	教　师	学　生
活动一 （155 分钟）	根据图片绘制 1∶1 结构图	
	学生根据图片分析衣身结构，150 分钟内完成 1∶1 结构图绘制，如下图所示 	根据图片，分析衣身结构并完成 1∶1 结构图 意外情境： ①胸省转移、腰省合并分析不清晰，导致结构图绘制纠结，时间拖长； ②下摆荷叶放量太大或不够； ③领子造型不准确 出错情境： 胸省合并、转移分析错误，导致结构图绘制错误
活动二 （20 分钟）	检查评价结构图	
	小组同学交换检查互评结构图	（1）检查互评结构图。 （2）检查中，在结构图有问题的地方做标记
	评价标准： ①是否有规格尺寸表；　　　　　　　　　　　　　　　5 分 ②各部位尺寸是否规格表相符；　　　　　　　　　　10 分 ③结构图各标注是否齐全、正确；　　　　　　　　　15 分 ④省位合并、转移过程是否正确、清晰；　　　　　　30 分 ⑤结构图造型符合原图片款式；　　　　　　　　　　20 分 ⑥结构图辅助线、结构线清晰明了；　　　　　　　　10 分 ⑦结构图整体完整、线条流畅、干净　　　　　　　　10 分	

教学环节	教　师	学　生
活动三 (20分钟)	修改结构图	
	组织学生修改结构图	有问题的同学,修正结构图
活动四 (255分钟)	手工针立体造型	
	学生根据结构图280分钟完成相应的立体造型 要求: ①衣身除侧缝、肩缝外,全部用手工针造型; ②衣身侧缝、肩缝、袖子、装袖都用大头针造型	根据结构图完成相应的立体造型 正常情境: ①立体造型与图片款式一致,造型大小与人台符合; ②立体造型各手法正确 意外情境: ①因结构图错误,导致立体造型与原图片不符; ②考核时间到了还没完成任务 出错情境: 立体造型手法出现错误
活动五 (30分钟)	检查评价立体造型	
	选4个不同层次的立体造型讲解其评价标准	听取教师讲解、分析立体造型与修正评价标准,并做好笔记
	上衣造型评价标准: ①画有丝缕方向、胸围线、腰围线;　　　　　　　5分 ②作品丝缕正确,胸围线、腰围线水平,接缝整齐;　15分 ③作品缝缝拼接正确、整齐;　　　　　　　　　10分 ④作品大头针各手法正确、漂亮;　　　　　　　10分 ⑤作品手工针手法正确、漂亮;　　　　　　　　20分 ⑥作品前后中缝、侧缝、肩缝与人台对齐;　　　　10分 ⑦作品完成后各主要数据与结构图保持一致;　　10分 ⑧作品视觉效果与原图片一致;　　　　　　　　10分 ⑨作品整体平整、干净、造型符合人台　　　　　10分	
活动六 (13分钟)	评价、统计	
	权重比例:衣身立体造型50%＋衣身纸样50%＝100%	

得　分	人数(班级总人数:　)	比　例
85分以上		
70～84分		
60～69分		
59分以下		

布置作业 (2分钟)	70～84分段学生绘制1∶5考核图片结构图1遍;60～69分段学生绘制2遍;60以下分段学生绘制3遍

任务三　自主设计女式上衣结构及造型

完成任务步骤及课时：

步　骤	教学内容	课　时
步骤一	自主设计上衣结构造型	5
步骤二	自主设计上衣立体造型	8
步骤三	自主设计上衣纸样修正	4
步骤四	小组自主设计上衣结构图练习	5
步骤五	考核评价	11
合　计		33

步骤一　自主设计女式时尚上衣结构造型

教学目标	知识目标	(1)能分析设计元素进行自主设计款式； (2)能根据设计图进行款式的结构造型	
	技能目标	(1)会根据提供的设计元素进行拓展设计； (2)会根据款式图进行结构造型变化	
	素养目标	(1)培养学生学习,善于观察的能力； (2)培养学生团队协作能力	
教学重点	收集分析设计元素进行设计		
教学难点	根据设计图进行女式时尚上衣结构造型		
参考课时	5课时		
教学准备	多媒体、课件、人台(每组一个)、裁剪台		
教学环节	教　师		学　生
活动一 (15分钟)	展示同学们的自主设计的作品		
	通过观看自己的设计作品,分析设计元素和结构造型特点		(1)观看作品,分组讨论。 (2)让学生从中找到自己设计作品的造型特点
活动二 (30分钟)	自主设计作品分析		
	(1)为每组展示自己设计的作品进行分析。 (2)分小组进行讨论结构分析和采集数据		(1)观察款式外形的特征。 (2)分析款式结构造型和采集数据,作好记录出错情境： ①学生图片观察不仔细； ②学生对款式造型和数据采集把握不准

续表

教学环节	教 师	学 生
活动三 (60分钟)	自主设计作品结构造型	
	(1)确定制图规格： <table><tr><td>号型</td><td>衣长 /cm</td><td>胸围 /cm</td><td>袖长 /cm</td><td>背长 /cm</td></tr><tr><td>160/84A</td><td>60</td><td>92</td><td>56</td><td>38</td></tr></table>(2)在新原型的基础上进行前后衣片结构造型 前衣片： ①合并胸省量,根据款式在领圈处与侧缝6 cm处作装饰连线,形成第一条造型分割线; ②在第一条造型分割线取点与腰省连省成缝,形成第二条造型分割线; ③胸省进行第二次转移形成分割线。 后衣片： ①根据款式造型在后袖隆上确定分割点与腰省进行连省成缝造型; ②肩省处理:从小肩宽外肩端点处偏进肩省量即可	(1)每组提供所测量款式制图数据制定规格表。 (2)根据款式进行前后衣片分割线造型 意外情境: ①小组测量的数据不准确,导致制图不准; ②分割线造型不准确、不美观
活动四 (45分钟)	衣袖结构造型制图	
	在新原型袖制图的基础上进行造型: 原型一片袖的基础上进行二片袖结构造型	每组在原型袖的基础上进行二片袖造型。 出错情境: ①学生无法进行一片袖转二片袖造型; ②袖山弧线不准确
活动五 (45分钟)	衣领结构造型制图	
	确定驳口线位置: ①根据款式领子造型在前片领口处进行造型; ②画出原型后领,测量后领圈、领圈外围长度; ③根据后领圈长度进行结构造型	(1)学生根据款式在衣片上进行领子造型。 (2)根据后领圈长度进行领子结构造型 出错情境: ①没有按要求确定驳口线位置; ②领子造型不准确; ③后领松斜度确定不准确
活动六 (30分钟)	小结评价	

评价内容	评价标准	得分/等级
女式春夏时尚成衣结构造型	150分钟内完成自主设计时尚成衣结构造型,线条优美,标注准确	85分以上
	150分钟内完成自主设计时尚成衣结构造型,线条不流畅	70~84分
	150分钟内完成自主设计时尚成衣结构造型,款式造型有问题	60~69分
	150分钟无法完成自主设计时尚成衣结构造型	60分以下

步骤二 自主设计女式时尚上衣立体造型

教学目标	知识目标	能分析自主设计图立体造型的步骤	
	技能目标	会根据自主设计图完成立体造型	
	素养目标	有自主学习的能量	
教学重点	根据自主设计图完成立体造型		
教学难点	根据自主设计图完成立体造型		
参考课时	8课时		
教学准备	人台(每组一个)、裁剪台、熨斗、大头针、手工针、线、胚布		
教学环节	教　师		学　生
	分析自主结构图		
活动一 (25分钟)	(1)组织学生自主分析结构图,思考怎样进行立体造型? (2)分组讨论从自主结构图到立体造型的可行性		(1)自主分析结构图,思考怎样进行立体造型。 (2)分组讨论从自主结构图到立体造型的可行性 意外情境: 从结构图到立体造型有同学的某些部位不可操作
	立体造型准备工作		
活动二 (60分钟)	立体造型准备工作步骤: ①剪纸样; ②熨烫胚布; ③在胚布上排版、画样、裁剪		立体造型准备工作步骤: ①剪纸样; ②熨烫胚布; ③在胚布上排版、画样、裁剪
	手工针立体造型		
活动三 (245分钟)	(1)手工针立体造型部位: ①衣身除侧缝、肩缝外,全部用手工针造型; ②衣袖、上袖笼线、衣身侧缝、肩缝用大头针造型 (2)根据自主款式进行立体造型: ①衣身立体造型; ②领子立体造型; ③袖子立体造型; ④整体做装		按要求、步骤进行立体造型。 正常情境: 造型式样与图片符合,结构与人体符合。 意外情境: ①结构图有问题,造型与图片有出入; ②裁片有丢失,导致造型不能完成; ③手法问题,两边效果不一致; ④手工针缝合处不平复 出错情境: ①缝缝熨烫错误,导致裁片缝合时缝头倒向反了; ②大头针运用手法错误; ③手工针运用手法错误; ④各衣片胸围线、腰围线没对齐; ⑤各衣片下摆长短不齐

教学环节	教　师		学　生
活动四 (20分钟)	检查自主立体造型		
	组织学生分组相互检查评价同学立体造型		分组相互检查评价同学立体造型
活动五 (10分钟)	小结评价		

小结评价表：

	评价内容	评价标准	得分/等级
活动五 (10分钟)	活动四检查自主立体造型	立体造型结构、大小、长短符合人台及图片款式,造型手法、针法符合立裁要求	85分以上
		立体造型结构、大小、长短较符合人台及图片款式,造型手法、针法较符合立裁要求(2处,含2处错误以内)	70~84分
		立体造型结构、大小、长短基本符合人台及图片款式,造型手法、针法基本符合立裁要求(4处,含4处错误以内)	60~69分
		立体造型结构、大小、长短基本不符合人台及图片款式,造型手法、针法基本不符合立裁要求(5处错误以上,含5处)	59分以下

步骤三　自主设计女式时尚上衣纸样修正

教学目标	知识目标	能掌握面料纱向的灵活运用
	技能目标	(1)会根据原图片调整立体造型,特别是褶皱部分造型; (2)会根据调整的立体造型修正结构图
	素养目标	(1)有反复修改、调整的耐心; (2)有追求完美的意识
教学重点		(1)根据原图片调整立体造型女式,特别是褶皱部分造型; (2)根据调整的立体造型修正结构图
教学难点		根据原图片调整立体造型,特别是褶皱部分造型
参考课时		4课时
教学准备		人台(每人一个)、所做立体造型、铅笔、尺子、剪刀、红笔、大头针

续表

教学环节	教 师	学 生
	检查所做立体造型	
活动一 (25分钟)	(1)引导学生观察自己所做造型与原图片比较有哪些问题? (2)小组讨论,总结检查立体造型的各部位: ①各缝缝、省位倒向是否正确(纵向倒中间,横向倒上方,侧缝到后面); ②各缝缝缝合是否符合立体造型要求(侧盖中、上盖下、后盖前); ③肩线、侧缝、前后中缝是否与人台相应部位对齐; ④胸围线、腰围线是否对齐、水平; ⑤各弧线缝缝处是否平整; ⑥下摆各缝缝是否一样长; ⑦袖子造型是否与原图一致; ⑧袖子装得是否圆顺,袖山顶点是否与肩点重合; ⑨袖子是否前后倾斜; ⑩袖笼底的衣片或袖片是否平服; ⑪衣领造型是否符合,外领圈长度是否合适; ⑫口袋造型是否与原图片一致; ⑬整体造型大小,长短是否符合人台及图片款式; ⑭手工针、大头针各针法是否符合立体造型手法; ⑮整体造型是否干净、平整	(1)观察自己所做造型在人台上比较图片有哪些问题? (2)小组讨论,总结检查立体造型的各部位。 (3)各小组同学交换检查,有问题处用铅笔标记
	修正所做立体造型	
活动二 (60分钟)	组织学生修正问题部位	(1)学生按标记逐一修正所做造型(手工针调整部位需拆掉线迹,重新定位、缝制)。 (2)修正部位用红笔重新画结构线
	检查修正后造型	
活动三 (25分钟)	检查要点: ①立体造型结构、大小,长短符合人台及原图片款式; ②各缝缝、省位倒向正确; ③各缝缝缝合符合立体造型要求; ④各衣片胸围线、腰围线对齐、水平; ⑤肩线、侧缝、前后中缝与人台相应部位对齐; ⑥各弧线缝缝处平整; ⑦下摆各缝缝一样长; ⑧袖子袖山圆顺,无倾斜、两袖对称; ⑨袖笼底部衣片或袖片平服; ⑩衣领缝合平服,对称,外领圈大小适中; ⑪口袋褶裥倾斜到位,重叠漂亮,两袋对称; ⑫手工针、大头针各针法符合立体造型手法; ⑬整体造型干净、平整	(1)小组同学交换互评。 (2)有问题的同学在其他同学的帮助下再次修正造型,调整修正线迹

教学环节	教　师	学　生
	修正结构图	
活动四 (38 分钟)	指导学生依据立体造型修正结构图： ①拆下修正后的立体造型； ②对拆下的衣片熨烫平整； ③修正各衣片与相应纸质纸样重合,拓印修正部分,并画在纸样上	按步骤进行修正 正常情境： ①按步骤进行修正； ②所修正纸样与裁片版型一致吻合 意外情境： ①拓版时裁片移位,以至于所拓版型不准； ②结构修正部位没有用异色笔分开 错误情境： 没有按步骤做,主要是省掉了熨烫
	检查修正后结构图	
活动五 (15 分钟)	检查要点： ①调整后的结构图与调整后的裁片一致； ②调整部位用异色笔区分	(1)小组同学交换互评。 (2)有问题的同学在其他同学的帮助下再次修正结构图

教学环节	小结评价			
活动六 (15 分钟)	评价内容	评价标准		得分/等级
	活动三检查 修正后造型	立体造型结构、大小,长短符合人台及图片款式,造型手法、针法符合立裁要求		85 分以上
		立体造型结构、大小,长短较符合人台及图片款式,造型手法、针法较符合立裁要求		70~84 分
		立体造型结构、大小,长短基本符合人台及图片款式,造型手法、针法基本符合立裁要求		60~69 分
		立体造型结构、大小,长短基本不符合人台及图片款式,造型手法、针法基本不符合立裁要求		59 分以下
	活动五检查 修正后结构 图	调整后的结构图与调整后的裁片一致,调整部位并用异色笔区分		85 分以上
		调整后的结构图与调整后的裁片较一致,调整部位并用异色笔区分		70~84 分
		调整后的结构图与调整后的裁片基本一致,调整部位未用异色笔区分		60~69 分
		调整后的结构图与调整后的裁片基本不一致,调整部位未用异色笔区分		59 分以下

教学环节		
布置 作业 (2 分钟)	(1)85 分以下学生绘制调整后的上衣 1∶5 结构图 1 遍。 (2)教师给一款式图,学生分析结构并绘制出相应结构图	

步骤四　女式时尚上衣结构图练习

教学目标	知识目标	(1)能自主设计女式时尚上衣； (2)能根据自主设计进行女式时尚上衣款式的结构造型
	技能目标	(1)会正确分析款式图中结构造型变化； (2)会根据女装原型画出款式结构图
	素养目标	(1)培养学生学习,善于观察的能力； (2)培养学生团队协作能力
教学重点	分析女式时尚上衣款式结构造型特点	
教学难点	进行女式时尚上衣款式结构造型变化	
参考课时	5 课时	
教学准备	多媒体、课件、人台(每组一个)、裁剪台	

教学环节	教　师	学　生
活动一 (15 分钟)	展示几组自主设计的女式时尚上衣款式图片	
	展示设计图片,让学生回答女式时尚上衣结构上有哪些不同？分割线是怎样表现的	(1)观看图片,分组讨论。 (2)从图片中找到分析款式中的表现形式 出错情境： ①学生观察不仔细,找不到不同之处； ②分析不到位,无法表达
活动二 (30 分钟)	时尚女式连衣裙款式结构分析	
	①为每组提供 2 张以上不同款式的女式时尚上衣样衣图片。 ②分小组进行结构分析和数据采集	(1)观察样衣外形的特征。 (2)分析款式结构造型和数据,作好记录 出错情境： (1)学生对图片观察不仔细。 (2)学生对款式造型和数据采集把握不准
活动三 (120 分钟)	分小组进行女式时尚上衣结构制图	
	(1)确定制图规格:根据款式确定规格。 (2)在新原型的基础上进行前后衣片结构造型	(1)每组提供所测量款式制图数据制定规格表。 (2)根据款式进行前后衣片结构制图 意外情境： ①小组测量的数据不准确,导致制图不准； ②结构造型不准确、不美观
活动四 (45 分钟)	小结评价		
	评价内容	评价标准	得分/等级
	时尚女式上衣款式结构造型	60 分钟内运用女装新原型按 1∶1 比例,进行女式时尚上衣结构造型。造型准确,线条流畅	85 分以上
		60 分钟内运用女装新原型按 1∶1 比例,进行女式时尚上衣结构造型。主辅线条不明显	70～84 分
		60 分钟内完成女式时尚上衣款式结构造型,造型有 2 处以上错误	60～69 分
		60 分钟内无法完成女式时尚上衣款式结构造型	60 分以下

步骤五　考核评价

教学目标	知识目标	(1)能熟练掌握省道转移、合并、放量； (2)能熟悉评价标准
	技能目标	(1)会运用省道转移、合并、放量原理进行新造型； (2)会绘制常见变化衣身结构图； (3)会对常见衣身变化结构图进行立体造型
	素养目标	(1)有良好心态修正问题； (2)对事物有正确的判断力
教学重点	在规定的时间内按要求完成考核内容	
教学难点	(1)在规定的时间内按要求完成考核内容； (2)对考核内容进行正确的评价	
参考课时	11课时	
教学准备	牛皮纸、铅笔、尺子、软尺、人台、大头针、评价表	

教学环节	教　师	学　生
活动一 (150分钟)	根据自主图片绘制1:1结构图	
	学生根据图片分析衣身结构,150分钟内完成1:1结构图绘制	根据图片,分析衣身结构并完成1:1结构图 意外情境： ①省位转移、腰省合并分析不清晰,导致结构图绘制纠结,时间拖长； ②有的部位造型不准确 出错情境： 省位合并、转移分析错误,导致结构图绘制错误
活动二 (240分钟)	手工针立体造型	
	学生根据结构图240分钟完成相应的立体造型要求： ①衣身除侧缝、肩缝外、全部用手工针造型； ②衣身侧缝、肩缝、袖子、装袖都用大头针造型	根据结构图完成相应的立体造型 正常情境： ①立体造型与图片款式一致,造型大小与人台符合； ②立体造型各手法正确 意外情境： ①因结构图错误,导致立体造型与原图片不符； ②考核时间到了还没完成任务 出错情境： 立体造型手法出现错误
活动三 (40分钟)	检查修正立体造型、纸样	
	学生40分钟完成对立体造型和纸样的修正	完成对立体造型和纸样的修正

续表

教学环节	教　师	学　生
	学习评价标注	
	选 4 个不同层次的立体造型、纸样讲解其评价标准	听取教师讲解、分析立体造型与修正评价标准，并做好笔记
活动四 (20 分钟)	（1）权重比例：上衣造型 60% + 纸样修正 40% = 100%。 （2）上衣造型评价标准： ①画有丝缕方向、胸围线、腰围线；　　　　　　　　　　　5 分 ②作品丝缕正确，胸围线、腰围线水平，接缝整齐；　　15 分 ③作品缝缝拼接正确、整齐；　　　　　　　　　　　　10 分 ④作品大头针各手法正确、漂亮；　　　　　　　　　　10 分 ⑤作品手工针手法正确、漂亮；　　　　　　　　　　　20 分 ⑥作品前后中缝、侧缝、肩缝与人台对齐；　　　　　　10 分 ⑦作品完成后各主要数据与结构图保持一致；　　　　　10 分 ⑧作品视觉效果与原图片一致；　　　　　　　　　　　10 分 ⑨作品整体平整、干净、造型符合人台　　　　　　　　10 分 （3）修正纸样评价标准： ①纸样造型与款式图造型一致；　　　　　　　　　　　15 分 ②纸样各部位尺寸与规格表一致；　　　　　　　　　　10 分 ③对位标记准确齐全：其中包括各部位对位标记、纱向标记等；　15 分 ④省道转移、合并、放量过程清晰、正确，标注齐全、规范；　20 分 ⑤结构线、辅助线清晰、明了；　　　　　　　　　　　10 分 ⑥结构图整体完整、线条流畅、画面干净；　　　　　　10 分 ⑦纸样调整部位与立体造型符合　　　　　　　　　　　20 分	

活动五 (40 分钟)	评价、统计		
	权重比例：衣身立体造型 50% + 衣身纸样 50% = 100%		
	得　分	人数（班级总人数：　）	比　例
	85 分以上		
	70 ~ 84 分		
	60 ~ 69 分		
	59 分以下		

布置 作业 (5 分钟)	70 ~ 84 分段学生绘制 1 : 5 考核图片结构图 1 遍；60 ~ 69 分段学生绘制 2 遍；60 分以下分段学生绘制 3 遍

项目五　女式连衣裙结构设计及造型

任务一　常见连衣裙结构及造型

完成任务步骤及课时：

步　骤	教学内容	课　　时
步骤一	女式时尚连衣裙结构造型	7
步骤二	考核评价	4
合　计		11

步骤一　女式时尚连衣裙结构造型

<table>
<tr><td rowspan="3">教学目标</td><td>知识目标</td><td>(1)能进行连衣裙原理分析及熟记各数据；
(2)能进行连衣裙款式的结构造型</td></tr>
<tr><td>技能目标</td><td>(1)会正确分析款式图中结构造型变化；
(2)会根据女装原型画出款式结构图</td></tr>
<tr><td>素养目标</td><td>(1)培养学生学习,善于观察的能力；
(2)培养学生团队协作能力</td></tr>
<tr><td>教学重点</td><td colspan="2">分析连衣裙款式结构造型特点</td></tr>
<tr><td>教学难点</td><td colspan="2">进行连衣裙款式结构造型变化</td></tr>
<tr><td>参考课时</td><td colspan="2">7课时</td></tr>
<tr><td>教学准备</td><td colspan="2">多媒体、课件、人台(每组一个)、裁剪台</td></tr>
<tr><td>教学环节</td><td>教　师</td><td>学　生</td></tr>
<tr><td rowspan="2">活动一
(15分钟)</td><td colspan="2" align="center">展示2组连衣裙图片</td></tr>
<tr><td>展示图片,让学生回答2组连衣裙有哪些不同? 在结构上是怎样表现的</td><td>(1)观看图片,分组讨论。
(2)从图片中找到分析款式中的表现形式
出错情境：
①学生观察不仔细,找不到不同之处；
②分析不到位,无法表达</td></tr>
<tr><td rowspan="2">活动二
(30分钟)</td><td colspan="2" align="center">时尚女式上衣款式结构分析</td></tr>
<tr><td>(1)为每组提供一件相同款式的时尚连衣裙样衣图片,如下图所示。

(2)分小组进行结构分析和数据采集</td><td>(1)观察样衣外形的特征。
(2)分析款式结构造型和数据,作好记录
出错情境：
①学生对图片观察不仔细；
②学生对款式造型和数据采集把握不准</td></tr>
</table>

续表

教学环节	教　师	学　生
活动三 (60分钟)	**前后连衣裙分割线造型** (1)确定制图规格： | 型号	衣长/cm	胸围/cm	背长/cm
---	---	---	---
160/84A	97	92	37 | (2)在新原型的基础上进行前后衣片结构造型,如下图1和图2所示。 前衣片： 图1 图2	(1)每组提供所测量款式制图数据制定规格表。 (2)根据款式进行前后衣片分割线造型 意外情境： ①小组测量的数据不准确,导致制图不准; ②分割线造型不准确、不美观

教学环节	教　师	学　生
	前后连衣裙分割线造型	
活动三 (60分钟)	①转移合并前胸省、腰省形成一个完整的造型面； ②根据款式在前衣片上画出造型分割线； ③二次转移前胸省，还原腰节量，形成分割造型 后衣片： ①根据原型腰省量确定腰省； ②根据前小肩宽，确定后小肩宽	

教学环节	教　师			学　生
活动四 (30分钟)	小结评价			

小结评价

	评价内容	评价标准	得分/等级
活动四 (30分钟)	时尚女式上衣款式结构造型	60分钟内运用女装新原型按1∶1比例，进行连衣裙结构造型。造型准确，线条流畅	85分以上
		60分钟内运用女装新原型按1∶1比例，进行连衣裙结构造型，主辅线条不明显	70~84分
		60分钟内完成连衣裙款式结构造型，造型有2处以上错误	60~69分
		60分钟内无法完成连衣裙款式结构造型	60分以下

步骤二　考核评价

教学目标	知识目标	(1)能进行常见连衣裙原理分析及熟记各数据； (2)能正确分析款式图中结构造型变化
	技能目标	会进行常见连衣裙款式的结构造型
	素养目标	(1)有善于观察的能力； (2)有一定的分析能力
教学重点	在规定的时间内完成常见连衣裙结构图的绘制	
教学难点	正确分析、绘制和评价连衣裙结构图	
参考课时	4课时	
教学准备	评价表、铅笔、A4纸、尺子	

教学环节	教　师	学　生
活动一 (45分钟)	复习常见连衣裙结构图	
	组织学生复习连衣裙结构图	复习连衣裙结构图

续表

教学环节	教　师	学　生
活动二 (90分钟)	常见连衣裙结构图绘制	
	学生90分钟绘制完成1∶5连衣裙结构图，如下图所示 	(1)观察样衣外形的特征。 (2)分析款式结构造型和数据，做好记录。 (3)绘制连衣裙结构图 出错情境： ①学生对图片观察不仔细； ②学生对款式造型和数据采集把握不准 意外情境： 在规定的时间内没有完成
活动三 (15分钟)	学习评价标准	
	选4份不同等级的结构图讲解其评价标准	听取教师讲解、分析不同等级的结构图评价标准，并做好笔记
	评价标准： 纸样造型与款式图造型一致；　　　　　　　　　　　　　　　15分 纸样各部位尺寸与规格表一致；　　　　　　　　　　　　　10分 对位标记准确齐全:其中包括各部位对位标记、纱向标记等；　15分 省道转移、合并、放量过程清晰、正确,标注齐全、规范；　40分 结构线、辅助线清晰、明了；　　　　　　　　　　　　　10分 结构图整体完整、线条流畅、画面干净　　　　　　　　　10分	
活动四 (25分钟)	评价、统计		

得　分	人数(班级总人数：　)	比　例
85分以上		
70~84分		
60~69分		
59分以下		

布置作业 (5分钟)	给出一连衣裙,学生绘制1∶5结构图

任务二 连衣裙结构设计及造型

步　骤	教学内容	课　时
步骤一	连衣裙结构解析	6
步骤二	2012年全国职业院校技能大赛中职组服装设计制作试题:女式春夏时尚连衣裙的结构造型	5
步骤三	女式春夏时尚连衣裙的立体造型	8
步骤四	女式春夏时尚连衣裙纸样修正	3
步骤五	考核评价	11
合　计		33

步骤一 连衣裙结构解析

教学目标	知识目标	(1)能进行连衣裙款式分析及准确记录数据; (2)能进行连衣裙款式的结构造型	
	技能目标	(1)会正确分析款式图中分割线的造型变化; (2)会根据女装原型画出款式结构图	
	素养目标	(1)培养学生学习,善于观察的能力; (2)培养学生团队协作能力	
教学重点	分析连衣裙款式结构造型的特点		
教学难点	进行连衣裙款式结构造型的变化		
参考课时	6课时		
教学准备	多媒体、课件、人台(每组一个)、裁剪台		
教学环节	教　师		学　生
活动一 (15分钟)	视频《2012年我校选手在市选拔赛上的风采》		
	播放视频,让学生感受到大赛的魅力和风采		(1)观看视频,分组讨论。 (2)从视频中找到同学们学习的榜样和荣誉感、使命感
活动二 (30分钟)	2012年选拔赛连衣裙款式结构分析		
	①为每组提供一件相同款式的时尚连衣裙样衣图片,如下图所示。 ②分小组进行结构分析和数据采集		(1)观察样衣外形的特征。 (2)分析款式结构造型和数据,做好记录 出错情境: ①学生对图片观察不仔细; ②学生对款式造型和数据采集把握不准

续表

教学环节	教　师	学　生
活动三 (110分钟)	**前后连衣裙腰省造型** (1)确定制图规格： | 型号	衣长 /cm	胸围 /cm	背长 /cm
---	---	---	---
160/84A	97	92	37 | (2)在新原型的基础上进行前后衣片结构造型,如下图所示 前衣片： ①转移合并前胸省、腰省形成一个完整的造型面； ②根据款式在前衣片上画出造型分割线； ③二次转移前胸省,还原腰节量,形成分割造型； ④转移合并腰省,重新确定省位,转移还原省量形成新的腰省 后衣片： ①根据原型腰省量转移确定腰省； ②根据前小肩宽,确定后小肩宽	(1)每组提供所测量款式制图数据制定规格表。 (2)根据款式进行前后连衣裙衣片分割线造型 意外情境： ①小组测量的数据不准确,导致制图不准； ②分割线造型不准确、不美观
活动四 (90分钟)	**学生根据提供的一款连衣裙进行结构造型** 让学生在60分钟完成连衣裙1∶5结构制图	(1)严格按照要求进行款式分析和采集数据。 (2)在新原型的基础上进行结构制图 出错情境： ①学生数据采集不准确,导致制图出错； ②学生款式分析不准,分割线造型有问题

教学环节	教　师		学　生	
活动五 (25分钟)	\multicolumn{4}{c}{小结评价}			

教学环节	评价内容	评价标准	得分/等级
活动五 (25分钟)	时尚女式上衣款式结构造型	90分钟内运用女装新原型按1∶5比例,进行连衣裙结构造型,造型准确,线条流畅	85分以上
		90分钟内运用女装新原型按1∶5比例,进行连衣裙结构造型,主辅线条不明显	70~84分
		90分钟内完成连衣裙款式的结构造型,造型有2处以上错误	60~69分
		90分钟内无法完成连衣裙款式的结构造型	60分以下

步骤二　2012年全国职业院校技能大赛中职组服装设计制作试题——女式春夏时尚连衣裙结构造型

教学目标	知识目标	(1)能根据大赛要求进行连衣裙款式分析及准确记录数据; (2)能了解连衣裙的评分标准
	技能目标	(1)会根据大赛的要求进行款式的设计和造型; (2)会根据女装原型画出款式结构图
	素养目标	(1)培养学生学习,善于观察的能力; (2)培养学生团队协作能力
教学重点	\multicolumn{2}{l}{根据大赛分析连衣裙款式结构造型特点}
教学难点	\multicolumn{2}{l}{分析连衣裙评分标准}
参考课时	\multicolumn{2}{l}{5课时}
教学准备	\multicolumn{2}{l}{多媒体、课件、人台(每组一个)、裁剪台}

教学环节	教　师	学　生
活动一 (15分钟)	\multicolumn{2}{c}{视频《2012年我校选手在市赛上的风采》}	
	播放视频,让学生感受到大赛的魅力和风采	(1)观看视频,分组讨论。 (2)从视频中找到同学们学习的榜样和荣誉感、使命感

续表

教学环节	教 师	学 生
活动二 (30分钟)	**2012年选拔赛连衣裙款式结构分析** ①为每组提供一件相同款式的时尚连衣裙样衣的图片,如下图所示。 ②分小组进行结构分析和数据采集	(1)观察样衣外形的特征。 (2)分析款式结构造型和数据,做好记录 出错情境: ①学生对图片观察不仔细; ②学生对款式造型和数据采集把握不准
活动三 (150分钟)	**前后连衣裙分割线造型** (1)确定制图规格: | 号型	衣长 /cm	胸围 /cm	背长 /cm
---	---	---	---
160/84A	97	92	37 | (2)在新原型的基础上进行前后连衣裙的结构造型,如下图1和图2所示 前裙片: ①转移合并前胸省、腰省形成一个完整的造型面; ②根据款式在前衣片上画出造型分割线; ③二次转移前胸省,还原腰节量,形成分割造型 后衣片: ①根据款式造型确定分割线; ②裙子平行展开3个褶裥	(1)每组提供所测量款式制图数据制定规格表。 (2)根据款式进行前后连衣裙衣片分割线造型 意外情境: ①小组测量的数据不准确,导致制图不准; ②分割线造型不准确、不美观

教学环节	教　师	学　生
	前后连衣裙分割线造型	
活动三 （150分钟）	 图1 图2	

续表

教学环节	教 师	学 生
活动四 (30分钟)	小结评价	

	评价内容	评价标准	得分/等级
	时尚女式上衣款式结构造型	1∶1连衣裙结构造型准确,线条流畅	85分以上
		1∶1连衣裙结构造型的主辅线条不明显有2处以上错误	70~84分
		1∶1连衣裙结构造型有4处以上错误	60~69分
		1∶1连衣裙结构造型有5处以上错误	60分以下

步骤三　女式春夏时尚连衣裙立体造型

教学目标	知识目标	能掌握连衣裙手工针褶皱立体造型手法
	技能目标	会依据连衣裙结构图进行相应的手工针立体造型
	素养目标	有举一反三的能力
教学重点	依据连衣裙结构图进行相应的手工针立体造型	
教学难点	依据连衣裙结构图进行相应的手工针立体造型	
参考课时	8课时	
教学准备	人台(每人一个)、尺子、剪刀、胚布、大头针、手工针、线	

教学环节	教 师	学 生
活动一 (20分钟)	展示、比较上件连衣裙和这件连衣裙	
	(1)展示两件连衣裙图片。 (2)学生讨论回答两种连衣裙外观的联系与区别	(1)观察两种造型实物。 (2)分小组回答两种造型外观的联系与区别? 联系:都是适身型连衣裙。 区别:上件造型以省为主,这件造型以开刀、褶为主
活动二 (30分钟)	分析连衣裙结构	
	(1)展示原图片,学生分组讨论、分析其款式特点? (2)观察图片,学生讨论、分析其造型步骤	(1)分组讨论、分析原图片款式特点? 前片胸有碎褶,有开刀线,有3个大的斜向褶; ②后片不对称,有3个均匀的纵向大褶 (2)造型步骤: ①先熨烫褶裥,把碎褶收好; ②手工缝合各裙片

教学环节	教　　师	学　　生
	立体造型准备工作	
活动三 (65分钟)	立体造型准备工作步骤(视频)： ①剪纸样； ②熨烫胚布； ③在胚布上排版、画样、裁剪(用料2 m内)	按步骤做好立体造型准备工作。 正常情境： ①按步骤完成立裁准备工作； ②用料在2 m以内 意外情境： ①剪纸样标记不齐全，导致裁片标记不齐； ②裁剪时纸样移位，导致裁片与纸样有误； ③褶裥为放量不够准确； ④褶裥为方向不准确； ⑤胸围线、腰围线未画； ⑥排料浪费，2 m胚布不够用
	手工针立体造型	
活动五 (200分钟)	(1)连衣裙整个造型全部用手工针完成。 (2)辅导学生进行裙身立体造型(视频)。 ①在前后领弯、袖笼线打剪口； ②熨烫各褶裥，前后裙片缝(缝合在上的那块衣片缝缝)、裙下摆； ③用手工针缝合碎褶、大头针固定大褶裥量与方向 (3)辅导学生组装连衣裙。 ①手工针缝合各裙片，留一侧缝、肩线不缝； ②上人台，缝合所留侧缝、肩缝 (4)调整造型穿着效果	按要求、步骤进行立体造型。 正常情境： 造型式样与图片符合,结构与人体符合。 意外情境： ①结构图有问题,造型与图片有出入； ②手工针缝合处不平复； ③褶裥方向或放量不够,臀围偏紧或裙片不平 出错情境： ①缝缝熨烫错误,导致裁片缝合时缝头倒向反了； ②手工针运用手法错误； ③褶裥倒向错误
	检查手工立体造型	
活动六 (30分钟)	学生分组检查手工立体造型检查要点： ①造型平整、干净； ②手工针法符合要求(线用单股,头子不打结,留6～8 cm,线迹：上0.2～0.4 cm,下1.5～3 cm,线迹离布边2.0～0.3 cm)； ③整体造型手法符合要求(上盖下、中盖侧、后盖前)； ④造型褶裥方向、放量是否与原图一致	分组检查手工立体造型

续表

教学环节	教　师	学　生
活动七 (15分钟)	活动五手工针立体造型	小结评价

	评价内容	评价标准	得分/等级
活动七 (15分钟)	活动五手工针立体造型	造型平整、干净,手工针手法符合要求,整体造型手法符合要求,褶皱漂亮	85分以上
		造型较平整、干净,手工针手法较基本符合要求,整体造型手法较符合要求,褶皱较漂亮(有2处,含2处问题)	70~84分
		造型基本平整、干净,手工针手法基本符合要求,整体造型手法基本符合要求,褶皱基本(有3处,含3处问题)	60~79分
		造型不平整、干净,手工针手法多数不符合要求,整体造型手法多数不符合要求(有4处,含4处以上问题)	60分以下

步骤四　女式春夏时尚连衣裙纸样修正

教学目标	知识目标	能熟练掌握手工针立体造型修正方法
	技能目标	(1)会根据原图片调整手工针立体造型,特别是褶皱; (2)会根据调整的立体造型修正结构图
	素养目标	(1)有反复修改、调整的耐心; (2)有追求完美意识
教学重点		(1)根据原图片调整立体造型,特别是褶皱部分造型; (2)根据调整的立体造型修正纸样
教学难点		根据原图片调整立体造型,特别是褶皱部分造型
参考课时		3课时
教学准备		人台(每人一个)、所做立体造型、铅笔、尺子、剪刀、红笔、大头针

教学环节	教 师	学 生
	检查所做立体造型	
活动一 (25分钟)	(1)引导学生观察自己所做造型与原图片比较有哪些问题? (2)小组讨论,总结检查立体造型的各部位: ①各缝缝、省位倒向是否正确(纵向倒中间,横向倒上方,侧缝到后面); ②各缝缝缝合是否符合立体造型要求(侧盖中、上盖下、后盖前); ③肩线、侧缝、前后中缝是否与人台相应部位对齐; ④胸围线、腰围线是否对齐、水平; ⑤下摆各缝缝是否一样长; ⑥碎褶是否均匀、到位; ⑦褶裥方向、褶量是否与图片一致; ⑧弧线缝合处及周围是否平服、前后领子弧线是否流畅,与原图片一致; ⑨整体造型大小,长短是否符合人台及图片款式; ⑩手工针各针法是否符合立体造型手法; ⑪整体造型是否干净、平整	(1)观察自己所做造型在人台上比较图片与有哪些问题? (2)小组讨论,总结检查立体造型的各部位。 (3)各小组同学交换检查,有问题处用铅笔标记
	修正所做立体造型	
活动二 (60分钟)	组织学生修正问题部位	(1)学生按标记逐一修正所做造型(手工针调整部位需拆掉线迹,重新定位、缝制)。 (2)修正部位用红笔重新画结构线
	检查修正后造型	
活动三 (25分钟)	检查要点: ①立体造型结构、大小,长短符合人台及原图片款式; ②各缝缝、褶裥倒向正确; ③各缝缝缝合符合立体造型要求; ④胸围线、腰围线、臀围线对齐、水平; ⑤肩线、侧缝、前后中缝与人台相应部位对齐; ⑥裙侧缝流畅; ⑦下摆各缝缝一样长; ⑧碎褶均匀、到位; ⑨褶裥方向、褶量与图片一致; ⑩领口弧线顺畅; ⑪手工针各针法符合立体造型手法; ⑫整体造型干净、平整	(1)小组同学交换互评。 (2)有问题的同学在其他同学的帮助下再次修正造型,调整修正线迹

续表

教学环节	教 师	学 生
	修正结构图	
活动四 (38分钟)	指导学生依据立体造型修正结构图： ①拆下修正后的立体造型； ②对拆下的衣片熨烫平整； ③修正各衣片与相应纸质纸样重合,拓印修正部分,并画在纸样上	按步骤进行修正。 正常情境： ①按步骤进行修正； ②所修正纸样与裁片版型一致吻合 意外情境： ①拓版时裁片移位,以至于所拓版型不准； ②结构修正部位没有用异色笔分开 错误情境： 没有按步骤做,主要是省掉了熨烫
	检查修正后结构图	
活动五 (15分钟)	检查要点： ①调整后的结构图与调整后的裁片一致； ②调整部位用异色笔区分	(1)小组同学交换互评。 (2)有问题的同学在其他同学的帮助下再次修正结构图

<table>
<tr><td colspan="4" align="center">小结评价</td></tr>
<tr><td rowspan="9">活动六
(15分钟)</td><td>评价内容</td><td>评价标准</td><td>得分/等级</td></tr>
<tr><td rowspan="4">活动三检查修正后造型</td><td>立体造型结构、大小,长短符合人台及图片款式,造型手法、针法符合立裁要求,褶皱漂亮</td><td>85分以上</td></tr>
<tr><td>立体造型结构、大小,长短较符合人台及图片款式,造型手法、针法较符合立裁要求,褶皱较漂亮</td><td>70~84分</td></tr>
<tr><td>立体造型结构、大小,长短基本符合人台及图片款式,造型手法、针法基本符合立裁要求,褶皱基本漂亮</td><td>60~69分</td></tr>
<tr><td>立体造型结构、大小,长短基本不符合人台及图片款式,造型手法、针法基本不符合立裁要求</td><td>59分以下</td></tr>
<tr><td rowspan="4">活动五检查修正后结构图</td><td>调整后的结构图与调整后的裁片一致,调整部位并用异色笔区分</td><td>85分以上</td></tr>
<tr><td>调整后的结构图与调整后的裁片较一致,调整部位并用异色笔区分</td><td>70~84分</td></tr>
<tr><td>调整后的结构图与调整后的裁片基本一致,调整部位未用异色笔区分</td><td>60~69分</td></tr>
<tr><td>调整后的结构图与调整后的裁片基本不一致,调整部位未用异色笔区分</td><td>59分以下</td></tr>
</table>

布置作业 (2分钟)	(1)85分以下学生绘制调整后的上衣1:5结构图1遍。 (2)教师给一款式图,学生分析结构并绘制出相应的结构图

步骤五　考核评价

教学目标	知识目标	(1)能根据裙装款式分析相应的连衣裙结构与造型; (2)能掌握连衣裙结构图、立体造型的评价标准	
	技能目标	(1)会根据提供的裙装款式进行相应的结构图绘制; (2)会根据结构图完成手工针立体造型; (3)会按标准评价标裙装结构图及立体造型	
	素养目标	(1)有正确的判断力; (2)有互相帮助的思想	
教学重点	(1)根据提供的裙装款式进行相应的结构图绘制; (2)按标准评价标裙装结构图及立体造型		
教学难点	依照评价标准如何给同学作出正确的评价		
参考课时	11 课时		
教学准备	评价表、人台、牛皮纸、铅笔、尺子等		
教学环节	教　师		学　生
	根据自主图片绘制1:1结构图		
活动一 (150分钟)	学生根据下图分析连衣裙结构,150分钟内完成1:1结构图绘制 		根据左图,分析连衣裙结构并完成1:1结构图。 意外情境: ①省位转移、下摆放量、自带袖分析不清晰,导致结构图绘制纠结,时间拖长; ②有的部位造型不准确 出错情境: 省位转移、下摆放量、自带袖分析错误,导致结构图绘制错误
	手工针立体造型		
活动二 (240分钟)	学生根据结构图240分钟完成相应的立体造型,要求全部用手工针假缝		根据结构图完成相应的立体造型。 正常情境: ①立体造型与图片款式一致,造型大小与人台符合; ②立体造型各手法正确 意外情境: ①因结构图错误,导致立体造型与原图片不符; ②考核时间到了还没完成任务 出错情境: 立体造型手法出现错误

续表

教学环节	教　师	学　生
活动三 (40 分钟)	检查修正立体造型、纸样	
	学生 40 分钟完成对立体造型和纸样的修正	完成对立体造型和纸样的修正
活动四 (20 分钟)	学习评价标注	
	选 4 个不同层次的立体造型、纸样讲解其评价标准	听取教师讲解、分析立体造型与修正评价标准,并做好笔记。
	(1)权重比例:连衣裙手工针造型 70% + 纸样修正 30% = 100%。 (2)连衣裙手工针造型评价标准: ①画有丝缕方向、胸围线、腰围线、臀围线;　　　　　　5 分 ②作品丝缕正确,胸围线、腰围线水平,接缝整齐;　　15 分 ③作品缝缝拼接正确、整齐;　　　　　　　　　　　　10 分 ④作品手工针手法正确、漂亮;　　　　　　　　　　　30 分 ⑤作品前后中缝、侧缝、肩缝与人台对齐;　　　　　　10 分 ⑥作品完成后各主要数据与结构图保持一致;　　　　　10 分 ⑦作品视觉效果与原图片一致;　　　　　　　　　　　10 分 ⑧作品整体平整、干净、造型符合人台　　　　　　　　10 分 (3)修正纸样评价标准: ①纸样造型与款式图造型一致;　　　　　　　　　　　15 分 ②纸样各部位尺寸与规格表一致;　　　　　　　　　　10 分 ③对位标记准确齐全;其中包括各部位对位标记、纱向标记等;　15 分 ④省道转移、合并、放量过程清晰、正确,标注齐全、规范;　20 分 ⑤结构线、辅助线清晰、明了;　　　　　　　　　　　10 分 ⑥结构图整体完整、线条流畅、画面干净;　　　　　　10 分 ⑦纸样调整部位与立体造型符合　　　　　　　　　　　20 分	

活动五 (40 分钟)	评价、统计		
	得　分	人数(班级总人数:　)	比　例
	85 分以上		
	70 ~ 84 分		
	60 ~ 69 分		
	59 分以下		

布置 作业 (5 分钟)	选同学连衣裙设计稿,完成 1∶5 结构图

任务三　自主设计连衣裙结构及造型

步　骤	教学内容	课　时
步骤一	自主设计连衣裙结构造型	5
步骤二	自主设计连衣裙立体造型	8
步骤三	自主设计连衣裙纸样修正	4
步骤四	小组自主设计连衣裙结构造型练习	5
步骤五	考核评价	11
合　计		33

步骤一　自主设计连衣裙结构造型

<table>
<tr><td rowspan="3">教学目标</td><td>知识目标</td><td colspan="2">(1)能自主设计连衣裙；
(2)能根据自主设计进行连衣裙款式的结构造型</td></tr>
<tr><td>技能目标</td><td colspan="2">(1)会正确分析款式图中结构造型变化；
(2)会根据女装原型画出款式结构图</td></tr>
<tr><td>素养目标</td><td colspan="2">(1)有善于观察的能力；
(2)有团队协作能力</td></tr>
<tr><td>教学重点</td><td colspan="3">分析连衣裙款式结构造型特点</td></tr>
<tr><td>教学难点</td><td colspan="3">进行连衣裙款式结构造型变化</td></tr>
<tr><td>参考课时</td><td colspan="3">5课时</td></tr>
<tr><td>教学准备</td><td colspan="3">多媒体、课件、人台(每组一个)、裁剪台</td></tr>
<tr><td>教学环节</td><td colspan="2">教　师</td><td>学　生</td></tr>
<tr><td rowspan="2">活动一
(15分钟)</td><td colspan="3">展示几组自主设计的连衣裙款式图片</td></tr>
<tr><td colspan="2">展示设计图片,让学生回答连衣裙结构上有哪些不同,分割线是怎样表现的</td><td>(1)观看图片,分组讨论。
(2)从图片中找到分析款式中的表现形式
出错情境：
①学生观察不仔细,找不到不同之处；
②分析不到位,无法表达</td></tr>
<tr><td rowspan="2">活动二
(30分钟)</td><td colspan="3">时尚女式连衣裙款式结构分析</td></tr>
<tr><td colspan="2">①为每组提供一件相同款式的时尚连衣裙样衣图片。
②分小组进行结构分析和数据采集</td><td>①观察样衣外形的特征。
②分析款式结构造型和数据,做好记录
出错情境：
①学生对图片观察不仔细；
②学生对款式造型和数据采集把握不准</td></tr>
</table>

续表

教学环节	教　师	学　生
活动三 (135 分钟)	前后裙片分割线造型	
	(1)确定制图规格： | 号型	衣长 /cm	胸围 /cm	背长 /cm
---	---	---	---
160/84A	97	92	37 | (2)在新原型的基础上进行前后衣片结构造型 前衣片： ①转移合并前胸省、腰省形成一个完整的造型面； ②根据款式在前衣片上画出造型分割线； ③二次转移前胸省，还原腰节量，形成分割造型 后衣片： ①根据原型腰省量确定腰省； ②根据前小肩宽，确定后小肩宽	(1)每组提供所测量款式制图数据制定规格表。 (2)根据款式进行前后衣片分割线造型 意外情境： ①小组测量的数据不准确，导致制图不准； ②分割线造型不准确、不美观

活动四 (45 分钟)	小结评价		
	评价内容	评价标准	得分/等级
	时尚女式连衣裙款式的结构造型	60 分钟内运用女装新原型按 1∶1 比例，进行连衣裙结构造型。造型准确，线条流畅	85 分以上
		60 分钟内运用女装新原型按 1∶1 比例，进行连衣裙结构造型，主辅线条不明显	70 ~ 84 分
		60 分钟内完成连衣裙款式的结构造型，造型有 2 处以上错误	60 ~ 69 分
		60 分钟内无法完成连衣裙款式结构造型	60 分以下

步骤二　自主设计连衣裙立体造型

教学目标	知识目标	能分析自主设计图立体造型的步骤
	技能目标	会根据自主连衣裙设计图完成立体造型
	素养目标	有自主学习的能力
教学重点	根据自主连衣裙设计图完成立体造型	
教学难点	根据自主连衣裙设计图完成立体造型	
参考课时	8 课时	
教学准备	人台(每组一个)、裁剪台、熨斗、大头针、手工针、线、胚布	

教学环节	教　师	学　生
	分析自主结构图	
活动一 (25分钟)	(1)组织学生自主分析结构图,思考怎样进行立体造型。 (2)分组讨论从自主结构图到立体造型的可行性	(1)自主分析结构图,思考怎样进行立体造型? (2)分组讨论从自主结构图到立体造型的可行性 意外情境: 从结构图到立体造型有同学的某些部位不可操作
	立体造型准备工作	
活动二 (60分钟)	立体造型准备工作及步骤: ①剪纸样; ②熨烫胚布; ③在胚布上排版、画样、裁剪	立体造型准备工作。 意外情境: ①胚布熨烫不平整; ②剪纸样标记不齐全,导致裁片标记不齐; ③裁剪时纸样移位,导致裁片与纸样有误; ④排料浪费,胚布不够用 出错情境: 排料纱向错误
	手工针立体造型	
活动三 (245分钟)	(1)手工针立体造型部位,要求整体用大头针完成。 (2)根据自主款式进行立体造型: ①裙前片立体造型; ②裙后片立体造型; ③整体做装	按要求、步骤进行立体造型。 正常情境: 造型式样与图片符合,结构与人体符合。 意外情境: ①结构图有问题,造型与图片有出入; ②裁片有丢失,导致造型不能完成; ③手法问题,两边效果不一致; ④手工针缝合处不平复 出错情境: ①缝缝熨烫错误,导致裁片缝合时缝头倒向反了; ②手工针运用手法错误; ③各裙片胸围线、腰围线、臀围线没对齐; ④各裙片下摆长短不齐
活动四 (20分钟)	检查自主立体造型	
	组织学生分组相互检查评价同学立体造型	分组相互检查评价同学立体造型

续表

教学环节	教　师			学　生
	小结评价			
	评价内容	评价标准		得分/等级
活动六 (10分钟)	活动四检查自主立体造型	立体造型结构、大小、长短符合人台及图片款式,造型手法、针法符合立裁要求		85分以上
		立体造型结构、大小,长短较符合人台及图片款式,造型手法、针法较符合立裁要求(2处,含2处错误以内)		70~84分
		立体造型结构、大小,长短基本符合人台及图片款式,造型手法、针法基本符合立裁要求(4处,含4处错误以内)		60~69分
		立体造型结构、大小,长短基本不符合人台及图片款式,造型手法、针法基本不符合立裁要求(5处错误以上,含5处)		59分以下

步骤三　自主设计连衣裙纸样修正

教学目标	知识目标	能熟练掌握连衣裙立体造型的修正方法
	技能目标	(1)会根据原图片调整连衣裙立体造型; (2)会根据调整的立体造型修正结构图
	素养目标	(1)有自我判断能力; (2)有追求完美的意识
教学重点		(1)根据原图片调整连衣裙立体造型; (2)根据调整的立体造型修正结构图
教学难点		根据原图片调整连衣裙立体造型
参考课时		4课时
教学准备		人台(每人一个)、所做立体造型、铅笔、尺子、剪刀、红笔、大头针

教学环节	教　师	学　生
	检查所做立体造型	
活动一 (25分钟)	(1)引导学生观察自己所做造型与原图片比较有哪些问题? (2)小组讨论,总结检查立体造型的各部位: ①各缝缝、省位倒向是否正确(纵向倒中间,横向倒上方,侧缝到后面); ②各缝缝缝合是否符合立体造型要求(侧盖中、上盖下、后盖前); ③肩线、侧缝、前后中缝是否与人台相应部位对齐; ④胸围线、腰围线、臀围线是否对齐、水平; ⑤各弧线缝缝处是否平整; ⑥下摆各缝缝是否一样长; ⑦袖子造型是否与原图一致; ⑧衣领造型是否符合,外领圈是否长度是否合适; ⑨整体造型大小,长短是否符合人台及图片款式; ⑩手工针各针法是否符合立体造型手法; ⑪整体造型是否干净、平整	(1)观察自己所做造型在人台上比较图片有哪些问题? (2)小组讨论,总结检查立体造型的各部位。 (3)各小组同学交换检查,有问题处用铅笔标记

教学环节	教　师	学　生
活动二 (60分钟)	修正所做立体造型	
	组织学生修正问题部位	(1)学生按标记逐一修正所做造型(手工针调整部位需拆掉线迹,重新定位、缝制)。 (2)修正部位用红笔重新画结构线
活动三 (25分钟)	检查修正后造型	
	检查要点: ①立体造型结构、大小,长短符合人台及原图片款式; ②各缝缝、省位倒向正确; ③各缝缝缝合符合立体造型要求; ④各衣片胸围线、腰围线、臀围线对齐、水平; ⑤肩线、侧缝、前后中缝与人台相应部位对齐; ⑥各弧线缝缝处平整; ⑦下摆各缝缝一样长; ⑧衣领缝合平服,对称,外领圈大小适中; ⑨口袋褶裥倾斜到位,重叠漂亮,两袋对称; ⑩手工针各针法符合立体造型手法; ⑪整体造型干净、平整	(1)小组同学交换互评。 (2)有问题的同学在其他同学的帮助下再次修正造型,调整修正线迹
活动四 (38分钟)	修正结构图	
	指导学生依据立体造型修正结构图: ①拆下修正后的立体造型; ②对拆下的衣片熨烫平整; ③修正各衣片与相应纸质纸样重合,拓印修正部分,并画在纸样上	按步骤进行修正。 正常情境: ①按步骤进行修正; ②所修正纸样与裁片版型一致吻合 意外情境: ①拓版时裁片移位,以至于所拓版型不准; ②结构修正部位没有用异色笔分开 错误情境: 没有按步骤做,主要是省掉了熨烫
活动五 (15分钟)	检查修正后结构图	
	检查要点: ①调整后的结构图与调整后的裁片一致; ②调整部位用异色笔区分	(1)小组同学交换互评。 (2)有问题的同学在其他同学的帮助下再次修正结构图

续表

教学环节	教　师		学　生	
	小结评价			
	评价内容	评价标准		得分/等级
活动六 (15分钟)	活动三检查 修正后造型	立体造型结构、大小、长短符合人台及图片款式,造型手法、针法符合立裁要求		85分以上
		立体造型结构、大小、长短较符合人台及图片款式,造型手法、针法较符合立裁要求		70~84分
		立体造型结构、大小、长短基本符合人台及图片款式,造型手法、针法基本符合立裁要求		60~69分
		立体造型结构、大小、长短基本不符合人台及图片款式,造型手法、针法基本不符合立裁要求		59分以下
	活动五检查 修正后结构 图	调整后的结构图与调整后的裁片一致,调整部位并用异色笔区分		85分以上
		调整后的结构图与调整后的裁片较一致,调整部位并用异色笔区分		70~84分
		调整后的结构图与调整后的裁片基本一致,调整部位未用异色笔区分		60~69分
		调整后的结构图与调整后的裁片基本不一致,调整部位未用异色笔区分		59分以下
布置 作业 (2分钟)	(1)85分以下学生绘制调整后的上衣1∶5结构图1遍; (2)教师给一款式图,学生分析结构并绘制出相应结构图			

步骤四　小组自主设计连衣裙结构图练习

教学目标	知识目标	(1)能自主设计连衣裙; (2)能根据自主设计进行连衣裙款式的结构造型
	技能目标	(1)会正确分析款式图中结构造型变化; (2)会根据女装原型画出款式结构图
	素养目标	(1)培养学生学习,善于观察的能力; (2)培养学生团队协作能力
教学重点	分析连衣裙款式结构造型特点	
教学难点	进行连衣裙款式结构造型变化	
参考课时	5课时	
教学准备	多媒体、课件、人台(每组一个)、裁剪台	

续表

教学环节	教　师		学　生	
活动一 (15 分钟)	展示几组自主设计的连衣裙款式图片			
	展示设计图片,让学生回答连衣裙结构上有哪些不同,分割线是怎样表现的		(1)观看图片,分组讨论。 (2)从图片中找到分析款式中的表现形式 出错情境: ①学生观察不仔细,找不到不同之处; ②分析不到位,无法表达	
活动二 (30 分钟)	时尚女式连衣裙款式结构分析			
	(1)为每组提供 2 款以上不同款式的时尚连衣裙样衣图片。 (2)分小组进行结构分析和数据采集		(1)观察样衣外形的特征。 (2)分析款式结构造型和数据,做好记录 出错情境: ①学生图片观察不仔细; ②学生对款式造型和数据采集把握不准	
活动三 (120 分钟)	分小组进行连衣裙结构制图			
	(1)确定制图规格:根据款式确定规格; (2)在新原型的基础上进行前后裙片结构造型		(1)每组提供所测量款式制图数据制定规格表。 (2)根据款式进行前后裙片结构制图 意外情境: ①小组测量的数据不准确,导致制图不准; ②结构造型不准确、不美观	
活动四 (45 分钟)	小结评价			
	评价内容	评价标准		得分/等级
	时尚女式上衣款式结构造型	60 分钟内运用女装新原型按 1:1 比例,进行连衣裙结构造型,造型准确,线条流畅		85 分以上
		60 分钟内运用女装新原型按 1:1 比例,进行连衣裙结构造型,主辅线条不明显		70～84 分
		60 分钟内完成连衣裙款式结构造型,造型有 2 处以上错误		60～69 分
		60 分钟内无法完成连衣裙款式结构造型		60 分以下

步骤五　考核评价

教学目标	知识目标	(1)能根据自主设计连衣裙款分析相应的结构与造型; (2)能熟练掌握连衣裙结构图、立体造型的评价标准
	技能目标	(1)会根据自主设计裙装款式进行相应的结构图绘制; (2)会根据结构图完成手工针的立体造型; (3)会按标准评价裙装的结构图及立体造型
	素养目标	(1)有正确的判断力; (2)有互相帮助、督促的美德

教学环节	教　师	学　生
教学重点	(1)根据自主设计裙装款式进行相应的结构图绘制； (2)按标准评价标裙装结构图及立体造型	
教学难点	依照评价标准如何给同学作品作出正确的评价	
参考课时	11 课时	
教学准备	评价表、人台、牛皮纸、铅笔、尺子等	
教学环节	教　师	学　生
活动一 (150 分钟)	根据自主图片绘制 1∶1 结构图	
	学生根据自主设计连衣裙款分析其结构，150 分钟内完成 1∶1 结构图绘制	根据图片，分析连衣裙结构并完成 1∶1 结构图。 意外情境： ①设计图绘制结构不清，导致结构图绘制纠结，时间拖长； ②有的部位造型不准确 出错情境： 省位转移、合并、放量、造型灯分析错误，导致结构图绘制错误
活动二 (240 分钟)	手工针立体造型	
	学生根据结构图 240 分钟完成相应的立体造型，要求全部用手工针假缝	根据结构图完成相应的立体造型。 正常情境： ①立体造型与图片款式一致，造型大小与人台符合； ②立体造型各手法正确 意外情境： ①因结构图错误，导致立体造型与原图片不符； ②考核时间到了还没完成任务 出错情境： 立体造型手法出现错误
活动三 (40 分钟)	检查修正立体造型、纸样	
	学生 40 分钟完成对立体造型和纸样的修正	完成对立体造型和纸样的修正
活动四 (20 分钟)	学习评价标注	
	选 4 个不同层次的立体造型、纸样讲解其评价标准	听取教师讲解、分析立体造型与修正评价标准，并做好笔记

教学环节	教　师	学　生
	学习评价标注	
活动四 (20分钟)	(1)权重比例:连衣裙手工针造型70% + 纸样修正30% =100%。 (2)连衣裙手工针造型评价标准: ①画有丝缕方向、胸围线、腰围线、臀围线;　　　　　　　5分 ②作品丝缕正确,胸围线、腰围线、臀围线水平,接缝整齐;　15分 ③作品缝缝拼接正确、整齐;　　　　　　　　　　　　　10分 ④作品手工针手法正确、漂亮;　　　　　　　　　　　　30分 ⑤作品前后中缝、侧缝、肩缝与人台对齐;　　　　　　　10分 ⑥作品完成后各主要数据与结构图保持一致;　　　　　　10分 ⑦作品视觉效果与原图片一致;　　　　　　　　　　　　10分 ⑧作品整体平整、干净、造型符合人台　　　　　　　　　10分 (3)修正纸样评价标准: ①纸样造型与款式图造型一致;　　　　　　　　　　　　15分 ②纸样各部位尺寸与规格表一致;　　　　　　　　　　　10分 ③对位标记准确齐全:其中包括各部位对位标记、纱向标记等;　15分 ④省道转移、合并、放量过程清晰、正确,标注齐全、规范;　20分 ⑤结构线、辅助线清晰、明了;　　　　　　　　　　　　10分 ⑥结构图整体完整、线条流畅、画面干净;　　　　　　　10分 ⑦纸样调整部位与立体造型符合　　　　　　　　　　　　20分	

活动五 (40分钟)	评价、统计		
	得　分	人数(班级总人数:)	比　例
	85分以上		
	70~84分		
	60~69分		
	59分以下		

布置 作业 (5分钟)	70~84分段学生绘制1∶5考核图片结构图1遍;60~69分段学生绘制2遍;60以下分段学生绘制3遍	

服装设计基础

一、整体教学设计

本课程围绕国家示范高职院校专业课程建设的目标与任务及服装设计专业人才培养方案、课程标准进行整体教学设计,整个课程分为 5 个学习项目,108 基准学时,从构成服装外观美的几个因素入手,逐个进行设计。其中款式设计分为服装局部设计和产品款式设计两个项目,让学生从局部到整体、由浅入深。在产品款式设计里按企业流程先信息收集、制订产品设计方案,再到产品设计。服装色彩设计重在色彩的搭配和色彩设计、服装图案以及服装材料在服装中的运用。每个学习都是通过完成项目下的任务(包括专业知识的学习和专业技能的训练),最终实施并完成学习项目。

二、单元教学设计

项目一　服装款式局部设计

本教学项目采用多媒体展示与学生实际操作相结合,让学生了解服装廓形,并掌握如何汲取别人设计中的精华并巧妙地运用到自己的设计中。

主要教学内容:服装外廓型设计;服装零部件设计。

项目二　服装产品款式设计

本教学项目主要在市场和教室进行,以任务教学为主,要求学生根据产品要求和市场信息,从产品资料收集到最终完成产品款式设计。

主要教学内容:

1)产品信息收集(上衣);服装产品款式设计方案(上衣);服装产品款式设计(上衣)。

2)产品信息收集(连衣裙);服装产品款式设计方案(连衣裙);服装产品款式设计(连衣裙)。

项目三　服装产品色彩设计

本教学项目多采用多媒体展示与学生实际操作相结合,要求学生能够认识色彩、熟悉色彩,最终能进行色彩搭配。

主要教学内容:认识色彩;色彩搭配;服装产品色彩设计。

项目四　服装产品图案

本教学项目为学生实际操作为主,根据典型的图案,让学生了解各图案构成形式和特点,以及能够做到给出一组图案和款式图,根据图案、服装风格,把图案运用到相应的服装及部位中。

主要教学内容:认识图案;服装产品图案设计;服装产品服装图案运用。

项目五　服装材料

本项目教学为学生实物观察和实际训练为主,通过观察面料,了解面料特点及各种再造手法,并能结合服装款式,把面料再造运用服装到相应部位。

主要教学内容:认识服装材料;服装材料应用搭配。

三、教学方案设计

项目一　服装款式局部设计

任务一　服装外廓型设计

完成任务步骤及课时:

步　骤	教学内容	课　时
步骤一	服装外廓型设计	3
步骤二	服装内部线条与细节设计	2
步骤三	考核评价	1
合　计		6

步骤一　服装外廓型设计

教学目标	知识目标	(1)能了解服装外轮廓形的种类和特点; (2)能了解和认识服装款式造型的基本要素及其在服装中的运用
	技能目标	会各种服装廓型的绘制、设计
	素养目标	有主动探索、归纳总结的能力
教学重点		能运用形式美原理设计服装轮廓
教学难点		能进行各种服装廓型的绘制
参考课时		3课时
教学准备		多媒体,课件,纸,笔,直尺

续表

教学环节	教　师	学　生
	20 世纪服装廓型演变过程	
活动一 (30 分钟)	(1)用多媒体播放一组视频和图片让学生来说说该组服装在外形上有什么不同,引起学生的学习兴趣。 (2)展示本堂课的目标任务——20 世纪服装廓形的演变过程。 (3)教师将 20 世纪服装廓形的演变过程一一列出,让学生分小组将 20 世纪服装廓形的演变过程编成一个故事讲出来。让学生在编故事和讲故事的过程中了解 20 世纪服装廓形是怎样演变的,中间经历了些什么,以及演变的特点	(1)通过视频和图片资料吸引学生注意力和学习兴趣。 (2)通过教师展示明确本堂课学什么,做到心中有数。 (3)学生通过分小组讨论,将 20 世纪服装廓形的演变过程作为故事讲出来,在编故事和讲故事的过程中了解 20 世纪服装廓形是怎样演变的,中间经历了些什么,以及演变的特点 20 世纪服装廓形的演变过程: ①1900—1914 年维多利亚时期,被称作"奢华年代",这个时期穿着紧身胸衣的女装廓形是 S 形货沙漏形; ②1914 年第一次世界大战爆发,法国设计师创造出蹒跚裙; ③1920 年代一个被称作"男孩子式"的新廓形出现了,这一时期的廓形是平胸、平臀、宽肩、低腰,到小腿的裙子; ④20 世纪 30 年经济大萧条,宽肩、细腰、喇叭形长裙; ⑤1940 年第二次世界大战爆发,军装外观,厚厚的垫肩搭配使用的及膝裙; ⑥20 世纪 50 年代柔软的宽肩、带有胸衣的细腰和丰满的臀部; ⑦1960 年代以 A 型及不同长度的衬衫裙迷你裙为代表; ⑧20 世纪 70 年以廓形更为轻松修长,套头衫下摆呈喇叭形,喇叭裤搭配后鞋底; ⑨1980 年是大垫肩、宽腰带、及膝窄裙和尖头鞋; ⑩1990 年是时髦的、性感的两件式裤套装 意外情境: 理解不能结合实际背景,造成特点理解混乱

教学环节	教 师	学 生
	服装最常见的廓形	
活动二 (25分钟)	(1)用图片展示服装最常见的几种廓型,学生分成7个小组,每个小组讨论并说出一种廓形的特点。 (2)所有组说完之后,同学补充,教师总结,让学生自主学习,最终了解掌握A型、H型、X型、T型、O型、V型和S型等基本廓形的特征和造型特点	学生观看图片时思考,分组讨论时自主学习,最终让学生自己总结出A型、H型、X型、T型、O型、V型和S型等基本廓形的特征和造型特点。 ①A形:上窄下宽,典型款式有披风、斜群等; ②H型:属于宽松型服装,肩、腰、臀、下摆的宽度基本相同,如直裙、大衣等; ③X型:外形轮廓变化大,如旗袍、小喇叭裤等; ④T型:上宽下窄,如夹克、靴裤等; ⑤O型:上下收紧中间饱满,呈圆润的O型; ⑥V型:肩部较宽,下面逐渐变窄; ⑦S型:胸、臀围度适中而腰围收紧 意外情境; ①对廓型不太明显的区分不清楚; ②廓形特点搞混淆
	绘制基本服装廓型	
活动三 (25分钟)	用多媒体展示各种服装图片,让学生用几何形的形式快速的绘制出服装的廓型	看图片,用几何形快速的绘制出服装的廓型 意外情境: 绘制的廓型不正确
	用基本服装廓型进行设计	
活动四 (45分钟)	(1)将学生分成7组,分别运用A型、H型、X型、T型、O型、V型和S型设计一款服装,并用点、线、面对其进行装饰,抽签决定每组设计说明廓形。 (2)设计要求:首先符合所抽到的廓形,其次美观时尚	(1)7组学生分别画出本组抽到的廓形,每位同学都画,然后小组讨论,综合好的设计点设计一款服装,并请学习组长讲解设计思路。 (2)每组讲解完设计思路之后,评价小组对本组和其他组进行点评。 (3)综合评价之后选出最优秀小组 意外情境: ①设计的款式廓型模棱两可; ②设计时一味顾廓形,设计出来的服装不美观
活动五 (5分钟)	课后练习与巩固: 每位同学任选3种服装廓形设计服装	要求: 符合所抽到的廓形,美观时尚

续表

教学环节	教　师			学　生
活动六 （5分钟）	小结评价			
	评价内容	评价标准		得分/等级
	活动三绘制基本服装廓形	给出一组图片,学生根据图片能准确地绘制其相应的外廓形		优
		给出一组图片,学生根据图片能基本准确地绘制其相应的外廓形		良
		给出一组图片,学生根据图片部分能准确地绘制其相应的外廓形		中
		给出一组图片,学生根据图片不能准确地绘制其相应的外廓形		差
	活动四用基本服装廓形进行设计	能准确地用几种基本廓形设计出廓形明确,表现优美的服装款式		优
		能准确地用几种基本廓形设计出廓形明确的服装款式		良
		设计的服装与廓形基本合理		中
		设计的服装与廓形不合理		差

步骤二　服装内部线条与细节设计

教学目标	知识目标	（1）能了解服装内部结构线； （2）能了解和认识各种服装结构线条的类型及其在服装中的运用
	技能目标	会通过服装内部线条的设计进行款式变化
	素养目标	有主动探索、归纳总结的能力
教学重点	能进行不同类型的内部线条的设计	
教学难点	能通过内部线条的设计进行款式变化	
参考课时	2课时	
教学准备	多媒体,课件,纸,笔,直尺	

续表

教学环节	教　师	学　生
	服装内部结构线	
活动一 (20分钟)	(1)用多媒体播放一组图片,让学生来说说该组服装的内部结构线有什么不同,各种内部结构线分别叫什么。 (2)展示本堂课的目标任务: ①能了解服装内部结构线; ②能了解和认识各种服装结构线条的类型及其在服装中的运用; ③会通过服装内部线条的设计进行款式变化 (3)老师总结	(1)通过视频和图片资料吸引学生注意力和学习兴趣。 (2)通过展示老师展示的目标任务明确本堂课学什么,做到心中有数。 (3)学生通过分小组讨论,然后分小组来说出看到的该组服装的内部结构线以及分别叫什么。 (4)最后根据每组说的来总结: ①省道线设计是指为了让服装贴合人体而采用的一种塑形方法; ②分割线是根据服装的款式要求和其功能性将服装分割成几部分,然后进行缝合成一件合体美观的服装; ③褶在服装中的运用将布进行不同形式的折叠,折叠后形成各式各样的线条形状,有的规则有韵律,有的随意自然 意外情境: ①分不清楚一些复杂的内部结构线; ②看到部分省道线和分割线叫不出名字; ③小组总结出的内容太少,讨论不够积极
	服装线条类型	
活动二 (15分钟)	用图片展示不同类型的线条的服装,让学生分组讨论不同类型线条给人的不同感受	学生观看图片时思考,分组讨论时自主学习,最终让学生自己总结: (1)直线给人理性、阳刚、简洁、果断的感觉,常用于男装、职业装、中性化的服装设计中。 (2)曲线流畅的线条让现代人觉得唯美,曲线具有阴柔的感觉,从古至今曲线就是女性的象征 意外情境: ①区分不清楚线条类型; ②总结不全面
	运用服装线条进行设计	
活动三 (25分钟)	布置设计任务: 在同一款服装上分别用直线、曲线进行设计6款服装,分析运用在服装上的视觉感受	(1)6人为一小组,在同一款服装上分别用直线、曲线进行设计6款服装。 (2)小组讨论后每人画一款。 (3)设计好后每组选一名代表对本组设计进行表述 意外情境: ①有的小组中每个人的基础不一样,所以6款作品差距比较大; ②代表表述设计时缺乏自信,不够大胆

续表

教学环节	教　师	学　生
	服装细节设计	
活动四 (20分钟)	(1)根据课前预习请学生起来为大家讲解服装细节设计。 (2)提出问题,让学生分小组讨论后解决	(1)将学生分成7组,在互联网上找各大秀场中带有零部件的结构设计的流行服装。如带有领、口袋、纽扣、袢带等零部件和服褶裥、分割线等内部结构设计等。 (2)请一名代表为大家讲解当季各大秀场流行的带有细节设计的服装的流行趋势 意外情境: ①学生在网络上找的一些款式已经过时; ②一味的找细节设计,却忽略了服装本身的设计感和美感
活动五 (5分钟)	课后练习与巩固: 每个同学任选一种线条类型或者细节设计进行设计一款时尚服装	要求: 符合所选内容,美观时尚

活动六 (5分钟)	小结评价		
	评价内容	评价标准	得分/等级
	活动三运用服装线条进行设计	在同一款服装上分别用直线、曲线进行的6款服装设计时尚美观,能够非常好地运用直线和曲线	优
		在同一款服装上分别用直线、曲线进行的6款服装设计时尚美观,能够较好地运用直线和曲线	良
		在同一款服装上分别用直线、曲线进行的6款服装设计时尚美观,直线和曲线运用得一般	中
		在同一款服装上分别用直线、曲线进行的6款服装设计时尚美观,直线和曲线运用得不好	差
	活动四服装细节设计	小组合作团结效率高,代表讲解清楚,自信大方	优
		小组合作团结效率较高,代表讲比较解清楚,自信大方	良
		小组合作团结效率一般,代表讲不够清楚,自信不够	中
		小组合作团结效率低,代表讲解不清楚,缺乏自信	差

步骤三　考核评价

参考课时:1 课时			
	评价内容	评价标准	得分/等级
活动一 (5 分钟)	检查学生掌握知识要点的情况	计时抢答服装外廓形的种类(按组评分)	
		回答正确在 6 个及 6 个以上的(包含 6 个)	优
		回答正确在 4—5 个的(包含 4 个)	良
		回答正确在 2—3 个的(包含 2 个)	中
		回答正确在 0—1 个的(包含 1 个)	差
活动二 (30 分钟)	进一步强化学生对教学内容的理解和掌握	每组抽签决定廓形设计一款时尚女装	
		评价内容　评价标准	得分/等级
		设计完全符合所抽廓形,并且时尚美观,效果好	优
		设计符合所抽廓形,并且时尚美观,效果比较好	良
		设计大致符合所抽廓形,效果好一般	中
		设计不符合所抽廓形,款式过时,效果不好	差
活动三 (10 分钟)	活动点评	考核点评	
		教师归纳总结学生掌握教学内容的整体情况,强调重难点,针对容易出错的问题再次强化,对考核优秀的学生及小组给予表扬	

任务二　服装零部件设计

步　骤	教学内容	课　时
步骤一	领变化与设计要点	5
步骤二	袖的变化与设计要点	5
步骤三	口袋和细节连接件的变化和设计要点	5
步骤四	考核评价	3
合　计		18

步骤一　领的变化与设计要点

教学目标	知识目标	能掌握领的设计要领
	技能目标	会设计各种不同的领子
	素养目标	(1)有学习,善于观察的能力; (2)有一定的审美能力

续表

教学重点	能根据领子的特征和设计要点进行不同领型的设计	
教学难点	不同领型的设计要点	
参考课时	5 课时	
教学准备	多媒体,课件,纸,笔,直尺	
教学环节	教　师	学　生
活动一 (70 分钟)	领子的分类与变化区别	
	(1)在班上找出穿着不同领子服装的同学起来当模特,让其他同学来说说模特们穿着的服装领子的区别和特点。 (2)播放一组图片,让学生更加明确领子的分类	(1)让同学起来当模特,找领子特点,激发学生的学习兴趣。 (2)根据播放的图片和前面同学的领子巩固知识 ①根据结构特征可分为无领、立领、翻领、翻驳领; ②根据领的造型特点可分为一字领、圆领、装饰领、青果领等 意外情境: 对翻领和翻驳领容易搞混淆
活动二 (80 分钟)	领子的设计要点	
	(1)先收集 10 款领型,提取其中好的元素再根据上节课了解的各类领子的变化区别设计五款领子。 (2)领子的设计要点及要求: ①根据穿衣人的脸型和颈部特点设计领的式样; ②结合流行趋势; ③领与服装的外形要协调; ④领型要满足服装的适体性	(1)学生分小组,将收集的 10 款领型经过讨论提取其中好的元素再根据上节课了解的各类领子的变化区别设计五款领子。 (2)每组的设计组长对本组设计的领子进行讲解 意外情境: ①对领子设计要点不清楚; ②设计的款式不够新颖
活动三 (58 分钟)	领子创意比赛	
	(1)比赛内容,不限制种类,(也可根据所学的领子种类,和设计要点,)让学生画出一款以领子为主要亮点的服装,整体以创意为主,时尚美观,符合自己的主题。 (2)每五个人一组,进行比赛。 (3)小组讨论并确定设计主题及思路,小组共同画一张设计稿,参加比赛展示并阐述。 (4)对学生的创意进行点评,选出优胜队,给予奖励	(1)每组学生积极参加讨论,完成设计。 (2)学生完成设计并阐述设计。 (3)每组评价小组进行自我评价以及对其他组评价,最后老师总结。 (4)学生在点评中深化知识,拓展设计思维 意外情境: ①学生合作不积极; ②学生设计较好,但讲解同学不能完全将设计表达出来; ③领子设计过于简单,主题不明确
活动四 (2 分钟)	课后巩固和下堂课准备: (1)以组为单位在网上收集 2013 年各大秀场领子图片。 (2)以组为单位在网上收集各种不同类型的袖子的图片	要求: 下堂课每组派一名学生讲本组收集的时尚图片,并说说近期的流行趋势

续表

教学环节	教　师	学　生
活动五 (15分钟)	小结评价	

小结评价

评价内容	评价标准	得分/等级
活动四领子的临摹和设计	收集10款领型款式新颖,5款设计合理新颖美观	优
	收集10款领型款式比较新颖,5款设计比较合理新颖美观	良
	收集10款领型款式不够新颖,5款设计不够合理新颖美观	中
	收集10款领型款式不新颖,5款设计不合理新颖美观	差
活动五领子创意比赛	小组配合积极,设计说明精彩,设计稿精美,设计款式符合设计主题	优
	小组配合积极,设计说明与设计稿和设计款式都符合设计主题	良
	设计款式符合设计主题,但是小组配合不够积极	中
	小组配合不积极,款式设计部符合主题	差

步骤二　袖的变化与设计要点

教学目标	知识目标	能掌握袖子的变化与设计要点	
	技能目标	会各种不同袖子的设计	
	素养目标	(1)有一定的设计能力; (2)有团队合作的积极性	
教学重点	掌握袖的变化和设计要点		
教学难点	能根据袖子的特点以及设计要点来设计袖子		
参考课时	5课时		
教学准备	多媒体、课件		
教学环节	教　师		学　生
活动一 (5分钟)	介绍本堂课的任务		
	介绍本堂课任务: 任务一了解袖的分类 任务二掌握袖的设计要点进行设计 任务三根据喇叭袖的设计要点来设计一款服装		学生了解本堂课主要任务,做到心中有数

续表

教学环节	教 师	学 生
活动二 (65分钟)	袖子的分类和变化区别	
	(1)播放 Dior 服装秀,观察视频中服装袖子的区别与变化。 (2)同学起来抢答观察到的服装袖子的区别与变化	(1)学生通过观看 Dior 服装秀,积极思考,视频中服装袖子的区别与变化。 (2)从学习的认知规律出发,让学生产生浓厚的学习兴趣,明确地认识服装各种袖子的分类,且让知识掌握得更牢固 ①根据长短可以分为无袖,短袖,五分袖,七分袖,长袖; ②根据形态可分为喇叭袖,泡泡袖,灯笼袖等; ③根据装接方法可分为圆装袖,平装袖,插肩袖,连袖,肩袖 意外情境:没能掌握领子和袖子的分类
活动三 (60分钟)	袖子的设计要点	
	(1)给学生播放一组袖子设计变化的图片,老师讲解袖子的设计要点: ①根据服装的功能决定袖的造型。袖的造型要适应服装的功能要求,根据功能来决定袖的造型; ②袖的造型要与服装的整体协调。袖子是用来烘托服装的整体效果的,在设计的时候袖的造型和风格都要与服装的整体造型达到高度协调与统一 (2)收集10款袖子,根据袖子的设计要点,设计五款袖子	(1)学生一边观看图片资料一边动手练习,草图各种设计变化的袖子,在实践中学习,让知识掌握得更加牢固。 (2)收集10款袖子,根据袖子的设计要点,设计五款袖子。 (3)设计变化从以下几方面着手: ①袖身分割、组合装饰(褶裥、镶拼、分割等); ②袖口装饰(折裥、荷叶边、蕾丝); ③袖口放开(开叉、褶裥、剪裁) (4)学生设计袖子的时候注意的设计要点: ①平袖:袖子与主体分开,袖山可高可低,常用于衬衫,茄克衫,大衣; ②圆袖:按照人体臂膀和腋窝的形状设计的,造型线条圆润而优美,多用于男女西服造型; ③插肩袖:袖窿的分割线由直线转化为曲线,肩部与袖子连接在一起,多用于大衣风衣等服装; ④肩袖:肩袖也称无袖,没有具体的袖型而袒露其肓臂,仅在袖窿处进行工艺处理或装饰点缀,一般用镶边、滚边、花边等处理方法; ⑤蓬蓬袖也称灯笼袖,是将袖山正中剪开放出所需要的蓬份,分成若干褶襞与袖窿缝合,袖子就蓬起来,自然形成所需的效果; ⑥喇叭袖:喇叭袖是一种如喇叭状,袖子的袖根部细,越到袖口就越宽 意外情境: 设计不认真,只一味地抄袭

续表

教学环节	教　师	学　生
	喇叭袖主题时尚服装大赛	
活动四 (78分钟)	(1)兔子小姐要参加一个喇叭袖主题派对时尚活动,现征集一套服装,要求时尚美观,符合主题。 (2)小组讨论并确定设计主题及思路,小组共同画一张设计稿,参加比赛展示并阐述。 (3)每组展示完后兔子家族来评价、提问等。 (4)所有组展示评价完后,兔子家族选出最优秀的设计并做说明	(1)学生参加比赛展示并阐述设计。 (2)兔子家族来评价、提问等。 (3)学生在点评中深化知识,拓展设计思维。 (4)兔子家族选出最优秀的设计并做说明 意外情境: ①学生合作不积极; ②整个比赛当中,有的同学说的比设计思路和理念比画得好,所以还需要多练习,提高绘画水平
活动五 (2分钟)	课后练习: 每个同学画两只着装的兔子,并写出设计灵感和适用功能等	要求: 每个同学的设计都要充分体现袖子的特点

活动六 (15分钟)	小结评价			
	评价内容	评价标准		得分/等级
	活动四袖子的设计	收集10款袖型完整,设计的5款款式新潮,整体工整,设计感强		优
		收集10款袖型比较完整,设计的5款款式比较新潮,整体工整,设计感强		良
		收集10款袖型不够完整,设计的5款款式不够新潮,整体工整,设计感强		中
		收集10款袖型不完整,设计的5款款式不新潮,整体工整,设计感强		差
	活动五根据和喇叭袖进行小组设计	小组配合积极,设计说明精彩,设计稿精美,设计款式符合设计主题		优
		小组配合积极,设计说明与设计稿和设计款式都符合设计主题		良
		设计款式符合设计主题,但是小组配合不够积极		中
		小组配合不积极,款式设计部符合主题		差

步骤三　口袋和细节连接件的变化和设计要点

教学目标	知识目标	能掌握口袋和细节连接件的变化和设计要点
	技能目标	能将口袋和细节连接件很好地运用到服装设计中
	素养目标	(1)有学习,善于观察的能力; (2)有团队协作能力
教学重点	掌握口袋和细节连接件的变化和设计要点	
教学难点	巧妙地汲取别人设计中的精华并运用到自己的设计中	

续表

参考课时	5 课时	
教学准备	多媒体、课件、笔、纸	
教学环节	教　师	学　生
活动一 (45 分钟)	口袋的变化与设计要点	
	(1)为了让学生产生浓厚的学习兴趣所以让学生在杂志里找口袋,同时也让学生学会分工合作,既培养责任心,又培养团队合作能力。 (2)让同学说出自己所穿的服装口袋的类型	(1)以组为单位发一本杂志,每组在自己拿到的杂志上面将服装里的口袋标注出来。 (2)每组请一个同学起来讲自己那一组的成果,并说出每种口袋属于什么类型 意外情境: 对口袋的分类不清楚,对自己所穿的服装口袋类型也不清楚
活动二 (60 分钟)	口袋的设计	
	(1)多媒体放一组口袋图片,让学生进行临摹练习。 (2)让学生根据所学,设计五款口袋部件	(1)每个同学根据多媒体放的图片进行临摹。 (2)根据所学设计要点,设计五款口袋部件 意外情境: ①临摹不认真; ②设计不够美观,不够时尚
活动三 (45 分钟)	细节连接件的变化与设计要点	
	(1)播放视频,让学生观看并说说视频中的服装运用了哪些细节连接件。 纽扣设计 拉链设计 祥带设计 (2)根据图片讲解连接件的设计要点。 ①连接件设计要符合服装的整体风格; ②连接件设计的位置比例要协调 (3)收集 10 款细节连接件,并设计 5 款	(1)学生通过视频,观看视频中的服装运用了哪些细节连接件并且细节连接件在服装中是怎样运用的。 (2)通过老师的讲解理解掌握细节连接件的分类和设计要点。 (3)收集 10 款细节连接件,并设计 5 款 意外情境: ①对细节连接件的运用掌握不好; ②收集的细节连接件不够代表性
活动四 (60 分钟)	细节连接件的实际运用	
	(1)放一组细节连接件让学生进行临摹练习。 (2)根据所学的设计要点,设计五款细节连接件。 (3)设计要求: ①细节连接件具有实用功能和审美功能,所以在设计的时候必须考虑到这两点; ②连接件的设计要符合服装的整体风格。连接件的设计是为了补充服装的实用功能并且对服装进行装饰; ③连接件的设计在服装中位置比例要协调,服装设计中的连接件的位置,大小不同将营造出不同的效果	(1)看图片进行临摹练习。 (2)根据所学设计要点,设计五款细节连接件。 (3)意外情境: ①绘画基础功不扎实,所以临摹得不到位; ②设计连接件的时候没有将实用功能和审美功能两者兼顾

续表

教学环节	教 师	学 生	

<table>
<tr><td rowspan="8">活动五
(15分钟)</td><td colspan="4" align="center">小结评价</td></tr>
<tr><td rowspan="8">活动三、四
口袋与细节
连接件的实
际运用</td><td>评价内容</td><td>评价标准</td><td>得分/等级</td></tr>
</table>

活动五 (15分钟)	活动三、四 口袋与细节 连接件的实 际运用	小结评价	
		评价内容	评价标准	得分/等级

评价内容	评价标准	得分/等级
活动三、四 口袋与细节 连接件的实 际运用	临摹的口袋和细节连接件工整仔细,收集10款前胸部位完整,5款款式设计到位	85分以上
	临摹的口袋和细节连接件比较工整仔细,收集10款前胸部位比较完整,5款款式设计比较到位	70~84分
	临摹的口袋和细节连接件不够工整仔细,收集10款前胸部位不够完整,5款款式设计不够到位	60~69分
	临摹的口袋和细节连接件不工整仔细,收集10款前胸部位不完整,5款款式设计不到位	60分以下

步骤四　考核评价

教学目标	知识目标	能准确了解服装各部件的设计要点
	技能目标	(1)能掌握服装部件的设计要点; (2)加强学生对服装款式的设计能力
	素养目标	(1)培养学生学习,善于观察的能力; (2)培养学生团队协作能力
教学重点	能掌握领子、袖子、口袋和细节连接件的设计要点	
教学难点	能根据领子、袖子、口袋和细节连接件的设计要点来设计	
参考课时	3课时	
教学准备	笔、纸、直尺、评价表	

教学环节	教 师	学 生
	设计零部件	
活动一 (100分钟)	用画纸打好横三格,竖四格的格子,共十二个; (1)学生根据领的变化和设计要点,设计三款领子。 (2)学生根据袖子的变化和设计要点,设计三款袖子。 (3)学生根据口袋和细节连接件的变化与设计要点,设计三款口袋,和细节连接件	(1)根据领的变化和设计要点,设计三款领子。 (2)根据袖子的变化和设计要点,设计三款袖子。 (3)根据口袋和细节连接件的变化与设计要点,各设计三款口袋和细节连接件 意外情境: 没能根据设计要点进行分析,设计思路不到位,设计部积极,时间到,还没完成设计

续表

教学环节	教　师	学　生
活动二 (15分钟)	学习评价标准	
	(1)讲解考核项目的权重、比例。 (2)选一组设计进行讲解其评价标准 ①根据设计要点进行的设计; ②设计富有创意,设计新颖; ③线条清晰明了,画面干净整洁 (3)整体效果的评价标准 ①画面干净整洁; ②框架设计合理	(1)听取教师讲解考核项目各自权重比例,并做好笔记。 (2)听取教师讲解、分析自己的设计,并做好笔记
	(1)权重比例:领子设计20% + 袖子设计20% + 口袋和零部件30% + 整体效果30% = 100% 。 (2)领子的评价标准标准: ①根据设计要点进行的设计;　　　　　　　　　　　　　30分 ②设计富有创意,设计新颖;　　　　　　　　　　　　　40分 ③线条清晰明了,画面干净整洁　　　　　　　　　　　　30分 (3)袖子的评价标准: ①根据设计要点进行的设计;　　　　　　　　　　　　　30分 ②设计富有创意,设计新颖;　　　　　　　　　　　　　40分 ③线条清晰明了,画面干净整洁　　　　　　　　　　　　30分 (4)口袋和零部件的评价标准: ①根据设计要点进行的设计;　　　　　　　　　　　　　30分 ②设计富有创意,设计新颖;　　　　　　　　　　　　　40分 ③线条清晰明了,画面干净整洁　　　　　　　　　　　　30分 (5)整体效果的评价标准: ①画面干净整洁;　　　　　　　　　　　　　　　　　　50分 ②框架设计合理　　　　　　　　　　　　　　　　　　　50分	

活动五 (18分钟)	评价、统计		
	得　分	人数(班级总人数:　)	比　例
	85分以上		
	70~84分		
	60~69分		
	59分以下		

布置 作业 (2分钟)	70~84分段学生临摹零部件各一款;60~69分段学生临摹零部件各两款;60~69分段学生临摹零部件各五款,要求画面整洁,线条清晰

项目二 服装产品款式设计

任务一 产品信息收集（上衣）

完成任务步骤及课时：

步　骤	教学内容	课　时
步骤一	服装上衣款式调研准备	2
步骤二	服装上衣款式调研	4
合　计		6

步骤一 服装上衣款式调研准备

<table>
<tr><td rowspan="3">教学目标</td><td>知识目标</td><td colspan="2">(1)能了解产品市场调研的方法；
(2)熟悉产品市场调研的步骤及主要内容</td></tr>
<tr><td>技能目标</td><td colspan="2">(1)能根据市场调研的方法和内容为调研做好准备工作；
(2)能根据问卷调查的设计要点设计出一份调查问卷</td></tr>
<tr><td>素养目标</td><td colspan="2">(1)培养学生学习,沟通的能力；
(2)培养学生团队协作能力</td></tr>
<tr><td>教学重点</td><td colspan="3">能熟练掌握市场调研方法及内容</td></tr>
<tr><td>教学难点</td><td colspan="3">能运用市场调研法为后期调研做好准备</td></tr>
<tr><td>参考课时</td><td colspan="3">2 课时</td></tr>
<tr><td>教学准备</td><td colspan="3">多媒体、课件、计算机(每人一台)等</td></tr>
<tr><td>教学环节</td><td colspan="2">教　师</td><td>学　生</td></tr>
<tr><td rowspan="2">活动一
(30 分钟)</td><td colspan="3">市场调研的方法和种类</td></tr>
<tr><td colspan="2">(1)多媒体展示市场调研的方法和种类。
(2)比较各种调研方法的不同处，主要是对问卷法、访谈法、观察法、网络调查法进行区别。
(3)通过对比,结合实际,说出问卷法及网络调查法的优势：
①问卷法节省时间、人力、经费易于操作,结果便于统计处理与分析,并且可以进行大规模调查；
②网络调查法组织简单、费用低廉、客观性好、不受时空与地域限制、速度快</td><td>(1)观察,分组讨论。
(2)回答各种方法不同处。
(3)通过对各种方法的比较,小组讨论分析,回答出问卷法及网络调查法的优势
意外情境：
①学生只感受到了观察法的便捷,一致认为观察法是最好的市场调查方法；
②学生不知道如何来比较各种调查方法；
③学生对问卷法和网络调查法的优点回答不全面,只停留在表面</td></tr>
</table>

续表

教学环节	教　师	学　生
活动二 (45 分钟)	了解问卷调查法设计问卷	
	(1)展示一份正确的调查问卷,同时总结设计要点: ①答案的设计要与问题协调一致,不要答非所问; ②要做到答案的穷尽性,即答案包括所有的可能情况,有时候可以使用"其他"来涵盖; ③要做到答案的互斥性,即答案之间不能交叉重叠或相互包含 (2)强调重点和难点,插入一份有错误的问卷,学生改正,巩固知识。 (3)设计调查问卷其他要注意的问题。 (4)指导学生自行设计一份调查问卷	(1)学生观察正确的问卷调查,并回答出问卷的组成部分: 问卷一般前言、指导语、问题和答案四个部分组成。 (2)学生观察问卷的问题和答案的设置,试着总结出答案的设计要点。 (3)学生对比正确和错误的问卷,指出错误的地方并一一口头改正。 (4)学生自行设计一份问卷调查 意外情境: ①学生不会根据问卷来总结设计要点; ②对错误的问卷,学生不知道怎样来改错; ③对学生自行设计的问卷所设置的答案和问题重复

小结评价

评价内容	评价标准	得分/等级
活动一市场调研的方法和种类	小组协作讨论积极回答问题并完全正确	优
	小组协作讨论积极回答问题并基本正确	良
	小组协作积极回答问题并部分正确	中
	小组无协作讨论未回答问题或回答问题全部错误	差
活动二了解问卷调查法设计问卷	小组积极参与讨论、纠正错误同时设计出的问卷合理	优
	小组积极参与讨论、纠正错误同时设计出的问卷基本合理	良
	小组参与讨论、纠正错误同时设计出的问卷部分正确	中
	小组部分讨论或无讨论同时设计的问卷全部错误	差

（活动三（15 分钟）对应小结评价部分）

教学反思	

步骤二　服装上衣款式调研

教学目标	知识目标	(1)了解市场产品信息收集的方法； (2)熟悉产品市场调研的步骤及主要内容	
	技能目标	(1)能根据产品要求对市场进行调研； (2)能根据市场调研完成对产品信息的收集	
	素养目标	(1)培养学生学习、沟通的能力； (2)培养学生团队协作能力	
教学重点	能用市场调研方法对信息进行采集		
教学难点	能熟练运用市场调研法对信息采集		
参考课时	4 课时		
教学准备	多媒体、课件、互联网、电脑(每人一台)等		
教学环节	教　师		学　生
	收集上衣流行的款式		
活动一 (65 分钟)	(1)向学生展示流行时装周的部分上衣的款式。 (2)给学生介绍收集服装上衣流行款式的各种方法。 (3)让学生利用网络资源,收集当前所流行的各种服装上衣款式		(1)学生仔细观赏目前流行时装周上的上衣款式,并小组讨论当前所流行的元素。 (2)学生利用网络搜索引擎,对当前流行的各种服装上衣款式进行收集,其中包括: ①流行的衣领款式; ②流行的袖子款式; ③流行的上衣廓形; ④流行的上衣面料 意外情境: ①学生不仔细观赏目前所流行的上衣款式,导致小组讨论无法进行; ②学生不会利用网络资源来收集流行上衣款式; ③学生所收集的上衣款式并非当前所流行
	用网络调查法对流行趋势做出调查		
活动二 (100 分钟)	(1)介绍网络问卷调查的主要方式——在线实时调查、电子邮件、网络问卷。 (2)指导学生用网络问卷法对现目前上衣所流行的趋势作出调查		(1)学生将自己所设计的问卷利用网络调查法对网络人群进行调查,所调查的主要内容是: ①消费者的调查; ②产品现状的调查; ③典型产品分析 意外情境: ①学生对网络调查法的不够熟悉,操作起来有困难; ②学生在网络上所做出的调查问卷得不到回应,收集的数据不够真实

续表

教学环节	教　师		学　生	
活动三 （15分钟）	小结评价			
	评价内容	评价标准		得分/等级
	活动一收集上衣流行的款式	积极参与小组讨论、所收集的服装上衣款式符合当前流行趋势		优
		比较积极参与小组讨论、所收集的服装上衣款式基本符合当前流行趋势		良
		不太积极参与小组讨论、所收集的服装上衣款式不太符合当前流行趋势		中
		小组部分讨论或无讨论同时所收集的服装上衣款式不符合当前流行趋势		差
	活动二用网络调查法对流行趋势做出调查	小组调研收集结果内容丰富，总结好		优
		小组调研收集结果内容较丰富，总结较好		良
		小组调研收集结果内容偏少，总结一般		中
		小组调研收集结果内容极少，总结差		差
教学反思				

任务二　服装产品款式设计方案（上衣）

步　骤	教学内容	课　时
步骤一	收集的款式提取元素并归纳整理	3
步骤二	完成服装上衣款式设计方案	3
合　计		6

步骤一　收集的款式提取元素并归纳整理

教学目标	知识目标	（1）了解如何进行款式元素提取并归纳整理； （2）熟悉据上衣的流行趋势和元素； （3）掌握分析流行趋势的方法
	技能目标	（1）能根据根据调研信息，完成资料收集并提取元素； （2）能根据上衣的流行趋势和元素针对调研进行提炼
	素养目标	（1）培养学生独立思考、归纳总结的能力； （2）培养学生团队协作能力

续表

教学重点	能掌握分析流行趋势的方法		
教学难点	对服装调研结果的归纳整合		
参考课时	3 课时		
教学准备	多媒体、课件、互联网,调查问卷资料,网络调查图片等		
教学环节	教　师		学　生

教学环节	教　师	学　生
活动一 (55 分钟)	调研结果及收集图片的归纳	
	(1)多媒体展示各小组所调研的结果,学生讨论其共同点,对调研结果进行总结。 (2)展示出各小组所收集的流行款式图片	(1)观看多媒体展示的结果,分组讨论所有调研结果的共同点并分组汇报。 (2)观看流行款式的图片,独立分析其流行元素,并提取其中经常出现的元素 意外情境: ①学生对调研结果的总结不够全面; ②学生对流行元素认识不够,所提取的元素并非目前流行款式
活动二 (70 分钟)	根据归纳元素进行整合	
	(1)对活动一同学们的调研结果和流行趋势进行点评。 (2)指导学生对流行趋势及调研结果所提取的元素进行重组,重组设计主要考虑: ①设计的基本要素; ②造型; ③色彩; ④材质; ⑤图案	(1)小组讨论,对调研结果和流行元素进行汇总、整合。 (2)将所提取的流行元素和调研结果汇总后进行重新组合,结合流行趋势进行元素的设计 意外情境: ①学生对流行元素和调研结果汇总、整合的不够完善; ②学生重组后的元素无法与流行趋势相结合,对流行元素的设计考虑不够全面

教学环节	小结评价			
活动三 (10 分钟)	评价内容	评价标准		得分/等级
	活动一调研结果及收集图片的归纳	小组协作讨论积极,提取的流行元素丰富多彩		优
		小组协作讨论积极,提取的流行元素较多较好		良
		小组协作讨论不够积极,提取的流行元素不够多		中
		小组无协作讨论,提取的流行元素太少		差
	活动二根据归纳元素进行整合	小组积极参与讨论、重组流行元素极具时尚感		优
		小组积极参与讨论、重组流行元素具有时尚感		良
		小组参与讨论、重组流行元素具有较少时尚感		中
		小组部分讨论或无讨论同时重组流行元素毫无时尚感		差

教学反思	

步骤二　完成上衣款式设计方案

<table>
<tr><td rowspan="3">教学目标</td><td>知识目标</td><td>(1)了解完成资料收集后如何制订设计方案；
(2)熟悉制订上衣设计方案的步骤及主要内容</td></tr>
<tr><td>技能目标</td><td>(1)能根据搜集的资料和提取的元素来制订设计方案；
(2)能利用所掌握资料,制订恰当的产品设计方案</td></tr>
<tr><td>素养目标</td><td>(1)培养学生的审美设计能力；
(2)培养学生团队协作能力</td></tr>
<tr><td>教学重点</td><td colspan="2">能掌握制订上衣设计方案的步骤及主要内容</td></tr>
<tr><td>教学难点</td><td colspan="2">能利用所掌握资料,制订恰当的产品设计方案</td></tr>
<tr><td>参考课时</td><td colspan="2">3 课时</td></tr>
<tr><td>教学准备</td><td colspan="2">多媒体、课件、电脑互联网,上衣款式流行元素资料等</td></tr>
<tr><td>教学环节</td><td>教　师</td><td>学　生</td></tr>
<tr><td rowspan="2">活动一
(45 分钟)</td><td colspan="2" align="center">上衣款式设计方案</td></tr>
<tr><td>协助学生根据上堂课调研、整合的元素以及重组元素,制订上衣款式设计方案</td><td>学生根据上堂课调研、整合的元素以及重组元素,制订上衣款式设计方案,其中包括：
①造型设计提案；
②细节设计提案；
③色彩设计提案；
④面料设计提案；
⑤辅料与配饰提案
意外情境：
①在设计方案的制订当中想得不够完善；
②学生在制订设计方案中各种提案不够新颖,时尚</td></tr>
<tr><td rowspan="2">活动二
(75 分钟)</td><td colspan="2" align="center">完成上衣款式设计方案</td></tr>
<tr><td>(1)协助学生根据其设计方案中各种提案确定服装上衣设计方案。
(2)同学和老师对每个同学进行评价和建议。
(3)最后根据老师和同学的评价以及建议再来修改后,确定自己最终的设计方案</td><td>(1)每个同学大方自信地在讲台上向老师和同学讲解自己的设计方案。
(2)同学和老师当场评价并建议应修改的地方。
(3)对自己的设计方案修改后,完成最终上衣的设计方案
意外情境：
①同学在讲台上讲设计方案怯场；
②设计方案偏题</td></tr>
</table>

续表

教学环节	教　师		学　生
活动三 (15分钟)	小结评价		
	评价内容	评价标准	得分/等级
	活动一上衣款式设计方案	上衣提案设计制订合理,内容丰富	优
		上衣提案设计制订合理,内容较丰富	良
		上衣提案设计制订合理,内容不丰富	中
		上衣提案设计制订合理,内容太少	差
	活动二完成上衣款式设计方案	讲解自信大方,归纳整理丰富,上衣设计方案制订合理	优
		讲解较自信大方,归纳整理丰富,上衣设计方案制订比较合理	良
		讲解不够自信大方,归纳整理比较丰富,上衣设计方案制订不够合理	中
		讲解不自信不大方,归纳整理不丰富,上衣设计方案制订不合理	差
教学 反思			

任务三　服装产品款式设计(上衣)

步　骤	教学内容	课　时
步骤一	服装上衣款式设计草图	2
步骤二	完成服装上衣款式设计	3
步骤三	考核评价	1
合　计		6

步骤一　服装上衣款式设计草图

教学目标	知识目标	(1)学会将流行元素运用到上衣款式的设计中; (2)掌握上衣款式草图设计的步骤及主要内容
	技能目标	根据制订设计方案,完成上衣款式草图设计
	素养目标	(1)培养学生的实际操作能力; (2)培养学生敢于思考,勇于创新的能力
教学重点		(1)根据资料收集并制订设计方案; (2)能掌握上衣款式设计步骤及主要内容,完成上衣款式草图设计
教学难点		能根据上衣款式方案绘制出符合要求的上衣款式草图

续表

教学环节	教　师	学　生
参考课时	2 课时	
教学准备	多媒体、课件、电脑互联网,画笔,纸	
活动一 (30分钟)	了解服装效果图	
	(1)向学生介绍服装效果图。 (2)向学生讲解何为服装草图。 (3)让学生将所提取的元素融入到服装的设计当中	(1)学生仔细聆听服装效果图,对绘制流程熟记和学会运用。 (2)了解何为服装设计草图。 (3)将上堂课所提取的流行元素融入到服装上衣款式设计中,包括: ①流行的衣领款式; ②流行的袖子款式; ③流行的上衣廓形; ④流行的上衣面料 意外情境: ①学生对教师的讲解不感兴趣,不听讲解; ②学生对服装草图的要求不重视; ③学生不会将所提取的元素融入到设计中
活动二 (55分钟)	绘制设计草图	
	(1)根据所制定的上衣设计方案和绘制服装设计草图的要求来进行设计草图的绘制: ①每个同学快速勾勒大量黑白线稿; ②老师给画好了的学生进行指导,并筛选出4款较好的设计 (2)学生绘制时老师在一旁指导,强调服装的比例、对称和均衡	学生根据制定的上衣设计方案来进行设计草图的绘制: ①根据设计方案的重组的新元素以及当下流行元素进行思维的发散; ②从思维发散中提取灵感来源,根据其灵感来源,绘制服装款式设计的草图 意外情境: ①在绘制草图的时候学生对服装的打型体现不够,所设计的款式表达不出来; ②设计草图与设计方案不符; ③学生之间款式雷同

活动三 (15分钟)	小结评价		
	评价内容	评价标准	得分/等级
	活动一了解 服装效果图	仔细聆听讲解,并将提取元素巧妙的融入到服装上衣的款式设计中	优
		较仔细聆听讲解,并将提取元素融入到服装上衣的款式设计中	良
		不太仔细聆听讲解,并将提取元素不太恰当的融入到服装上衣的款式设计中	中
		不仔细聆听讲解,并没有将提取元素融入到服装上衣的款式设计中	差

续表

教学环节	教 师			学 生
活动四 (15分钟)	活动二绘制 设计草图	小结评价		
		评价内容	评价标准	得分/等级
		线稿草图绘制、服装绘制比例恰当、筛选、修改效果好		优
		线稿草图绘制较多、服装绘制比例较恰当、筛选、修改效果比较好		良
		线稿草图绘制不够多、服装绘制比例不太恰当、筛选、修改效果 不够理想		中
		线稿草图绘制少、服装绘制比例不恰当、筛选、修改效果不理想		差
教学 反思				

步骤二　完成服装上衣款式设计

教学目标	知识目标	(1)了解如何进行服装上衣款式的设计; (2)掌握上衣款式效果图的绘制方法和表现技法
	技能目标	根据制定设计方案,完成上衣款式设计
	素养目标	(1)培养学生的实际操作能力; (2)培养学生敢于思考,勇于创新的能力
教学重点		(1)根据资料收集和设计方案以及所绘制的设计草图,完成最终效果图 (2)能掌握服装效果图的绘制方法和表现技法
教学难点		能根据上衣款式方案来绘制产品设计样图
参考课时		3课时
教学准备		多媒体、课件、电脑互联网、画笔、纸

教学环节	教 师	学 生
活动一 (20分钟)	绘制服装效果图的方法和表现技法	
	(1)向学生讲解服装效果图的绘制方法与 步骤。 (2)介绍各种服装效果图的表现技法。 (3)让学生根据自己的设计选择一种表现 技法	(1)仔细聆听服装效果图的绘制方法和步骤,并 学会运用。 (2)了解各种服装效果图的表现技法,根据自己 的设计选择一种表现技法 意外情境: ①在教师讲解的时候,听得不仔细,对效果图的 绘制方法不了解导致; ②会服装效果图的表现技法不够了解; ③学生所选的表现技法和其设计风格不太符合

续表

教学环节	教 师	学 生
	绘制设计效果图	
活动二 (90分钟)	根据上堂课修改的设计草图绘制效果图，学生绘制时老师在一旁指导，在加入各种流行元素的同时，着重要求： (1)人物造型轮廓清晰、动态优美。 (2)用笔简练、色彩明朗、绘画技术娴熟流畅。 (3)充分体现其设计意图，给人以艺术的感染力 附面料小样、设计说明和正背面款式图	学生在设计草图经过筛选确定其中较好的4款服装后，进行设计效果图的绘制 意外情境： ①在绘制效果图的时候款式造型、结构线、细节、配饰、色彩搭配、面料等表达不完整； ②服装的结构特征表达不够直观； ③设计说明写得不够生动； ④正背面款式图和效果图有出入

教学环节		小结评价		
	评价内容	评价标准	得分/等级	
	活动一绘制服装效果图的方法和表现技法	仔细聆听讲解，所选表现技法和设计风格符合	优	
活动三 (25分钟)		较仔细聆听讲解，所选表现技法和设计风格较符合	良	
		不太仔细聆听讲解，所选表现技法和设计风格不太符合	中	
		不仔细聆听讲解，所选表现技法和设计风格不符合	差	
	活动二绘制设计效果图	效果图整体效果好，面料小样、正背面款式图和设计说明完整	优	
		效果图整体效果比较好，面料小样、正背面款式图和设计说明比较完整	良	
		效果图整体效果一般，面料小样、正背面款式图和设计说明不够完整	中	
		效果图整体效果不好，面料小样、正背面款式图和设计说明不完整	差	

教学反思	

步骤三 考核评价

		参考课时：1课时		
	评价内容	评价标准	得分/等级	
		展示设计作品(各小组打分)		
活动一 (20分钟)	检查学生对绘制方法的掌握和运用	平均分数不低于85分(包括85分)	优	
		平均分数不低于75分(包括75分)	良	
		平均分数不低于70分(包括70分)	中	
		平均分数不低于60分(包括60分)	差	

续表

参考课时:1 课时			
	点评优秀作品		
	评价内容	评价标准	得分/等级
活动二 (15 分钟)	进一步强化 学生对教学 内容的理解 和掌握	点评符合逻辑并具有说服力	优
		点评较符合逻辑并比较具有说服力	良
		点评不太符合逻辑并不太具有说服力	中
		点评不符合逻辑并不具有说服力	差
活动三 (10 分钟)		考核点评	
	活动点评	教师归纳总结学生掌握教学内容的整体情况,强调重难点,针对大家都容易忽视的地方进行强化,对考核优秀的学生及小组给予表扬	

任务四　产品信息收集(连衣裙)

步　骤	教学内容	课　时
步骤一	连衣裙款式调研准备	1
步骤二	连衣裙款式调研	5
合　计		6

步骤一　连衣裙款式调研准备

教学目标	知识目标	(1)了解产品市场调研的方法; (2)熟悉产品市场调研的步骤及主要内容
	技能目标	(1)能熟记市场调研的整个流程。 (2)能根据调查内容确定好调查方案
	素养目标	(1)培养学生主动探索、勇于发现的能力; (2)培养学生团队协作能力
教学重点	能根据调查内容确定所调查的方案	
教学难点	能通过调研流程和调查内容确定调查方案并为调研做好准备工作	
参考课时	1 课时	
教学准备	多媒体、课件、笔、纸等	

续表

教学环节	教　师	学　生
	熟悉连衣裙成品设计的流程	
活动一 (10分钟)	(1)首先播放一组服装从前期调研到设计方案再到成品的整个流程。 (2)让学生分组讨论市场调研中制定方案所需要的内容	(1)学生仔细观看服装产生的流程,明白本次课的调研是为了什么,同时让学生更有目的性的去调研,最重要的是激发学生的兴趣。 (2)分组讨论制定方案所需内容有哪些 意外情境: ①学生对服装成品产生的流程不够了解,不感兴趣 ②学生讨论制定方案所需要的内容不积极,不参与
	根据调研内容,制定调研方案	
活动二 (25分钟)	进行连衣裙款式调研做好前期准备,确定好方案: ①确定调查目的; ②确定调查对象和调查单位; ③确定调查项目; ④制订调查提纲和调查表; ⑤确定调查时间; ⑥确定调查地点; ⑦确定调查方式和方法	根据老师提出的准备项目分组讨论,最后确定调研方案 ①调查目的:为连衣裙款式设计方案做准备; ②调查对象和调查单位:20~40岁的女性;职场白领、大学生、商场等; ③调查项目:连衣裙; ④制订调查提纲和调查表:做出调查问卷表; ⑤确定调查时间:半天时间; ⑥确定调查地点:步行街,商场; ⑦确定调查方式和方法:调查问卷、自己看了做笔记、街拍步行街里的穿着连衣裙的时尚达人 意外情境: ①学生把握不好调查问卷时如何与别人交流; ②学生制订调查提纲和调查表时不够全面

活动三 (10分钟)	小结评价			
	评价内容	评价标准		得分/等级
	活动一熟悉连衣裙成品设计的流程	小组协作讨论积极,认真了解整个设计流程		优
		小组协作讨论较积极,较认真地了解整个设计流程		良
		小组协作讨论不够积极,不太认真地了解整个设计流程		中
		小组无协作讨论,不认真了解整个设计流程		差
	活动二根据调研内容,制定调研方案	小组协作讨论积极,调研方案罗列最多最准确		优
		小组协作讨论积极,调研方案罗列较多且准确		良
		小组协作讨论不够积极,调研方案罗列适中且部分准确		中
		小组无协作讨论,调研方案罗列甚少且不准确		差

附：

连衣裙调查问卷					
姓名		年龄		学历	
职业		调查时间		调查地点	

调查内容

一、选择题

1.您喜欢哪种廓形的连衣裙?（   ）

A.宽松的 H 型   B.凸显曲线的 X 型   C.上宽下窄的 T 型   D.上窄下宽的 A 型

2.您喜欢哪种长短的连衣裙?（   ）

A.拖地长裙   B.膝盖下长裙   C.膝盖处中裙   D.膝盖上 10 公分短裙   E.超短裙

3.你喜欢哪种风格的连衣裙?（   ）

A.典雅复古风   B.甜美可爱风   C.成熟优雅风   D.潮流朋克风

4.您觉得哪个价位的连衣裙合适?（   ）

A.60～200 元   B.200～800 元   C.800～1 200 元   D.1 200～2 000 元   E.2 000 元以上

5.你喜欢什么面料材质的连衣裙?（   ）

A.轻柔雪纺   B.硬挺有型   C.舒适棉麻   D.柔软真丝

二、简答题

1.在商场里看到哪些漂亮款式的连衣裙,哪些最受消费者欢迎?

2.在步行街里看时尚美女们穿着的都是什么款式,材质和色彩的连衣裙?

3.在网络中找出今年各大秀场最流行的连衣裙要素?

三、其他

四、结论

步骤二　连衣裙款式调研

教学目标	知识目标	(1)了解如何进行市场产品信息收集; (2)熟悉产品市场信息收集的步骤及主要内容
	技能目标	(1)能根据产品要求对市场进行调研; (2)能根据市场调研完成对产品信息的收集
	素养目标	(1)培养学生主动探索、勇于发现的能力; (2)培养学生团队协作能力
教学重点		连衣裙的流行趋势,各种人群所喜爱的连衣裙款式等信息收集
教学难点		能通过商场、上班族、网络等收集到当下最流行,最时尚的连衣裙款式
参考课时		5课时
教学准备		多媒体、课件、互联网,调查问卷,进商场,商圈等
教学环节	教　师	学　生
	走出教室,深入调研	
活动一 (180分钟)	根据上堂课做出的调研方案和调查问卷到步行街、商场等地方分组进行调研 第一组:调查商场里最流行的连衣裙、品牌里最受消费者欢迎的连衣裙等并做记录; 第二组:在步行街找20~40岁女性做调查问卷; 第三组:在商圈里看时尚美女们穿着的都是什么款式,材质和色彩的连衣裙并做记录; 第四组:在网络中找出今年各大秀场最流行的连衣裙要素	同学们根据分组各自进行自己的调研任务 意外情境: ①学生在商场调研时,有些品牌不让拍照,就只能速画款式图,影响了调研进程,浪费了些时间; ②学生在商圈步行街调研时,不好意思让路人填调查问卷,或者遭到路人拒绝等; ③在网络中找今年流行连衣裙时,目标不够明确等
	总结连衣裙调研结果	
活动二 (30分钟)	调研完成回到教室,每组同学分别对本组的调研进行报告并作出总结	分组进行报告:拿着调研资料向同学和老师作报告,并对该次调研作出最终总结 第一组:调查商场里最流行的连衣裙、品牌里最受消费者欢迎的连衣裙等并做记录; 第二组:在步行街找20~40岁女性做调查问卷; 第三组:在商圈里看时尚美女们穿着的都是什么款式,材质和色彩的连衣裙并做记录; 第四组:在网络中找出今年各大秀场最流行的连衣裙要素 意外情境: ①学生根据调研资料进行报告是不能完成得传达出调研内容; ②学生在调研时速画的一些款式图过于潦草,报告时除了速画本人,同学老师看不明白

教学环节	教　师		学　生	
活动三 (5分钟)	课后任务			
	每组整理自己的报告,为下节课做准备			
活动四 (10分钟)	小结评价			
	评价内容	评价标准		得分/等级
	活动一走出教室,深入调研	小组团结协作好,分工得当,调研工作顺利有序,网络调研成果丰厚		优
		小组团结协作好,分工比较得当,调研工作顺利有序,网络调研成果较丰厚		良
		小组团结协作良好,分工不够合理,调研工作稍显混乱,网络调研成果较少		中
		小组不够团结协作,也没有分工,调研工作混乱,网络调研成果非常少		差
	活动二总结连衣裙调研结果	小组市场调研报告内容丰富,总结好		优
		小组市场调研报告内容较丰富,总结较好		良
		小组市场调研报告内容偏少,总结一般		中
		小组市场调研报告内容极少,总结不好		差

任务五　服装产品款式设计方案(连衣裙)

步　骤	教学内容	课　时
步骤一	收集的款式提取元素并归纳整理	3
步骤二	完成连衣裙款式设计方案	3
合　计		6

步骤一　收集的款式提取元素并归纳整理

教学目标	知识目标	(1)能了解如何进行款式元素提取并归纳整理; (2)能熟悉据连衣裙的流行趋势和元素
	技能目标	(1)会根据根据调研信息,完成资料收集并提取元素; (2)能根据连衣裙的流行趋势和元素针对调研进行提炼
	素养目标	(1)有主动探索、归纳总结的能力; (2)有团队协作能力

续表

教学重点	熟悉据连衣裙的流行趋势和元素	
教学难点	根据连衣裙的流行趋势和元素针对调研进行提炼,并归纳整理	
参考课时	3 课时	
教学准备	多媒体、课件、互联网、调查问卷资料、网络秀场调查图片等	
教学环节	教　师	学　生
活动一 (80 分钟)	根据收集的款式提取元素	
	(1)根据上次课程的调研四个小组分别针对调研报告、调查问卷资料、网络秀场调查图片等分组进行时尚流行要素提取,画出一些流行要素的草图。 (2)分组讨论	(1)时尚流行要素提取,画出一些流行要素的草图。 连衣裙的流行廓形 (2)连衣裙的流行领子,袖子,口袋以及细节连接件等。 (3)连衣裙的流行颜色和面料材质。 (4)连衣裙的流行长度。 (5)连衣裙的流行装饰:荷叶边、蕾丝、铆钉、拉链等。 (6)连衣裙的流行图案 意外情境: ①在提取流行元素的时候学生不能完全正确地表达并画出款式; ②学生在提取流行元素时可能出现偏差,比如把流行时尚部分漏掉,不流行的部分却画出来了; ③学生在分组讨论时有部分同学事不关己,不太配合
活动二 (37 分钟)	根据提取的元素来归纳整理	
	(1)根据活动一同学们画出的流行要素的草图分组来讲解本组提取出得哪些时尚要素。 (2)每组根据自己提取的要素来归纳总结,为连衣裙款式设计方案做好准备。 (3)请一名代表向全班同学和老师讲解本组归纳总结的成果	同学们根据本组提取的要素来归纳总结,为连衣裙款式设计方案做好准备,分小组讨论: (1)在连衣裙设计当中要运用哪些时尚流行元素。 (2)在连衣裙设计当中运用哪种风格。 (3)在连衣裙设计当中运用 H 型、X 型、T 型还是 A 型。 (4)在连衣裙设计当中运用哪些流行装饰 意外情境: ①在整理归纳流行元素时头脑不清晰,想把什么元素都放到一件裙子当中去; ②少数学生对连衣裙的流行时尚元素掌握得不够深; ③学生看得少,眼界不够开阔

教学环节	教师		学 生
活动三 (3分钟)	课后练习: 每组根据本组提取的要素完善归纳总结		要求: 注意不要再犯课堂上的意外情境
活动四 (15分钟)	小结评价		
	评价内容	评价标准	得分/等级
	活动一根据收集的款式提取元素	小组协作讨论积极,提取的流行元素丰富多彩,收集资料丰富	优
		小组协作讨论积极,提取的流行元素较多较好,收集资料较丰富	良
		小组协作讨论不够积极,提取的流行元素不够多,收集资料不够丰富	中
		小组无协作讨论,提取的流行元素太少,收集资料不丰富	差
	活动二根据提取的元素来归纳整理	小组团结协作好,讲解学生自信大方,归纳整理丰富,小组成员补充得当	优
		小组团结协作好,讲解学生自信大方,归纳整理较多,小组成员补充得当	良
		小组团结协作良好,讲解学生头脑不够清晰,归纳整理不多,小组成员补充甚少	中
		小组不够团结协作,讲解学生头脑不够清晰,归纳整理少,小组成员无补充	差

步骤二　完成连衣裙款式设计方案

教学目标	知识目标	(1)能了解完成资料收集后如何制定设计方案; (2)能熟悉制定连衣裙设计方案的步骤及主要内容
	技能目标	(1)会根据搜集的资料和提取的元素来制定设计方案; (2)会利用所掌握资料,制定恰当的产品设计方案
	素养目标	(1)有审美设计能力; (2)有团队协作能力
教学重点	掌握制定连衣裙设计方案的步骤及主要内容	
教学难点	利用所掌握资料,制定恰当的产品设计方案	
参考课时	3课时	
教学准备	多媒体、课件、电脑互联网,连衣裙款式流行元素资料等	

续表

教学环节	教　师	学　生
	连衣裙款式设计方案	
活动一 (45分钟)	根据上堂课归纳整理的连衣裙时尚元素制定以下内容的设计方案： (1)风格定位。 (2)年龄定位。 (3)价格定位。 (4)穿着者的生活理念定位。 (5)灵感来源。 (6)设计元素。 (7)色彩搭配方案	学生根据上堂课归纳整理的连衣裙时尚元素制定连衣裙的设计方案： (1)风格定位：优雅成熟风、甜美可爱风、欧美时尚风、典雅复古风、潮流朋克风等。 (2)年龄定位：20～35岁都市时尚女性、白领高管、学生等。 (3)价格定位。 (4)生活理念：追求轻松与自由的生活文化,体现女性活泼向上的精神,渴望前卫、新潮、浪漫并突出自我个性的理念,无时不散发青春休闲的气息。 (5)灵感来源：借鉴网络收集回来的经典服装、借鉴生活和大自然、借鉴美术、音乐、舞蹈等其他艺术。最主要是借鉴前几节课做的市场调研收集来的时尚元素。 (6)设计元素：上堂课归纳整理的连衣裙时尚元素。 (7)色彩搭配方案：同类色搭配、近似色搭配、对比色搭配、互补色搭配、纯度色搭配等 意外情境： ①在设计方案的制定当中想得不够完善; ②学生在制定设计方案的时候各种定位找不准确
	完成连衣裙款式设计方案	
活动二 (70分钟)	(1)每个同学都来说说自己的设计方案。 (2)同学和老师对每个同学进行评价和建议。 (3)最后根据老师和同学的评价以及建议再来修改自己的设计方案	(1)每个同学大方自信的在讲台上向老师和同学讲解自己的设计方案。 (2)同学和老师当场评价并建议应修改的地方。 (3)最终完成连衣裙的设计方案 意外情境： ①同学在讲台上讲设计方案是不够自信,怯场; ②设计方案偏题; ③没有根据前期调研的内容来写设计方案
活动三 (5分钟)	课后任务： 完善每组的连衣裙款式设计方案	完善每组的连衣裙款式设计方案

续表

教学环节	教　师		学　生	
活动四 (15分钟)	小结评价			
	评价内容	评价标准		得分/等级
	活动一连衣裙款式设计方案	连衣裙设计方案制定合理,内容丰富		优
		连衣裙设计方案制定合理,内容较丰富		良
		连衣裙设计方案制定合理,内容不丰富		中
		连衣裙设计方案制定合理,内容太少		差
	活动二完成连衣裙款式设计方案	讲解自信大方,归纳整理丰富,连衣裙设计方案制定合理		优
		讲解自信大方,归纳整理丰富,连衣裙设计方案制定比较合理		良
		讲解自信大方,归纳整理比较丰富,连衣裙设计方案制定不够合理		中
		讲解自信大方,归纳整理不丰富,连衣裙设计方案制定不合理		差

任务六　服装产品款式设计(连衣裙)

步　骤	教学内容	课　时
步骤一	完成连衣裙款式草图设计	2
步骤二	完成连衣裙款式设计	3
步骤三	考核评价	1
合　计		6

步骤一　完成连衣裙款式草图设计

教学目标	知识目标	(1)了解本季度连衣裙流行元素; (2)掌握连衣裙款式设计的步骤及主要内容
	技能目标	(1)能根据连衣裙设计方案来绘制产品设计样图; (2)能绘制连衣裙款式设计草稿图
	素养目标	(1)培养学生的实际操作能力; (2)培养学生敢于思考,勇于创新的能力
教学重点	能掌握连衣裙款式设计草稿图的步骤及主要内容	
教学难点	能根据连衣裙设计方案来绘制产品设计样图	
参考课时	2课时	
教学准备	多媒体、课件、电脑互联网、画笔、纸	

续表

教学环节	教　师	学　生
活动一 (25分钟)	了解各部位的表现形式及设计构图	
	(1)给学生展示效果图上表现人体的各个部位和线在效果图中的表现方法。 (2)用幻灯片为学生展示各种构图方法	(1)根据老师展示的PPT,熟悉人体的各个部位的表现形式,并在纸上画出人体各个部位及线的练习,包括: ①头; ②手; ③脚; ④腿 (2)将老师所展示的构图方法熟记,并思考自己的设计应用怎样的构图方法 意外情境: ①在绘制人体和姿态练习的时候很多同学手绘起来有难度,很难把想表达的东西手绘出来; ②选择构图方式有困难
活动二 (55分钟)	绘制设计草图	
	根据每个同学制定的连衣裙设计方案来进行设计草图的绘制: (1)老师讲绘制要求。 (2)每个同学绘制大量快速勾勒的黑白线稿。 (3)线稿图画好之后以小组为单位进行讲解,筛选	根据每个同学制定的连衣裙设计方案来进行设计草图的绘制: (1)在有了设计灵感后根据灵感来源和设计方案绘制大量快速勾勒的黑白线稿,附上面料小样和设计说明。 (2)当草图积累到一定的量,通过小组讨论,对每个同学画的设计草图进行讲解、筛选、修改等 意外情境: ①在绘制草图的时候很多同学手绘起来有难度,很难把想表达的东西用手画出来; ②设计草图与设计方案不符; ③小组之间有些画的雷同款式

活动三 (10分钟)	小结评价		
	评价内容	评价标准	得分/等级
	活动一了解人体结构设计构图	人体结构掌握准确,各种姿态绘制精准,整体构图掌握到位	优
		人体结构掌握较准确,各种姿态绘制较精准,整体构图掌握较到位	良
		人体结构掌握不够准确,各种姿态绘制不够精准,整体构图掌握不够到位	中
		人体结构掌握不准确,各种姿态绘制不精准,整体构图掌握不到位	差
	活动二绘制设计草图	线稿草图绘制多,讨论积极,草图讲解、筛选、修改效果好	优
		线稿草图绘制较多,讨论积极,草图讲解、筛选、修改效果比较好	良
		线稿草图绘制不够多,讨论积极,草图讲解、筛选、修改效果不够理想	中
		线稿草图绘制少,讨论不积极,草图讲解、筛选、修改效果不理想	差

步骤二　完成连衣裙款式设计

教学目标	知识目标	（1）了解如何进行连衣裙款式的设计； （2）掌握连衣裙效果图的绘制方法和表现技法	
	技能目标	根据制定设计方案,完成连衣裙款式设计	
	素养目标	（1）培养学生的实际操作能力； （2）培养学生敢于思考,勇于创新的能力	
教学重点	（1）根据资料收集和设计方案以及所绘制的设计草图,完成最终效果图； （2）能掌握服装效果图的绘制方法		
教学难点	能根据连衣裙款式方案来绘制产品设计样图		
参考课时	3 课时		
教学准备	多媒体、课件、电脑互联网、画笔、纸		
教学环节	教　师		学　生
	不同面料的表现手法		
活动一 （30分钟）	向学生展示各种服装面料,同时讲解应该 如何在效果图上来表达各种面料,包括： （1）针织品类； （2）毛织物类； （3）毛皮类； （4）皮革类		学生仔细观看老师如何在效果图上表达各种面 料,同时根据老师所展示的面料,完成各种面料 的练习 意外情境： ①学生在老师讲解如何表达各种服装面料的时 候不认真听； ②在绘制各种面料的时候有难度,很难把想表 达的东西用手绘出来； ③绘制出来的面料出现张冠李戴的现象
	绘制设计效果图		
活动二 （90分钟）	根据上堂课修改的设计草图绘制效果图 要求： （1）设计效果图以彩色效果图表现整体着 装效果。 （2）详细表现款式造型、结构线、细节、配 饰、色彩搭配、面料等。 （3）清晰直观地表现服装的结构特征和工 艺手段,如省道、分割线、抽褶、开衩。 （4）附面料小样、设计说明和正背面款式图		在大量的设计草图中经过推敲和筛选确定了最 佳方案后,进行设计效果图的绘制 意外情境： ①在绘制效果图的时候款式造型、结构线、细 节、配饰、色彩搭配、面料等表达不完整； ②服装的结构特征表达不够直观； ③设计说明写得不够生动； ④正背面款式图和效果图有出入

续表

教学环节	教　师		学　生	
活动三 (15分钟)	小结评价			
	评价内容	评价标准		得分/等级
	活动一不同面料的表现手法	认真听讲,对老师所讲述的面料表达方法掌握很好,能绘制不同的面料		优
		较认真听讲,对老师所讲述的面料表达方法掌握较好,较能绘制不同的面料		良
		不太认真听讲,对老师所讲述的面料表达方法掌握不太好,不太能绘制不同的面料		中
		不认真听讲,对老师所讲述的面料表达方法掌握不好,不能绘制不同的面料		差
	活动二绘制设计效果图	效果图整体效果好,面料小样、正背面款式图和设计说明完整,服装产品款式设计稿完成度高		优
		效果图整体效果比较好,面料小样、正背面款式图和设计说明比较完整,服装产品款式设计稿完成度比较高		良
		效果图整体效果一般,面料小样、正背面款式图和设计说明不够完整,服装产品款式设计稿完成度不够高		中
		效果图整体效果不好,面料小样、正背面款式图和设计说明不完整,服装产品款式设计稿完成度不高		差

步骤三　考核评价

参考课时:1课时			
活动一 (20分钟)	评价内容	评价标准	得分/等级
	检查学生对绘制方法的掌握和运用	展示设计作品(各小组打分)	
		平均分数不低于85分(包括85分)	优
		平均分数不低于75分(包括75分)	良
		平均分数不低于70分(包括70分)	中
		平均分数不低于60分(包括60分)	差
活动二 (15分钟)	进一步强化学生对教学内容的理解和掌握	点评优秀作品	
		评价内容	评价标准	得分/等级
		点评符合逻辑并具有说服力	优
		点评较符合逻辑并比较具有说服力	良
		点评不太符合逻辑并不太具有说服力	中
		点评不符合逻辑并不具有说服力	差

教学环节	教　师		学　生
活动三 (10分钟)		考核点评	
	活动点评	教师归纳总结学生掌握教学内容的整体情况,强调重难点,针对大家都容易忽视的地方进行强化,对考核优秀的学生及小组给予表扬。	

项目三　服装产品色彩设计

任务一　认识色彩

步　骤	教学内容	课　时
步骤一	认识色彩的三属性	3
步骤二	色调的运用	2
步骤三	考核评价	1
合　计		6

步骤一　认识色彩及色彩三属性

教学目标	知识目标	能认识色彩,了解色彩三属性	
	技能目标	能掌握各种色调	
	素养目标	(1)会对服装色彩有初步的认识; (2)能掌握各种色彩色调	
教学重点	(1)运用三原色调和出各种颜色; (2)按明度和纯度调和出一系列色彩; (3)区分色相、色调		
教学难点	准确地调和出自己想要的色彩色调		
参考课时	3课时		
教学准备	多媒体、课件、水粉、笔、直尺、画纸		
教学环节	教　师		学　生
		认识色彩	
活动一 (45分钟)	首先打开多媒体课件,然后向同学提问: (1)色彩是怎么产生的? (2)用多媒体播放色彩的产生过程。 (3)色彩的分类,着重讲原色、间色和复色的调和。 (4)让学生用三原色调出一个共十二色的圆形色环		(1)学生积极思考并回答色彩是怎样产生的。 (2)认识色彩产生的过程。 (3)调和出十二色色环 意外情境: 配料不合理调和的色彩不准确

续表

教学环节	教　师	学　生
	色彩的三属性	
活动二 (30分钟)	(1)用多媒体放出一张色彩明度的色阶图，然后让学生用红色分别加白色和加黑色，调和一段十个色阶的明度色阶。 (2)放几张色彩明显的图片，让学生说出是什么颜色，然后让学生把自己先调和好三原色的色环进行颜色色相的分类。 (3)放一张纯度色阶，讲解纯度色阶的形成，让学生用红色调和一组纯度为十级的色阶	(1)理解色彩明度是什么，然后用红色调和一组十个色阶的明度色阶。 (2)看图片说出整张图片的一个大概色，然后拿出自己先前调和好的十二色色环，对色环的色相进行分类。 (3)理解色彩的纯度，然后用红色调和一组纯度为十级的纯度色阶 意外情境： 没能很好地理解色彩的三属性，调和的色彩不准确
	色彩练习	
活动三 (45分钟)	学生根据活动一调和的十二色色环上的颜色来设计一款服装 要求： (1)款式时尚大方。 (2)服装的色彩必须是自己调和的十二色色环上的颜色。 (3)写出设计灵感和说明	(1)学生7人一组，根据动一调和的十二色色环上的颜色每人设计一款服装。 (2)设计好后，每组派代表讲解设计理念。 (3)设评委小组进行评价。 (4)教师最后总结评价
活动四 (5分钟)	课后练习	以组为单位，在互联网上收集时下最流行色彩服饰

活动五 (10分钟)	小结评价		
	评价内容	评价标准	得分/等级
	活动一认识色彩，并用三原色调和出十二色色环	用三原色调和出十二色色相环准确、完整	优
		用三原色调和出十二色色相环基本准确、完整	良
		用三原色调和出十二色色相环不够准确、完整	中
		用三原色调和出十二色色相环不准确、完整	差
	活动二了解色彩三属性，用红色调和出纯度和的明度色阶	调和出纯度和明度色阶准确、完整	优
		调和出纯度和明度色阶基本准确、完整	良
		调和出纯度和明度色阶不够准确、完整	中
		调和出纯度和明度色阶不准确、完整	差

续表

教学环节	教　师			学　生
活动六 (10分钟)	活动三色彩练习	小结评价		
		评价内容	评价标准	得分/等级
			服装设计款式时尚大方,色彩是自己调和的十二色色环上的颜色,并且有计灵感和说明	优
			服装设计款式比较时尚大方,色彩是自己调和的十二色色环上的颜色,并且有计灵感和说明	良
			服装设计款式不够时尚大方,色彩是自己调和的十二色色环上的颜色,计灵感和说明比较少	中
			服装设计款式过时,色彩不是自己调和的十二色色环上的颜色,并且没有计灵感和说明	差

步骤二　色调的运用

教学目标	知识目标	能了解色调的分类
	技能目标	能掌握各种色调
	素养目标	(1)会对服装色调进行搭配; (2)能掌握各种色彩色调
教学重点		(1)掌握冷暖色调的变化; (2)能根据色调进行搭配
教学难点		准确地根据情感特征来搭配色调
参考课时		2课时
教学准备		多媒体、课件、水粉、笔、直尺、画纸

教学环节	教　师	学　生
活动一 (10分钟)	认识色调的分类	
	(1)多媒体播放图片,让学生观察服装的色调,激发学生的学习兴趣。 (2)老师讲解色调的分类: ①冷暖色调; ②暗、中、亮色调; ③鲜、灰色调 (3)在播放另一组图片让学生准确说出每张图片的色调	(1)理解掌握色调的分类。 (2)看图片分别说出每张图片的色调 意外情境: 对色彩的色调区分不清楚

续表

教学环节	教　师	学　生
	色调的运用	
活动二 (60分钟)	(1)给出一款服装,让学生分成小组用不同的色调在从新设计,并且写出着不同色调服装的情感特征。 (2)学生设计好后,小组互评,最后老师总结评价	(1)7人一小组,根据老师给出的服装,设计出冷色调、暖色调、暗色调、中色调、亮色调、鲜色调、灰色调等7款服装。 (2)小组讨论决定每个人负责设计什么色调。 (3)设计好后,每组选一个代表阐述本组设计。 (4)小组互评,选出最佳设计组
	课后练习	
活动三 (10分钟)	课堂 课后练习: 每个同学画三组色调图 (1)冷暖色调。 (2)暗、中、亮色调。 (3)鲜、灰色调	要求: (1)色调准确。 (2)画面整洁

活动四 (15分钟)	小结评价		
	评价内容	评价标准	得分/等级
	活动一认识色调的分类	能准确说出每张图片的色调	优
		能说出大部分图片的色调	良
		能说出部分图片的色调	中
		区分不清图片色调	差
	活动二色调的运用	服装设计新颖独特,7中色调运用得好,情感特征写得准确	优
		服装设计比较新颖独特,7中色调运用得相对较好,情感特征写得比较准确	良
		服装设计不够新颖独特,7中色调运用得一般,情感特征写得准确	中
		服装设计老气过时,7中色调运用得不好,情感特征写得不准确	差

步骤三　考核评价

		参考课时:1 课时		
	评价内容	评价标准		得分/等级
活动一 (5 分钟)	检查学生掌握知识要点的情况	自选一个颜色调和一段十个色阶的明度色阶		
		色阶调和准确得当,画面整洁		优
		阶调和比较准确得当,画面整洁		良
		色阶调和基本准确得当,画面整洁		中
		色阶调和不够准确得当,画面整洁		差
活动二 (30 分钟)	进一步强化学生对教学内容的理解和掌握	以小组为单位,小组自己定一个色调,每个成员各画一款服装设计图,然后小组选最好的和最差的进行设计阐述。		
		评价内容	评价标准	得分/等级
			设计完全符合所定色调,并且时尚美观,设计阐述到位,大方得体	优
			设计符合所定色调,并且时尚美观,设计阐述比较到位,大方得体	良
			设计基本符合所定色调,并且时尚美观,设计阐述到位,大方得体	中
			设计完全不符合所定色调,并且不够时尚美观,设计阐述不够自信	差
活动三 (10 分钟)	活动点评	考核点评		
		教师归纳总结学生掌握教学内容的整体情况,强调重难点,针对容易出错的问题再次强化,对考核优秀的学生及小组给予表扬		

任务二　色彩搭配

步　骤	教学内容	课　时
步骤一	服装色彩的情感与象征	2
步骤二	服饰色彩搭配原理	3
步骤三	考核评价	1
合　计		6

步骤一　服装色彩的情感与象征

教学目标	知识目标	引发对各种色彩的感情认识
	技能目标	(1)能根据情感对服装进行相应的色彩搭配; (2)能根据服装色彩说出其情感象征
	素养目标	(1)掌握各种色彩不同的情感反应; (2)掌握不同服装色彩的情感象征

续表

教学环节	教 师	学 生
教学重点	(1)了解掌握色彩的情感特征； (2)掌握色彩的情感象征的运用	
教学难点	色彩的情感特征在实际服装中的搭配应用	
参考课时	2课时	
教学准备	多媒体、课件、色环、相同款式图三个、颜料、笔	
教学环节	教 师	学 生
活动一 (20分钟)	色彩的情感效应	
	(1)让学生在十二色色环上,对每一种颜色用三个形容词写出对颜色的感受。 (2)让学生说出自己对颜色的理解和感受。 (3)播放几组色彩相同的图片然后对色彩的感受进行点评。 (4)给出色块,按主题对色块进行分类、搭配	对十二色色环的颜色用形容词进行描述 理解一些基本色的情感象征 (1)红色:象征热情、活泼、温暖、野蛮、爱情、喜悦等。 (2)橙色:象征温暖、幸福、亲切、华丽、积极、有爱等。 (3)黄色:象征辉煌、光明、富贵、权威、高雅、乐观、希望、智慧等。 (4)绿色:象征生机、希望、安全、清新、安宁、和平、幸福、理智等。 (5)蓝色:象征稳重、成熟、冷静、柔和、自信、永恒沉默等。 (6)紫色:象征神秘、优雅、忧郁、华丽、孤独自傲等。 (7)黑色:象征神秘、沉稳、严肃、庄重、坚实、黑暗、恐怖、孤独、绝望等。 (8)白色:象征纯洁、干净、和平、神圣、朴素、平安、柔弱等。 (9)灰色:象征稳重、忧郁、随和、中庸、平凡、沉默等
活动二 (45分钟)	色彩填充	
	(1)让学生用一种款式的线稿共三个,用三种自己喜欢的颜色分别进行填充。 (2)然后选出自己最喜欢的一款。 (3)给出色块及不同的款式图,对款式图进行恰当的配色	用不同色彩填充相同的服装款式图,选出自己最喜欢的一款色彩 意外情境: 对基本色彩的情感特征理解不到位
活动三 (20分钟)	课堂练习: 每个学生在杂志上找不同色彩的单品搭配两套服饰	要求:进行配色时必须综合考虑服装款式,穿着对象,穿着场合等。同时必须符合潮流

教学环节	教 师		学 生	
	小结评价			
	评价内容	评价标准		得分/等级
活动四 (5分钟)	活动二用不同颜色填充相同款式	色块分类、搭配合理		优
		色块分类、搭配较合理		良
		色块分类、搭配不够合理		中
		色块分类、搭配不合理		差
	活动三每个学生在杂志上找不同色彩的单品搭配两套服饰	配色综合考虑了服装款式,穿着对象,穿着场合等。同时符合潮流		优
		配色大致考虑了服装款式,穿着对象,穿着场合等。同时符合潮流		良
		配色考虑了部分服装款式,穿着对象,穿着场合等。同时较符合潮流		中
		配色没有考虑服装款式,穿着对象,穿着场合等。同时不符合潮流		差

步骤二 服饰色彩搭配原理

教学目标	知识目标	掌握服饰色彩搭配原理
	技能目标	(1)能根据穿着者的不同特点进行相应的色彩搭配; (2)给出一组色彩和款式图,能运用色彩搭配原理进行多种配色
	素养目标	(1)掌握各种色彩不同的搭配方式; (2)掌握色彩搭配的一般规律
教学重点	(1)了解掌握色彩的搭配原理; (2)掌握色彩的搭配方式	
教学难点	色彩在实际服装中的搭配应用	
参考课时	3课时	
教学准备	多媒体、课件、色环、相同款式图三个、颜料、笔	

续表

教学环节	教　师	学　生
	色彩搭配的一般规律	
活动一 (45分钟)	(1)在网络上找明星走红地毯图片,让学生来说说哪些明星服饰色彩搭配好看就称之为红榜,服饰色彩搭配不好看的就称之为黑榜。 (2)在根据明星红黑榜来分别判断每个明星服饰色彩搭配的效果	根据明星走红地毯的红黑榜来总结各种色彩的搭配效果: (1)同类色搭配效果。 (2)近似色的搭配效果。 (3)对比色的搭配效果。 (4)互补色的搭配效果。 (5)高纯度色的搭配效果。 (6)中纯度色的搭配效果。 (7)低纯度色的搭配效果。 (8)其他常用色彩的调和方法 意外情境: 不能很好的分辨互补色、对比色、近似色等的区别
	色彩搭配的练习	
活动二 (75分钟)	(1)要求学生任选四种色彩的搭配效果,画四款相适宜的款式图并进行配色。 (2)要求:进行配色时必须综合考虑服装款式,穿着对象,穿着场合等。同时必须符合潮流	任选四种色彩的搭配效果,画四款相适宜的款式图并进行配色 意外情境: 配色色调混乱不美观
活动三 (5分钟)	课后练习: 每个学生在7个搭配规律中任选一个进行一款服装搭配。	要求:进行服装搭配时必须综合考虑服装款式,穿着对象,穿着场合等。同时必须符合潮流

活动四 (10分钟)	小结评价		
	评价内容	评价标准	得分/等级
	活动一色彩搭配的一般规律	清楚搭配的一般规律	优
		比较清楚搭配的一般规律	良
		大致清楚搭配的一般规律	中
		不清楚搭配的一般规律	差
	活动二任选四款色彩搭配效果,画四款相适应的款式图进行色彩搭配	能理解所有讲解的色彩搭配原理,搭配的色彩非常得体	优
		能理解大部分色彩的搭配规律,大部分色彩搭配合理	良
		能理解一部分色彩搭配规律,搭配的色彩基本合格	中
		对大部分色彩搭配原理都没能掌握,搭配的色彩不合理	差

步骤三　考核评价

教学目标	知识目标	了解色彩的情感象征	
	技能目标	掌握色彩的搭配原理	
	素养目标	培养学生对色彩的敏感度	
教学重点	色彩的情感象征与色调分类		
教学难点	服饰色彩的搭配原理		
参考课时	1 课时		
教学准备	笔、纸、颜料、评价表		
教学环节	教　师		学　生
活动一 (10 分钟)	根据服饰色彩说情感象征		
	给出一组流行服饰图片,让学生根据服饰色彩的情感与象征说说该服饰所想表达的情感		(1)学生根据老师给出的一组流行服饰图片,小组讨论后说出该服饰所想表达的情感。 (2)小组讨论,把答案写在小白板上 意外情境: 服饰色彩情感象征分析不准确
活动二 (30 分钟)	色相填充		
	用 3 种不同色相进行填充同一款服装,观察不同颜色的服装给人的不同心理感受		(1)学生分小组讨论确定三种不同色相。 (2)每个同学各自进行填充,并写出该服装给人的不同心理感受 意外情境: 色相提取不到位,不同服装给人的心理感受写得不精彩
活动三 (5 分钟)	学习评价标准		
	(1)讲解考核项目的权重、比例。 (2)根据服装色彩的情感搭配。 (3)服装款式和色彩的结合		(1)听取教师讲解考核项目各自权重比例,并做好笔记。 (2)听取教师讲解、分析服装色彩的情感特征,并做好笔记。 (3)听取教师讲解、分析服饰色彩的搭配原理,并做好笔记

任务三　服装产品色彩设计

步　骤	教学内容	课　时
步骤一	服装流行色的市场调研	4
步骤二	流行色与服装色彩设计应用	4
步骤三	考核评价	4
合　计		12

步骤一　服装流行色的市场调研

教学目标	知识目标	理解流行色对服装的影响
	技能目标	(1)能准确地判断出当前流行色； (2)能懂得如何进行市场调研
	素养目标	(1)能准确地判断出当前流行色； (2)能预测下一季的流行色
教学重点		判断流行色和对流行色的利用
教学难点		(1)判断当前流行色； (2)预测流行色
参考课时		4课时
教学准备		多媒体课件、纸、笔
教学环节	教　师	学　生
活动一 (80分钟)	流行色的调研	
	讲解各种流行色调研方式； (1)带学生去服装批发市场，和面料批发市场进行调研，调查今年比较流行的一些色彩和款式。 (2)根据市场调查内容，让学生对未来流行色的预测，并做出当季流行色色标	(1)到服装批发市场，和面料市场以及各商场，调查今年比较流行的服装色彩和款式。 (2)做一份对流行色的调研报告，包括当下的流行色和款式，流行色在服装中的运用，以及流行的因素，流行色对服装的影响，流行色的周期和对下一季的流行色进行预测，并做出色标 意外情境： 学生调研不认真，只顾逛街，对调研不能深入
活动二 (85分钟)	流行色对服装的影响	
	(1)让学生在网上收集不同年代的不同流行色。 (2)让学生调查流行色对服装的影响	(1)学生一小组为单位在网上收集不同年代的不同的流行色。 (2)并总结流行色对服装的影响： ①流行色是在人们追求美和时尚的表现，是具有周期性趋势和走向活动，它是与时俱进的色彩，其特点是周期性短； ②它的产生到消退一般经过5~7年，高潮期一般为1~2年； ③流行色是在特定的时间内进行周期性变化的色彩组合，今年的流行色明年不一定还在流行可能变成常用色，今年的常用色通过重新组合调整明年也许就是流行色； ④流行色在不同时期进行循环周期性的变化，流行色在长期大范围使用之后就会变成常用色，而流行色也是在常用色中产生的

续表

教学环节	教　师		学　生
活动三 (5分钟)	课后作业: 每个学生将自己调研的流行色彩进行整理,为下节课做好准备		每个学生将自己调研的流行色彩进行整理,为下节课做好准备

活动四 (10分钟)	小结评价		
	评价内容	评价标准	得分/等级
	活动一流行色的调研	调研报告分析认真仔细,实际配色与款式搭配很合理,色标绘制完整	优
		调研报告全面,实际配色也合理,色标绘制较完整	良
		调研报告不具体,实际配色不到位,色标绘制不够完整	中
		报告不认真,对流行色的配色也不到位,色标绘制不完整	差
	活动二流行色对服装的影响	网上收集的流行色丰富,具有代表性,调查准确	优
		网上收集的流行色比较丰富,具有代表性,调查准确	良
		网上收集的流行色不够丰富,具有代表性,调查准确	中
		网上收集的流行色太少,不具有代表性,调查也不准确	差

步骤二　流行色与服装色彩设计应用

教学目标	知识目标	掌握流行色在服装中的运用
	技能目标	(1)能准确地判断出当前流行色; (2)将流行色运用的服装款式中
	素养目标	有敢于思考,勇于创新的能力
教学重点	流行色的运用	
教学难点	能将流行色运用到服装设计当中	
参考课时	4课时	
教学准备	多媒体课件、纸、笔	

续表

教学环节	教　师	学　生
	服装色彩设计应用	
活动一 (80分钟)	(1)根据上次课做的市场调研,结合市场分析当季流行色,画出春夏、秋冬两组流行色。 (2)运用流行色和常用色设计两款服装	(1)学生根据上次课做的市场调研,结合市场分析当季流行色,分小组讨论后画出春夏、秋冬两组流行色。 (2)分小组讨论后每个同学运用流行色或者常用色设计一款服装 要求:流行色或者常用色运用合理,配色美观 (1)款式流行时尚。 意外情境:学生画出的春夏和秋冬两组流行色区别不大,布局代表性 (2)运用流行色或者常用色设计的服装不够时尚大方
	流行色的运用	
活动二 (80分钟)	根据市场调查内容,让学生画出三款当季流行款式运用配色原理,将流行色搭配到相应的服装款式中	画出当季流行款式,能运用配色原理,将流行色搭配到相应的服装款式中 意外情境: 没能调查处流行色,没能将流行色运用配色原理进行配色
活动三 (5分钟)	课后作业: 每个学生画一款当季流行款式,并运用配色原理,将流行色搭配到相应的服装款式中	要求: (1)流行色运用合理,配色美观。 (2)款式流行时尚
活动四 (15分钟)	小结评价			

	评价内容	评价标准	得分/等级
活动四 (15分钟)	活动一服装色彩设计应用	流行色或者常用色运用合理,配色美观、款式流行时尚	优
		流行色或者常用色运用比较合理,配色美观、款式流行时尚	良
		流行色或者常用色运用不够合理,配色美观、款式流行时尚	中
		流行色或者常用色运用不合理,配色不够美观、款式过时	差
	活动二流行色的运用	流行色分析到位,款式与色彩搭配合理,设计精彩	优
		流行色分析到位,款式与色彩搭配合理	良
		流行色分析不具体,款式与色彩搭配不精彩	中
		对流行色没有区分,款式与色彩搭配也不合理	差

步骤三　考核评价

教学目标	知识目标	对流行色的分析和利用	
	技能目标	流行色的应用	
	素养目标	培养学生对流行色的分析利用,和对未来流行色的预测	
教学重点	流行色的分析		
教学难点	流行色的利用		
参考课时	4课时		
教学准备	市场调查报告、笔、纸、颜料、评价表		
教学环节	教　师		学　生
活动一 (30分钟)	根据市场调研报告做流行色色标		
	(1)让学生根据市场报告,选出五种今年的流行色,做一个流行色色标。 (2)根据市场调研报告,对未来流行色做出预测,选五种颜色做一个未来流行色色标		根据市场报告,选出五种今年的流行色,做一个流行色色标 意外情境: ①流行色色标提取不到位,色彩调和不准确; ②市场报告分析不准确,选出的色彩不属于流行色
活动二 (100分钟)	根据流行色色标进行设计		
	(1)让学生根据自己做的流行色色标,结合当前流行款式,设计三款服装。 (2)让学生根据分析的未来流行色色标,设计两款服装		(1)根据自己做的流行色色标,结合当前流行款式,设计三款服装。 (2)根据分析的未来流行色色标,设计两款服装 意外情境: 流行色提取不到位,流行色与款式结合不精彩
活动三 (25分钟)	学习评价标准		
	(1)讲解考核项目的权重、比例。 (2)根据市场调研报告,怎样筛选的流行色。 (3)流行色与流行款式的结合。 (4)根据报告,预测下一季流行色的方式		(1)听取教师讲解考核项目各自权重比例,并做好笔记。 (2)听取教师讲解、分析流行色,并做好笔记。 (3)听取教师讲解、分析流行色与款式,并做好笔记。 (4)听取教师讲解、分析下一季的流行色

续表

教学环节	教　师	学　生
活动三 (25分钟)	学习评价标准 (1)权重比例。 流行色标20%＋服装款40%＋未来流行色色标10%＋服装款式30%＝100% (2)流行色色标评价标准。 ①调研报告分析深入；　30分 ②流行色的提取到位；　30分 ③用色彩调和流行色,色彩标准确干净　40分 (3)服装款式与流行色结合的评价标准。 ①流行色与服装款式结合非常完美；　40分 ②流行色分析到位；　30分 ③款式分析到位；　20分 ④结构图整体完整、线条流畅、画面干净　10分 (4)未来流行色的评价标准。 ①市场调查报告到位,对流行色的分析很有见解；　30分 ②未来流行色与的提取到位；　30分 ③色标准确干净　40分 (5)未来流行色与款式的结合评价标准。 ①流行色与款式结合非常到位；　40分 ②整体设计富有创意；　30分 ③画面干净整洁　30分	

活动四 (23分钟)	评价、统计		
	得　分	人数(班级总人数：　)	比　例
	85分以上		
	70~84分		
	60~69分		
	59分以下		

布置 作业 (2分钟)	85分以上分段学生用流行色和未来流行色各设计一款服装;70~84分段学生用流行色和未来流行色各设计两款服装;60~69分段学生用流行色和未来流行色各设计三款服装

项目四　服装产品图案

任务一　认识图案

步　骤	教学内容	课　时
步骤一	图案构成形式的特点及表现内容	2
步骤二	考核评价	1
合　计		3

步骤一 图案构成形式的特点及表现内容

教学目标	知识目标	(1)掌握各图案构成形式的特点; (2)熟记各图案的表现内容	
	技能目标	(1)能灵活运用形式美法则完成图案内容的表现; (2)能根据设计内容的需要,独立完成图案的变化设计	
	素养目标	(1)培养学生的审美能力; (2)提升学生的设计理念	
教学重点	能灵活运用形式美法则完成图案内容的表现		
教学难点	能根据设计内容的需要,独立完成图案的变化设计		
参考课时	2课时		
教学准备	多媒体、课件、绘画工具		
教学环节	教 师		学 生
活动一 (3分钟)	兴趣引导、导入新课		
	(1)展示图片,引导学生观察、思考,激发学生的学习兴趣。 (2)讲解图案与服装之间的关系。 (3)讲解各图案构成形式的特点及表现内容		(1)欣赏图片。 (2)理解图案与服装之间的关系。 (3)观察、讨论图片中图案的构成形式
活动二 (5分钟)	总结得出结论		
	(1)组织小组讨论。 (2)引导学生找出结论不相同的原因。 (3)教师更正或补充		(1)同组同学相互讨论及评价。 (2)分享每组评价。 (3)与教师一起归纳总结出正确结论
活动三 (30分钟)	分组完成服装图案的表现		
	(1)按类别讲解服装图案的表现内容。 (2)引导学生分类别完成服装图案的表现内容 1)具象图案 ①植物纹样; ②动物纹样; ③风景纹样; ④人物纹样 2)抽象图案 ①几何图案; ②文字图案; ③不定形图案; ④科技图案		根据讲解,分组完成服装图案的表现内容,达到预期效果 意外情境: ①将文字图案混淆,错误认为属于具象纹样的范畴; ②没有听懂教师讲解,错误绘制图案

续表

教学环节	教　师	学　生
活动四 (20分钟)	交流、熟记服装图案的表现内容	
	(1)组织学生交流,熟记服装图案的表现形式。 (2)教师给出的图案,学生临摹	(1)临摹教师给出的图案。 (2)展示各小组绘制的图案。 (3)同学交流绘制图案的心得
活动五 (17分钟)	自选题(综合考评)	
	(1)组织各小组推选1人选择本组命题任务。 (2)学生根据命题要求独立完成图案内容的设计。 (3)强调制作要求: ①绘制尺寸:10 cm×10 cm; ②利用掌握的服装图案表现的方法进行创意设计	(1)同组同学认真分析、讨论所选命题。 (2)团体协作,完成命题任务 意外情境: ①小组分析结论有误,导致命题完成内容偏题; ②同组学生讨论结论不一致,完成命题任务时间超时

活动六 (15分钟)	小结评价		
	评价内容	评价标准	得分/等级
	活动二总结 得出结论	小组协作讨论积极回答问题完全正确	优
		小组协作讨论积极回答问题基本正确	良
		小组协作讨论积极回答问题部分正确	中
		小组无协作讨论未回答问题或回答问题全部错误	差
	活动四交 流、熟记服 装图案的表 现内容	构图合理、服装图案表现内容正确,临摹绘画效果好	优
		构图合理、服装图案表现内容基本正确,临摹绘画效果较好	良
		构图合理、服装图案表现内容部分正确,临摹绘画效果一般	中
		构图合理、服装图案表现内容不正确,临摹绘画效果差	差
	活动五自选 题(综合考 评)	小组协作讨论积极命题任务完成完全正确的	优
		小组协作讨论积极命题任务完成基本正确的	良
		小组协作讨论积极命题任务完成部分正确的	中
		小组协作无讨论命题任务未完成或是完成错误的	差
	各项活动综 合考核点评	教师归纳总结学生掌握教学内容的整体情况,强调重难点,针对容易出错的问题再次强化,对考核优秀的学生及小组给予表扬	

步骤二　考核评价

教学目标	知识目标	能灵活运用形式美法则完成图案内容的表现
	技能目标	能根据设计内容的需要,独立完成图案的变化设计
	素养目标	培养学生的审美能力,提升学生的设计理念

教学重点	服饰图案的基础知识和图案与服饰之间的关系		
教学难点	图案的基础设计,图案在服饰中的运用		
参考课时	1 课时		
教学准备	多媒体、课件、绘画工具		
教学环节	教　师		学　生
活动一 (5 分钟)	服饰图案基础		
	让学生讨论并抢答服饰图案的表现内容		根据上节课所学内容归纳总结服饰图案的表现内容 意外情境: 大部分同学对上堂课的内容掌握得比较好,但仍然有部分同学搞不清楚服饰图案的表现内容
活动二 (30 分钟)	服饰图案的应用		
	让学生自主选择合适的图案,练习在服装的不同部位进行装饰		学生在网络上选择合适的图案,练习在服装的不同部位进行装饰 意外情境: 图案在服装的不同部位进行装饰不合理
活动三 (5 分钟)	评价、统计		
	得　分	人数(班级总人数:)	比　例
	85 分以上		
	70～84 分		
	60～69 分		
	59 分以下		
布置作业 (5 分钟)	(1)临摹四方连续纹样一幅。 (2)临摹适合纹样一幅。 (3)将适合纹样放在服装当中进行设计		

任务二　服装产品图案设计

完成任务步骤及课时:

步　骤	教学内容	课　时
步骤一	服装图案的组成形式与设计方法	2
步骤二	考核评价	1
合　计		3

步骤一　服装图案的组成形式与设计方法

教学目标	知识目标	（1）掌握服装图案的设计步骤与方法； （2）熟记图案的组成形式
	技能目标	（1）能灵活运用形式美法则完成服装图案的组成形式的构成； （2）能根据设计内容的需要，独立完成服装图案的变化设计
	素养目标	（1）培养学生的审美能力； （2）提升学生的设计理念
教学重点	能灵活运用形式美法则完成服装图案的组成形式的构成	
教学难点	能根据设计内容的需要，独立完成服装图案的变化设计	
参考课时	3 课时	
教学准备	多媒体、课件、绘画工具	
教学环节	教　师	学　生
	兴趣引导、导入新课	
活动一 （8 分钟）	（1）展示图片，引导学生观察、思考，激发学生的学习兴趣。 （2）讲解图案的组成形式及设计步骤。 （3）了解服装图案的用途	（1）欣赏图片。 （2）观察、讨论图片中图案的组成形式。 （3）熟记服装图案设计的步骤
	分组完成服装图案设计	
活动二 （35 分钟）	（1）按类别讲解服装图案的组成形式与设计方法。 （2）讲解服装图案的设计原则 ①美观性原则； ②适用性原则； ③经济性原则 （3）引导学生分类别完成服装图案的设计 ①单独纹样； ②适合纹样； ③二方连续纹样； ④四方连续纹样 （4）强调绘制要求 ①依据各种服装图案的组成形式合理绘制完成； ②符合服装图案设计原则的要求	根据讲解，分组完成服装图案的分类设计，达到预期效果 意外情境： ①适合纹样的图案设计与外形不相符； ②没有听懂教师讲解，错误绘制图案

续表

教学环节	教　师	学　生
活动三 (7分钟)	检查绘制、共同分享	
	(1)查看每组完成情况。 (2)组织小组自评。 (3)全班分享。 (4)共同点评	(1)展示各自绘制的作品。 (2)每组推选出本组完成优秀的1张作品与全班分享。 (3)共同评价
活动四 (20分钟)	按命题要求学生自行完成设计作品	
	(1)布置课堂练习:选择四方连续纹样做设计练习。 (2)强调绘画要求: ①绘制尺寸:10 cm×10 cm; ②按照设计步骤完成; ③符合设计原则的要求	自行完成课堂练习 正常情境:所有学生符合绘画要求完成练习,作品完成效果达到预期想象 意外情境: ①没有按照设计步骤绘制,图案的设计构成不符合形式美法则; ②完成效果不符合设计原则的要求
活动五 (18分钟)	交流、熟记服装图案的设计方法	
	(1)组织学生交流,熟记服装图案的设计方法。 (2)给出某一实物或图片元素,学生设计2种相应的图案	(1)绘制所示图片所相应的2款图案。 (2)展示学生绘制的优秀作品。 (3)同学交流绘制图案的心得
活动六 (20分钟)	命题测试(综合考评)	
	(1)分组完成综合纹样练习1幅。 (2)学生根据命题要求团体协作完成图案内容的设计。 (3)强调制作要求: ①绘制尺寸:20 cm×20 cm; ②利用掌握的服装图案设计方法进行创意设计; ③在规定时间内完成练习	(1)同组同学认真分析、讨论题目。 (2)团体协作,完成命题任务 错误情境: ①设计方法过于繁琐,成品效果复杂凌乱、无秩序; ②小组分析有误,导致命题完成内容偏题; ③完成命题任务时间超时
活动七 (2分钟)	课后练习: 每个同学完成综合纹样1幅	要求: (1)绘制尺寸:20 cm×20 cm。 (2)利用掌握的服装图案设计方法进行创意设计

活动八 (25分钟)	小结评价		
	评价内容	评价标准	得分/等级
	活动三检查绘制、共同分享	构图合理、服装图案表现内容正确,绘画效果好	优
		构图合理、服装图案表现内容基本正确,绘画效果较好	良
		构图合理、服装图案表现内容部分正确,绘画效果一般	中
		构图合理、服装图案表现内容不正确,绘画效果差	差

续表

教学环节	教　师		学　生	
	小结评价			
	评价内容	评价标准		得分/等级
活动九 (25 分钟)	活动五交流、熟记服装图案的设计方法	构图合理、符合设计原则的要求,所示图片所相应的 2 款图案绘画效果好		优
		构图合理、符合设计原则的要求,所示图片所相应的 2 款图案绘画效果较好		良
		构图合理、基本符合设计原则的要求,所示图片所相应的 2 款图案绘画效果一般		中
		构图合理、不符合设计原则的要求,所示图片所相应的 2 款图案绘画效果差		差
	活动六命题测试(综合考评)	小组协作讨论积极命题任务完成完全正确的		优
		小组协作讨论积极命题任务完成基本正确的		良
		小组协作讨论积极命题任务完成部分正确的		中
		小组协作无讨论命题任务未完成或是完成错误的		差
	各项活动综合考核点评	教师归纳总结学生掌握教学内容的整体情况,强调重难点,针对容易出错的问题再次强化,对考核优秀的学生及小组给予表扬		

步骤二　考核评价

教学目标	知识目标	能熟记图案的组成形式
	技能目标	能掌握服装图案的设计步骤与方法
	素养目标	培养学生的审美能力,提升学生的设计理念
教学重点	服饰图案的组成形式	
教学难点	图案的设计步骤与方法	
参考课时	1 课时	
教学准备	多媒体、课件、绘画工具	

教学环节	教　师	学　生
	服饰图案的组成形式	
活动一 (5分钟)	多媒体播放一组有图案的服装,让学生说说该组服饰图案的组成形式	(1)根据多媒体播放的服装,总结归纳服饰图案的组成形式。 ①单独纹样; ②适合纹样; ③二方连续纹样; ④四方连续纹样 意外情境: 有些同学分不清楚几种服饰图案的组成形式
活动二 (30分钟)	服饰图案的设计步骤	
活动二 (30分钟)	让学生根据服装的风格与款式进行图案设计 要求: (1)图案设计符合服装的风格与款式。 (2)图案时尚大方	让学生根据服装的风格与款式进行图案设计 要求: (1)图案设计符合服装的风格与款式。 (2)图案时尚大方 意外情境: 图案设计与服装的风格与款式不搭

活动三 (5分钟)	评价、统计		
	得　分	人数(班级总人数:　)	比　例
	85分以上		
	70~84分		
	60~69分		
	59分以下		

布置 作业 (5分钟)	设计一款休闲服,要求此休闲服的图案设计应以自由、随意为主

任务三　图案在服装产品中的应用

步　骤	教学内容	课　时
步骤一	服饰图案应用的服装种类	5
步骤二	考核评价	1
合　计		6

步骤一　服饰图案应用的服装种类

教学目标	知识目标	(1)理解服饰图案的作用及应用的种类； (2)掌握服饰图案组成形式在服装中的设计应用	
	技能目标	(1)能准确的将图案应用于服装各部位中； (2)能根据设计内容的需要,独立完成各种服装种类的图案设计	
	素养目标	(1)培养学生的审美能力； (2)提升学生的设计理念	
教学重点	能准确的将图案应用于服装各部位中		
教学难点	能根据设计内容的需要,独立完成各种服装种类的图案设计		
参考课时	5 课时		
教学准备	多媒体、课件、绘画工具		
教学环节	教　师		学　生
	兴趣引导、导入新课		
活动一 (5 分钟)	(1)展示图片,激发学生的学习兴趣。 (2)讲解图案在服装中所起到的作用。 (3)启发、引导学生思考图案在服装中如何应用		(1)欣赏图片。 (2)掌握图案在服装中所起到的实用与装饰的作用。 (3)观察、思考图案在服装中的应用
	讲解服饰图案的设计应用		
活动二 (10 分钟)	(1)讲解服饰图案应用部位。 ①上衣； ②裤子； ③裙子 (2)讲解服饰图案应用的服装种类 ①礼服； ②休闲服； ③职业服； ④T 恤衫		(1)做好课堂笔记。 (2)掌握图案应用部位及应用的种类
	分组绘制完成服饰图案的设计(一)		
活动三 (30 分钟)	(1)引导学生按图案的应用部位完成设计内容。 (2)强调绘制要求。 ①依据服装各个部位的大小、形状和主要表现位置进行图案设计； ②符合服装图案设计原则的要求 (3)给出一组图案和服装款式,把图案设计到适应的服装、恰当的位置上		(1)根据讲解,分组完成服装图案设计内容的表现,达到预期效果。 (2)把所示图案设计到适应的服装、恰当的位置上 意外情境： ①主要表现位置的图案比例不适中,过大或过小； ②没有根据服装部位的形状进行图案设计； ③图案设计过多或过少,完成效果单一或杂乱

教学环节	教　师	学　生
活动四 (7分钟)	检查完成情况、共同分享	
	(1)查看小组完成情况。 (2)分享各组完成作品。 (3)相互评价。 (4)组织学生交流,共享图案设计心得	(1)展示各小组绘制的图案。 (2)小组评价。 (3)交流图案在服装部位设计中的心得
活动五 (40分钟)	分组绘制完成服饰图案的设计(二)	
	(1)引导学生完成图案在不同服装种类中的设计。 (2)强调绘制要求: ①依据服装种类的风格、穿着场合及功能性等多方面因素进行图案设计; ②符合服装图案设计原则的要求	(1)引导学生按图案的应用部位完成设计内容。 (2)强调绘制要求: ①依据服装各个部位的大小、形状和主要表现位置进行图案设计; ②符合服装图案设计原则的要求 (3)给出一组图案和服装款式,把图案设计到适应的服装、恰当的位置上
活动六 (10分钟)	检查完成情况、共同分享	
	(1)查看小组完成情况。 (2)分享各组完成作品。 (3)相互评价。 (4)组织学生交流,共享图案设计心得	(1)展示各小组绘制的图案。 (2)小组评价。 (3)交流图案在不同服装种类设计中的心得
活动七 (50分钟)	学生自行完成命题任务	
	(1)布置课堂练习:家居服图案设计。 (2)强调绘制要求: ①依据家居服特点进行创意图案设计; ②符合服装图案设计原则的要求	自行完成家居服图案的设计 意外情境: ①家居服特点分析不准确,图案设计过于单一或繁杂; ②服装部位的图案设计范围不相符
活动八 (8分钟)	交流分享	
	组织学生交流,分享完成图案	(1)同组同学相互交流心得。 (2)每组推选1人作品与全班分享。 (3)各小组相互评价
活动九 (42分钟)	自选题(综合考评)	
	(1)组织各小组推选1人选择本组命题任务。 (2)学生根据命题要求独立完成服装图案的运用。 (3)在规定时间内完成	(1)同学认真分析、讨论所选命题。 (2)团体协作,完成命题任务 意外情境: ①小组分析结论有误,导致命题完成内容偏题; ②同组学生讨论结论不一致,完成命题任务时间超时

续表

教学环节	教 师	学 生
活动十 (3分钟)	课后练习: 每个同学设计一款服装,主要体现图案设计	要求: (1)设计时尚美观,重点突出图案设计。 (2)符合服装图案设计原则的要求

活动十一 (20分钟)	小结评价		
	评价内容	评价标准	得分/等级
	活动三、四设计、交流、熟记服装图案的表现内容	小组协作讨论积极命题任务完成完全正确的,图案设计到服装,位置合理、恰当	优
		小组协作讨论积极命题任务完成基本正确的,图案设计到服装,位置比较合理、恰当	良
		小组协作讨论积极命题任务部分正确的,图案设计到服装,位置不够合理、恰当	中
		小组协作无讨论命题任务未完成或是完成错误的,图案设计到服装,位置不合理、恰当	差
	活动六检查完成情况、共同分享	小组协作讨论积极命题任务完成完全正确的	优
		小组协作讨论积极命题任务完成基本正确的	良
		小组协作讨论积极命题任务完成部分正确的	中
		小组协作无讨论命题任务未完成或是完成错误的	差
	活动九自选题(综合评价)	小组协作讨论积极命题任务完成完全正确的	优
		小组协作讨论积极命题任务完成基本正确的	良
		小组协作讨论积极命题任务完成部分正确的	中
		小组协作无讨论命题任务未完成或是完成错误的	差
	各项活动综合考核点评	教师归纳总结学生掌握教学内容的整体情况,强调重难点,针对容易出错的问题再次强化,对考核优秀的学生及小组给予表扬	

步骤二　考核评价

教学目标	知识目标	能了解不同类型服装所需要的服饰图案
	技能目标	能将不同的图案运用到不同类型的服饰当中
	素养目标	培养学生的审美能力,提升学生的设计理念
教学重点		服饰图案在不同类型服装当中的运用

教学难点	服饰图案在不同类型服装当中的运用	
参考课时	1 课时	
教学准备	多媒体、课件、绘画工具	
教学环节	教　师	学　生
活动一 (5 分钟)	服饰图案应用的服装种类	
	多媒体播放一组有图案的服装,让学生说说该组服饰图案应用的服装种类	多媒体播放一组有图案的服装,让学生说说该组服饰图案应用的服装种类 ①礼服; ②休闲服; ③职业装; ④T 恤衫 意外情境: 上课态度不佳,回答问题不够积极
活动二 (30 分钟)	服饰图案的设计	
	(1)引导学生按服装类型完成图案设计内容。 (2)强调绘制要求: ①依据服装风格与款式以及各个部位的大小、形状和主要表现位置进行图案设计; ②符合服装图案设计原则的要求	(1)引导学生按图案的应用部位完成设计内容。 (2)强调绘制要求。 ①依据服装各个部位的大小、形状和主要表现位置进行图案设计; ②符合服装图案设计原则的要求 (3)给出一组图案和服装款式,把图案设计到适应的服装、恰当的位置上

活动三 (5 分钟)	评价、统计		
	得　分	人数(班级总人数:　)	比　例
	85 分以上		
	70~84 分		
	60~69 分		
	59 分以下		

布置 作业 (5 分钟)	给出一组图案和服装款式,把图案设计到适应的服装、恰当的位置上

项目五　服装材料

任务一　认识服装材料

步　骤	教学内容	课　时
步骤一	各种面料的主要特点	3
步骤二	服装与面料的保管、洗涤、熨烫	2
步骤三	考核评价	1
合　计		6

步骤一　各种面料的主要特点

教学目标	知识目标	(1)学习认识各种面料; (2)熟记各种面料的主要特点
	技能目标	(1)掌握鉴别面料的方法; (2)能用正确的鉴别方法识别面料,准确辨别出面料的种类及名称,简述出面料的特点
	素养目标	(1)培养学生善于观察、勤于思考的能力; (2)培养学生自主学习和团队协作能力
教学重点	掌握鉴别面料的方法	
教学难点	能用正确的鉴别方法识别面料,准确辨别出面料的种类及名称,简述出面料的特点	
参考课时	3 课时	
教学准备	各种面料小样(按组分发)、酒精灯或蜡烛(每组一个)、打火机(每组一个)、试验填写记录表(每组一份)	
教学环节	教　师	学　生
	试验完成不同面料的鉴别方法	
活动一 (40分钟)	(1)讲解鉴别面料的三种方法——感官识别法、燃烧识别法和显微镜观察法。 (2)组织小组展开试验鉴别各种面料小样。 (3)强调试验要求: ①区分不同种类面料的鉴别方法及优缺点; ②利用燃烧识别法鉴别面料时,是从织物的经向或纬向抽出几根经、纬纱,不要将纱线直接置于火中,而应按靠近、接触、离开三步进行,这对识别天然纤维和化学纤维至关重要; ③试验过程中注意用火安全。防止学生烫伤或燃烧物品	(1)教师引导逐步完成几种面料的鉴别方法。 (2)学生试验,观察、讨论。 (3)总结不同鉴别方法的优缺点 意外情境: ①学生没有跟上教师的操作速度,试验过程中发生错误或无法自主操作; ②学生只看到表现,没有把试验过程与结果进行思考分析,不能准确的判断出何种面料该用哪种鉴别方法; ③对不同面料鉴别方法的优缺点总结不完整

教学环节	教 师	学 生
活动二 (20 分钟)	根据试验得出结论	
	(1)组织小组观察、讨论,总结出不同面料的特点。 (2)组织小组得出结论填写在"试验填写记录表"中	(1)分组进行试验,仔细观察、讨论,做好试验过程记录。 (2)根据试验记录得出结论,填写"试验填写记录表" 错误情境: ①学生试验过程出错,导致试验结果错误或不完整; ②学生粗心大意,将"试验填写记录表"中相应栏内的信息填错位置
活动三 (12 分钟)	交流、熟记服装面料的特点	
	(1)组织本班同学分享小组结论。 (2)引导学生找出各小组结论不同的原因。 (3)与教师一起归纳总结各种面料的特点	(1)每组一人简述本组试验结论。 (2)各小组讨论分析,分别阐述结论不同的原因。 (3)积极思考,与教师一起归纳总结
活动四 (40 分钟)	学生自行制作服装面料样板卡	
	(1)布置课堂练习:制作服装面料样板卡 1个。 (2)制作要求: ①绘制表格,其中标注"面料名称""面料小样粘贴处""面料特点"和"鉴别方法"四个信息栏; ②面料特点表述准确,字迹工整; ③样板卡制作构图合理,干净美观强调制作中的难点; ④将面料准确地粘贴在对应位置,面料特点表述完整,无遗漏、错误等现象; ⑤鉴别方法选择正确	自行绘制服装面料样板卡 正常情境: (1)根据内容设计表格,设定表格间距。 (2)正确填写面料名称,并将面料小样适当修剪,粘贴在相应位置。 (3)依据试验得出的结论,字迹工整的填写面料特点。 (4)填写鉴别此种面料可以使用的鉴别方法 意外情境: (1)表格间距不适当,制作的样板卡视觉效果凌乱。 (2)面料小样粘贴错误。 (3)面料特点表述不完整。 (4)鉴别方法选择不正确
活动五 (10 分钟)	检查制作情况、共同分享	
	(1)查看每位同学完成情况。 (2)小组自评。 (3)全班分享。 (4)共同点评	(1)展示各自绘制的样板卡。 (2)每组推选出本组完成优秀的两张作品与全班分享。 (3)与教师一起点评分享作品

续表

教学环节	教　师		学　生
活动六 (3分钟)	课后练习: 完善自己制作的服装面料样板卡制作要求		要求: (1)绘制表格,其中标注"面料名称""面料小样粘贴处""面料特点"和"鉴别方法"四个信息栏。 (2)面料特点表述准确,字迹工整。 (3)样板卡制作构图合理,干净美观。 (4)将面料准确的粘贴在对应位置。 (5)面料特点表述完整,无遗漏、错误等现象

活动七 (10分钟)	小结评价		
	评价内容	评价标准	得分/等级
	活动二根据试验得出结论	小组协作讨论积极填写问题完全正确	优
		小组协作讨论积极填写问题基本正确	良
		小组协作讨论积极填写问题部分正确	中
		小组无协作讨论未填写问题或填写问题全部错误	差
	活动四学生自行制作服装面料样板卡	构图合理、制作效果美观、所填写信息全部正确	优
		构图合理、制作效果美观、所填写信息基本正确	良
		构图比较合理、制作效果一般、所填写信息部分正确	中
		构图不合理、制作效果差、所填写信息全部错误	差

步骤二　服装与面料的保管、洗涤、熨烫

教学目标	知识目标	掌握服装与面料的保管、洗涤、熨烫条件和方法
	技能目标	掌握各种不同面料的保管、洗涤、熨烫的具体操作方法
	素养目标	(1)培养学生善于观察、勤于思考的能力; (2)培养学生自主学习和团队协作能力
教学重点	掌握在具体的实践中正确地对服装与面料进行合理的保管、洗涤和熨烫	
教学难点	掌握不同服装与面料的不同的保管、洗涤及熨烫的条件和方法	
参考课时	2课时	
教学准备	各种面料小样、服装、服装陈列室	

教学环节	教　师	学　生
活动一 (37 分钟)	了解服装与面料的保管、洗涤、熨烫条件和方法	
	(1)给出一组服装,分小组讨论,让学生说说每种服装该如何洗涤。 (2)每组对一部分服装进行熨烫和收纳整理。 (3)检查每组服装进行熨烫和收纳整理的情况,进行评价	(1)分小组讨论,说说所看到的服装该如何洗涤。 (2)每组在组长的带领下对自己那部分服装进行熨烫和收纳整理。 (3)熨烫和收纳整理完成后接受其他组和老师的检查评价 意外情境: ①学生不能完全掌握不同面料的洗涤方式; ②对服装熨烫和收纳整理还做的不够到位
活动二 (40 分钟)	服装与面料的保管、熨烫操作	
	(1)到服装陈列室,将学生分成小组,每组分一个展架,对该展架上的服装进行熨烫和收纳保管。 (2)每组进行熨烫和收纳保管完后个各小组进行互评,老师检查评价	(1)分组讨论,然后对展架上的服装进行熨烫和收纳保管。 (2)每组进行熨烫和收纳保管完后各个小组进行互评,老师检查评价 意外情境: 学生小组配合度不够好,导致最终效果差强人意。
活动三 (3 分钟)	课后练习: 课后收集各种不同面料的洗涤方法	课后收集各种不同面料的洗涤方法 要求: (1)写出不同服装的不同洗涤方式。 (2)写出不同服装洗涤的全过程
活动四 (10 分钟)	小结评价		

评价内容	评价标准	得分/等级
活动一了解服装与面料的保管、洗涤、熨烫条件和方法	小组协作讨论积极填写问题完全正确	优
	小组协作讨论积极填写问题基本正确	良
	小组协作讨论积极填写问题部分正确	中
	小组无协作讨论未填写问题或填写问题全部错误	差
活动二服装与面料的保管、熨烫操作	小组合作好,服装熨烫和收纳保管到位	优
	小组合作较好,服装熨烫和收纳保管比较到位	良
	小组合作不够好,服装熨烫和收纳保管不够到位	中
	小组合作不好,服装熨烫和收纳保管不到位	差

步骤三　考核评价

参考课时:1 课时			
	评价内容	评价标准	得分/等级
活动一 (15 分钟)	检查学生掌握面料特点的情况	命题问答(各种面料的特点及鉴别方法)	
		回答错误在 1 个,包含 1 个以内	优
		回答错误在 3 个,包含 3 个以内	良
		回答错误在 5 个,包含 5 个以内	中
		回答错误超过 6 个,包含 6 个的	差
活动二 (25 分钟)	进一步强化学生对教学内容的理解和掌握	小组自选题(分组抽选面料种类,完成表格填写)	
		评价内容	评价标准	得分/等级
		小组协作讨论积极填写问题完全正确	优
		小组协作讨论积极填写问题基本正确	良
		小组协作讨论积极填写问题部分正确	中
		小组无协作讨论未填写问题或填写问题全部错误	差
活动三 (5 分钟)	活动点评	考核点评	
		教师归纳总结学生掌握教学内容的整体情况,强调重难点,针对容易出错的问题再次强化,对考核优秀的学生及小组给予表扬	

任务二　服装材料应用搭配

步　骤	教学内容	课　时
步骤一	面料再造与服装款式的结合	3
步骤二	考核评价	3
合　计		6

步骤一　面料再造与服装款式的结合

教学目标	知识目标	(1)了解面料再造的意义; (2)掌握服装装饰设计的手法
	技能目标	(1)能独立完成服装面料的再造; (2)能根据服装款式及其他设计要素完成面料形态的综合处理及创新
	素养目标	(1)培养学生的动手能力; (2)培养学生的设计创新能力

教学重点	掌握面料再造的方法	
教学难点	能根据服装款式及其他设计要素完成面料形态的综合处理及创新	
课时	3 课时	
教学准备	多媒体、课件、各种面料小样(按组分发)、手工针、线、剪刀	
教学环节	教　师	学　生
活动一 (8 分钟)	兴趣引导、导入新课	
	(1)展示图片,让学生对面料再造形成初步印象,激发学生的学习兴趣。 (2)根据图片讲解服装面料再造的意义。 (3)讲解服装装饰设计的手法及应用	(1)欣赏图片,想亲自尝试面料再造的制作。 (2)了解服装面料再造的意义。 (3)学习并掌握服装装饰设计的手法及应用
活动二 (45 分钟)	分组完成面料再造的制作	
	教师按面料再造的方法分类别引导学生完成面料再造制作的全过程: ①面料形态的立体处理; ②面料形态的增型处理; ③面料形态的减型处理; ④面料形态的钩编处理	小组讨论,按教师讲解的方法逐步完成面料再造的制作 正常情境: 所有同学制作的面料再造都能达到预期效果 意外情境: ①没有跟上教师进度,制作步骤操作被打乱或操作错误; ②没有听懂教师的讲解,无法独立完成制作
活动三 (12 分钟)	检查制作情况、共同分享	
	(1)查看每组同学完成情况。 (2)小组自评。 (3)全班分享。 (4)共同点评	(1)展示各组完成的面料再造效果。 (2)每组推选 1 人简述制作心得与全班分享。 (3)与教师一起点评分享作品
活动四 (43 分钟)	学生自行完成面料形态的综合处理	
	(1)布置课堂练习:结合服装款式完成面料形态的综合处理。 (2)强调制作要求: ①结合服装款式进行创意构思; ②利用掌握的服装装饰手法与面料再造方法进行创意设计	自行完成面料形态的综合处理 正常情境: 所有学生按要求完成制作 意外情境: ①学生缺乏较强的思维拓展能力,完成的作品与之前制作的作品相差不多; ②不能结合服装款式进行面料再造,完成的作品与主题偏离; ③不能综合利用面料再造的方法,完成的作品形式单一

续表

教学环节	教 师		学 生	
	分享面料再造作品			
活动五 (15分钟)	(1)组织本班同学分享小组作品。 (2)通过作品激发学生创意设计的思维意识。 (3)与教师一起归纳总结面料再造的心得体会		(1)每组一人简述本组面料再造的设计要点。 (2)各小组互评,讨论并评选出优秀作品。 (3)积极思考,与教师一起归纳总结	
活动六 (2分钟)	课后练习与巩固: 每个同学完成4个面料在造小样		要求: (1)规格:10 cm * 10 cm。 (2)自选面料形态的立体、增型、减型处理、钩编处理等	
活动七 (10分钟)	小结评价			
	评价内容	评价标准		得分/等级
	活动三检查制作情况、共同分享	能独立完成面料再造的过程,作品完成效果好		优
		能独立完成面料再造的过程,作品完成效果较好		良
		不能独立完成面料再造的过程,作品完成效果一般		中
		不能完成面料再造的过程,无作品		差
	活动五分享面料再造作品	面料再造与服装款式相结合,创意设计效果好		优
		面料再造与服装款式较为结合,创意设计效果较好		良
		面料再造与服装款式较相结合,制作效果单一		中
		面料再造偏离服装款式,制作效果差		差

步骤二　考核评价

参考课时:3课时			
评价内容	评价标准		得分/等级
	计时答题(按组评分)		
活动一 (25分钟)	检查学生掌握知识要点的情况	回答正确在6个及6个以上的(包含6个)	优
		回答正确在4—5个的(包含4个)	良
		回答正确在2—3个的(包含2个)	中
		回答正确在0—1个的(包含1个)	差

续表

教学环节	教　师		学　生	
活动二 (100 分钟)	(1)给出一组常见服装面料,说出其成分及特点。 (2)用单色面料做出 3 种以上肌理效果			
	评价内容	评价标准		得分/等级
	进一步强化 学生对教学 内容的理解 和掌握	学生回答完全正确,作品完成效果好		优
		学生回答基本正确,作品完成效果较好		良
		学生回答不够正确,作品完成效果基本正确		中
		学生回答不正确,未完成作品的		差
活动三 (10 分钟)	考核点评			
	活动点评	教师归纳总结学生掌握教学内容的整体情况,强调重难点,针对 容易出错的问题再次强化,对考核优秀的学生及小组给予表扬		

服装 CAD 教学设计

一、整体教学设计

本课程围绕国家示范高职院校专业课程设计的目标与任务及服装设计专业人才培养方案、课程标准进行整体教学设计,整个课程分为 10 个学习项目,108 基准学时,根据完成岗位任务所需知识、技能重组课程内容,选取在实际运用中的典型款式作为教学软件的练习项目,按照学生的认知规律,由简单到复杂,从简单的单一工具软件操作到复杂的款式结构设计,以任务为驱动、行动为导向,按理论与实践相结合进行教学实施,最终培养学生的工作岗位适应能力。

二、单元教学设计

项目一　CAD 界面系统及快捷键

本教学项目采用多媒体教学展示与学生自己实际操作想结合,让学生了解软件工具的基本操作,快捷键的合理运用,文件的创建和文件的找寻。

主要教学内容:工具的运用(快捷键的操作);文件的建立。

项目二　女裙制版与放缝

本教学项目采取多媒体教学展示和学生自己实际操作与讨论相结合,让学生根据款式图和制图的要求能正确的使用对应的工具,熟悉不同省道的转移方法,掌握工具符号、分类的运用。

主要教学内容:对称、旋转、智能笔的运用。

项目三　裤子制版及放缝

本项目采取教师演示与学生独立操作和小组分组讨论相结合,让学生了解快捷键的切换,省道闭合的操作,掌握男女西裤制版不同工具的运用,熟悉旋转键的运用。

主要教学内容:圆规、量角器、智能笔、旋转、复制键的运用。

项目四　女装版型制作

本项目采取学生自主学习、摸索软件工具在结构制图中的运用,然后教师在结合学生课堂实际情况,进行展示并讲解,让学生了解并掌握如何运用工具对款式图进行标注。

主要教学内容:省道转移工具与旋转工具的结合运用,制图符号的正确标注。

项目五　男女西服制版及放缝

本项目采取小组讨论学习的方法进行,每组推选一名学生进行展示说明,了解学生学习的主动性,让学生自己去发现软件工具中的奥妙,并掌握男装原型图的运用。

　　主要教学内容:绘制男装原型图。

项目六　样板推档

　　本教学项目采取多媒体教学演示和学生实际操作相结合,让学生了解并掌握放码工具的运用,放码线的设置,掌握运用工具对放码文件进行处理等。
　　主要教学内容:推档工具(快捷键的运用),男西裤推档。

项目七　单码排料

　　本教学项目采取教师多媒体教学软件展示和学生自行练习为主,通过女西裤、女衬衫的排料让学生了解并掌握排料工具条的运用。
　　主要教学内容:排料工具的运用,女西裤、女衬衫排料。

项目八　多码套排

　　本项目采取学生运用软件进行小组讨论练习,教师演示,主要是让学生学会独立操作为目的,掌握在排料过程中节约面料为目的。
　　主要教学:多码套排。

项目九　对格排料

　　本项目采取教师演示和学生训练为主,通过面料中的格子走向运用 CAD 教学软件工具进行排料,让学生掌握工具在格子排料中的合理运用。
　　主要教学:女衬衫格子排料。

项目十　打印程序

　　本项目教会学生怎样设置打印机程序,并让学生运用 CAD 软件设置打印规定的图样,同时学会在打印的过程中出现问题的解决办法。
　　主要教学:打印程序流程和设置。

三、教学方案设计

项目一　CAD 界面系统及快捷键

任务一　样片系统介绍

教学目标	知识目标	(1)能对服装 CAD 有所了解; (2)能了解国内、国外服装 CAD 软件的不同点和相同点
	技能目标	(1)能进行文件的创建; (2)能掌握界面的组成及操作流程
	素养目标	(1)学生有自主学习的能力; (2)学生有团队合作精神

续表

教学重点	认识服装 CAD 软件的发展、界面组成		
教学难点	界面的组成		
参考课时	2 课时		
教学准备	多媒体、每个学生一台电脑、学生分成两个组		
教学环节	教　师		学　生

教学环节	教　师	学　生
	查询服装 CAD	
活动一 (45 分钟)	(1)学生上网查询国内的服装 CAD 软件(由第一组完成)。 (2)学生上网查询国外服装 CAD 软件。(由第二组完成)。 (3)比较国内和国外软件有什么不同的地方	(1)查阅国内和国外的软件有哪些并比较。 (2)回答国内有哪些服装软件: 航天 Arisa、Bili、杭州 Echo(爱科)、富怡服装 CAD 工艺软件。 (3)回答国外有哪些服装软件。 (4)回答国内与国外软件的不同之处 意外情境: 个别学生还不知道怎样通过上网来查阅与课堂相关的东西
	讲解富怡 CAD 系统	
活动二 (40 分钟)	(1)CAD 系统的特点。 (2)纸样的绘图与切割。 (3)富怡 CAD 制版系统界面。 (4)注意事项: ①禁止在开机状态下插拔串、并口线; ②接通电源时确保绘图仪为关闭状态; ③连接电源的插座应良好接地	(1)学生认真的观看视频讲解。 (2)根据教师所讲的步骤进行实际操作 正常情境: 大部分学生能根据教师的步骤进行。 意外情境: ①少部分学生忘了操作步骤和文件的创立; ②具体操作时个别学生不知道在什么地方点击自己需要的工具

教学环节				
	小结评价			
活动三 (5 分钟)	评价内容	评价标准		得分/等级
	上网查阅 CAD	小组查阅相关知识的正确性		优
		小组协作回答问题的正确性,能正确说出国内、国外软件的不同之处的小组		良
		查阅 3 个相关知识正确性的		中
		无一个查阅知识正确的		差

任务二　键盘快捷键

教学目标	知识目标	能熟悉快捷键的操作技能	
	技能目标	会熟练地对快捷键进行操作	
	素养目标	(1)学生有自主学习的能力； (2)学生有团队合作精神	
教学重点	服装 CAD 工具条的应用		
教学难点	快捷键的转换		
课　时	2 课时		
教学准备	多媒体、课件、V8 软件		
教学环节	教　师		学　生
活动一 (35 分钟)	单一快捷键的操作		
	教师讲解		(1)观看教师在计算机屏幕上演示。 (2)根据教师所讲的内容进行快捷键练习 正常情境： 大部分学生能慢慢地进行操作,转换键操作不是很灵敏,速度较慢。 意外情境： ①个别学生利用转换键时找不到在什么地方； ②少部分学生把快捷键张冠李戴
活动二 (45 分钟)	复合快捷键操作		
	教师演示		(1)在屏幕上观看教师演示。 (2)学生动手自己训练快捷键 正常情境： ①大部分学生操作比较缓慢； ②在按快捷键时操作成单一的快捷键了 意外情境： ①个别学生不会运用基本的文件建立； ②转换快捷键动作较迟缓

活动三 (10 分钟)	小结评价		
	评价内容	评价标准	得分/等级
	活动一（小组互换抽快捷键）	单一快捷键全部转换正确的	90 分以上
		复合快捷键有 2 个未转换正确的	85~90 分
		单一快捷键转换过程中有 6 个混淆的	70~75 分
		复合快捷键转换过程中 7 个混淆的	60~70 分
		单一和复合键有 20 个未转换正确的	60 分以下

项目二　女裙制版与放缝

任务一　直裙制图

教学目标	知识目标	(1)能了解工具的作用； (2)能了解工具符号在什么条件使用更快捷
	技能目标	(1)会根据款式图和制图的要求； (2)会正确的使用对应工具
	素养目标	(1)学生有自主学习的能力； (2)学生有团队合作精神
教学重点		工具符号、分类运用
教学难点		西服裙样板绘制
参考课时		4课时
教学准备		多媒体教学设备一台、每个学生一台计算机、V8工业软件
教学环节	教　师	学　生
活动一 (15分钟)	上网查阅直裙款式图片	
	引导学生上网查询直裙图片	用一张A4纸根据所查询的图片画出直裙款式图
活动二 (10分钟)	定出样板规格尺寸及文件的创建	
	(1)步骤。 ①点击富怡V8软件并打开； ②点击窗口号型， 文档(E)　编辑(E)　纸样(P)　号型(G)　显示(V)　选项(O)　帮助(H) 并在号型编辑里输入尺寸规格 号型(G)　显示(V)　选项 号型编辑(M) Ctrl+E 尺寸变量(V) ，最后点击确定 (2)所绘制规格尺寸。 ①号/型:165/68Y1(M)； ②成品规格:(单位:cm) 裙长:60、腰臀高:16.5、腰围:68 臀围:96、腰头宽:3.8	正常情境： 学生按要求进行步骤操作。 意外情境： ①学生忘了操作步骤； ②不知道怎样切换输入法 错误情境： ①忘了把输入法切换成汉语言转改； ②输入尺寸规格时输入位置不正确

续表

教学环节	教　师	学　生
	绘制西服裙	
活动三 (135分钟)	(1)运用多媒体教学,按步骤逐步示范操作。 (2)基础辅助线(运用智能笔 、矩形工具)。 (3)侧缝线(运用智能笔的曲线画法完成)。 (4)裙衩 。 (5)腰线。 (6)腰头。 (7)放缝。 (8)标注(包括尺寸标注与符号标注)	正常情境: 学生按照结构制图的步骤在进行操作。 意外情境: ①不会灵活的运用工具条; ②忘了转换输入法; ③动作较慢 出错情境: ①鼠标左右键不知再什么状态时切换; ②缝份放得不正确,下摆和缝合缝份一致; ③标注符号不正确

	小结评价		
	评价内容	评价标准	得分/等级
活动四 (20分钟)	活动一各小组选派一人在进行演示	未看键盘进行操作正确的学生	优
		部分看键盘操作正确的学生	良
		全部需看键盘操作正确的学生	中
		看键盘都操作不正确的快捷键学生	差
	活动二各小组互评	绘制正确,线条设置正确,标注清晰完整	85分以上
		绘制正确,线条较流畅、标注较完整	70~84分
		绘制有1处错误,线条不够流畅、标注不够完整	60~69分
		绘制有1处以上错误,线条不够清晰流畅,标注不完整	60分以下
		保存文件名与位置不正确	60分以下

任务二　女裙省道转移

教学目标	知识目标	(1)能进一步掌握省道转移的灵活性; (2)能熟悉不同省道的转移可以采用不同的方法
	技能目标	会灵活运用快捷键工具处理省道
	素养目标	(1)学生有自主学习的能力; (2)学生有团队合作精神
教学重点	样板绘制专业工具的应用	
教学难点	省道的转移的运用	
参考课时	4课时	
教学准备	多媒体教学设备一台、每个学生一台计算机、V8工业软件	

续表

教学环节	教 师	学 生
活动一 (15分钟)	上网查阅直裙省道的部位	
	引导学生上网查询裙子变化的图片,观察省道是以什么形式来体现以及省道的位置	用一张 A4 纸根据所查询的图片画出省道位置
活动二 (10分钟)	定出样板规格尺寸	
	(1)步骤: ①点击富怡 V8 软件并打开; ②在号型编辑里输入尺寸规格,最后点击确定 (2)所绘制规格尺寸 号/型:165/68A 成品规格:(单位:cm) 裙长:60、腰臀高:17.5 腰围:68、臀围:92、腰头宽:3	正常情境: 学生按要求进行步骤操作。 意外情境: ①个别学生忘了上节课所学的内容; ②少部分学生尺寸规格输入位置不正确
活动三 (45分钟)	绘制直裙	
	(1)制版: ①用只能笔工具绘制出直裙的前后裙片,如下图所示; ②绘制基本省道; ③零部件不需要绘制 (2)线条的处理: ①学生清除辅助线、保留轮廓线; ②所有的标注都清除	正常情境: 学生能运用工具条完成直裙的基本制图。 意外情境: ①还是有学生忘了快捷键的转换; ②少部分学生对线迹不知道该怎样设置; ③缺少审美意识,对线条的调整不知道需调整在什么状态下合适
活动四 (90分钟)	(1)演示进行省道的转移。 ①用剪刀工具剪切线条; ②合并省道到开刀线,运用旋转和合并工具条,如下图所示 	正常情境: ①大部分学生能跟根据教师所讲的步骤来进行操作; ②多数学生能完成教师布置的作业 意外情境: ①个别学生不会移动鼠标键; ②忘了服装制图标注该用什么符号; ③动作较慢

续表

教学环节	教 师	学 生
活动四 (90 分钟)	(2)演示对称作图绘制完整的版样,并进行符号的标注,如下图所示 	

活动五 (20 分钟)	小结评价		
	活动一各小组互评	评价内容	评价标准	得分/等级

		评价内容	评价标准	得分/等级
活动五 (20 分钟)	活动一各小组互评		绘制正确,线条设置正确、标注清晰完整	85 分以上
			绘制正确,线条较流畅、标注较完整	70~84 分
			省道转移不正确的	60~69 分
			绘制有 2 处以上错误,标注不完整	60 分以下
			保存文件名与位置不正确	60 分以下

任务三　女裙开刀线

完成任务步骤及课时:

步 骤	教学内容	课 时
步骤一	绘制直裙的基本款式	1
步骤二	分析开刀线与省位的结合及绘制	3
步骤三	考核评价	1
合 计		5

步骤一　绘制直裙的基本款式

教学目标	知识目标	(1)分析开刀线与直裙的不同之处在什么地方; (2)熟记快捷键
	技能目标	(1)能准确的分析开刀线处理办法; (2)能合理的运用快捷工具进行绘制
	素养目标	(1)学生有自主学习的能力; (2)学生有团队合作精神
教学重点	运用省道工具对直裙省道的绘制	
教学难点	运用相关调整快捷键工具对直裙外形的调整	
参考课时	1 课时	
教学准备	多媒体教学设备一台、每个学生一台计算机、V8 工业软件	

续表

教学环节	教 师	学 生
活动一 (20分钟)	**绘制直裙**	
	(1)请学生说出直裙的外形图。 ①款式说明:直裙裙身平直,裙上部符合人体腰臀的曲线形状,前后裙片左右各收一个省道,裙下摆略收,后裙中心装拉链,后开衩; ②成品规格尺寸 | 号型	部位	裙长 /cm	腰围 /cm	臀围 /cm	腰宽 /cm
---	---	---	---	---	---
160/72B	规格	68	74	94	3 | (2)绘制前后裙片框架图。 ①用矩形工具▢绘制长68 cm,宽47 cm矩形; ②定出前后裙片(用智能笔找出宽度中间点进行平分; ③用平行工具或智能笔定出臀高线(17.5 cm)与腰围宽。 (3)用调整工具或智能笔调整轮廓线	观察,分组讨论: 回答直裙的外形图。 意外情境: ①学生虽然能说出直裙的外形图,但在绘制时还是按照自己的思路操作; ②学生没有把外形图和人体体型结合起来理解
活动二 (15分钟)	**绘制直裙省道**	
	绘制前后直裙省道。 ①用收省工具▣进行绘制; ②调整腰线弧线,如下图所示 用▣收省工具作图, 省位大3.5 cm	学生根据教师讲解的步骤进行绘制。 出错情境: ①在利用收省工具时容易点击方位出错; ②学生计算失误 意外情境: 计算臀围宽公式时,个别学生把腰围纳入计算,造成比例不正确
活动三 (10分钟)	**小结评价**	

	评价内容	评价标准	得分/等级
活动三 (10分钟)	活动一小组互评(交换为小组成员打分)	线条设置正确、省道作图方法正确	优
		轮廓线与辅助线设置不正确	良
		线条设置正确、省道作图方法不正确	中
	活动三提问(绘制省道的方法有哪几种)	回答出3种以上的	优
		回答出2种的	良
		回答出1种的	中

步骤二　分析开刀线与省位的结合及绘制

教学目标	知识目标	(1)能分析开刀线于直裙的不同之处在什么地方； (2)能熟记快捷键
	技能目标	(1)会准确的运用省位线和开刀线的结合； (2)会合理的运用快捷工具进行绘制
	素养目标	(1)学生有自主学习的能力； (2)学生有团队合作精神
教学重点	运用省位量进行开刀线的绘制	
教学难点	如何合理的运用省位量	
参考课时	3课时	
教学准备	多媒体教学设备一台、每个学生一台电脑、V8工业软件	

教学环节	教　师	学　生
	绘制直裙	
活动一 (30分钟)	(1)观察裙子的外形,如下图所示。 款式说明:低腰,前后片各设两条竖分割线,臀部各设置育克线。下半部为二片裙,靠近侧缝处设褶裥。右侧缝上端装拉链。前中心上端装饰双排三粒纽扣。 (2)成品规格尺寸,如下图所示。 用智能笔绘制育克并调整 智能笔在省尖处向下引垂线 | 号型 | 部位 | 裙长/cm | 腰围/cm | 臀围/cm | | 160/72B | 规格 | 65 | 74 | 96 | (3)建立纸样库(参照直裙)。 (4)按直裙画出裙片基型。确定省位和省量	观察,分组讨论: 回答前后裙片:前后裙片在结构上是一致的,利用省位线进行分割,左右两边各3个折裥;所不同的是前裙片订有6粒装饰扣。 意外情境: ①学生把折裥看成是装饰线; ②个别学生还是不熟悉快捷键

续表

教学环节	教　师	学　生
活动二 （45分钟）	绘制育克位置（开刀线）	
	（1）绘制育克位置（开刀线）、竖分割线，如下图所示。 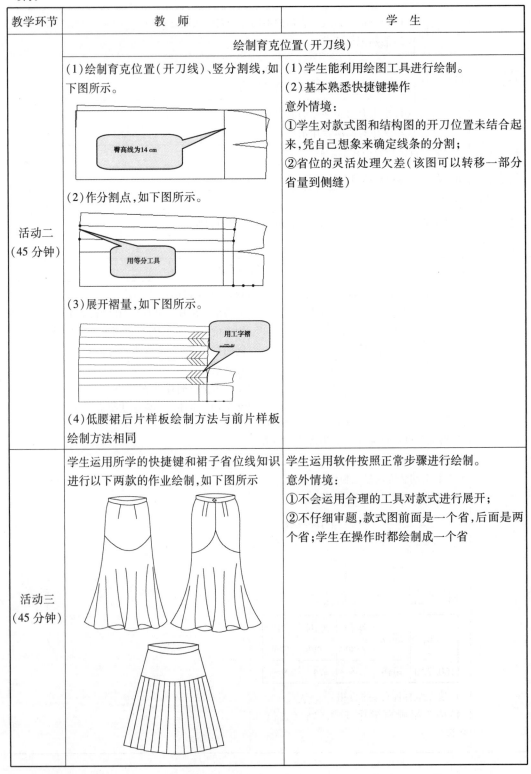 臀高线为14 cm （2）作分割点，如下图所示。 用等分工具 （3）展开褶量，如下图所示。 用工字褶 （4）低腰裙后片样板绘制方法与前片样板绘制方法相同	（1）学生能利用绘图工具进行绘制。 （2）基本熟悉快捷键操作 意外情境： ①学生对款式图和结构图的开刀位置未结合起来，凭自己想象来确定线条的分割； ②省位的灵活处理欠差（该图可以转移一部分省量到侧缝）
活动三 （45分钟）	学生运用所学的快捷键和裙子省位线知识进行以下两款的作业绘制，如下图所示	学生运用软件按照正常步骤进行绘制。 意外情境： ①不会运用合理的工具对款式进行展开； ②不仔细审题，款式图前面是一个省，后面是两个省；学生在操作时都绘制成一个省

续表

教学环节	教 师			学 生	
	小结评价				
	评价内容	评价标准			得分/等级
活动四 (15 分钟)	活动一小组 互评（交换 为小组成员 打分）	开刀线和线条设置正确			85 分以上
		标注正确、线条正确			80~85 分
		轮廓线与辅助线设置不正确			75~80 分
		开刀线、线条设置不正确			60 分以下
	活动二作业	基本与款式图相符			85 分以上
		标注正确、线条正确			80~85 分
		标注不正确、线条设置不正确			70 分以下
		与款式图不相符			60 分以下

步骤三　考核评价

教学目标	知识目标	（1）能绘制一款裙子的变化； （2）能熟记快捷键
	技能目标	（1）会准确的处理省位线和开刀线之间的关系； （2）会合理的运用快捷工具进行绘制
	素养目标	（1）学生有自主学习的能力； （2）学生有团队合作精神
教学重点	如何合理的运用省位	
教学难点	省位线的转换	
参考课时	1 课时	
教学准备	多媒体教学设备一台、教案、每个学生一台计算机、V8 工业软件	
教学环节	教　师	学　生
活动一 (15 分钟)	观察该款式并进行解读说明，如下图所示。 	

续表

教学环节	教 师	学 生
活动一 (15分钟)	安排小组讨论该款式从那方面入手	小组回答: ①该款式是直裙和百褶裙的结合; ②把省位量转移到开刀位的位置上; ③开刀线的臀高线的位置; ④开刀线下百褶裙的款式 意外情境: ①个别学生把百褶裙看成是装饰线; ②学生回答无省位量
活动二 (20分钟)	绘制结构图	
	(1)写出外形概述。 (2)定出规格尺寸。 (3)画出直裙的结构。 (4)在直裙的基础上进行省位量的转移。 (5)进行款式上的演变从而达到与款式图一致	(1)学生按要求写出了外形图和规格尺寸。 (2)根据教师前面所讲的步骤来对该款式进行结构设计。 (3)省位量的转移必须正确 意外情境: 学生语言组织能力较差,绘制直裙时省位量过大

活动三 (15分钟)	小结评价		
	评价内容	评价标准	得分/等级
	活动一小组互评(交换为小组成员打分)	开刀线和线条设置正确的	85分以上
		折裥标注正确、线条正确	80~85分
		轮廓线与辅助线设置不正确	75~80分
	活动二作业	基本与款式图相符	优
		标注正确、线条正确	良
		标注不正确、线条设置不正确	中
		与款式图不相符	差

项目三   裤子制版与放缝

任务一   女西裤制版

完成任务步骤及课时:

步 骤	教学内容	课 时
步骤一	圆规、量角器、三角板的运用	2
步骤二	认识款式,了解快捷键的使用	2
步骤三	女西裤制版	4
合 计		8

步骤一　圆规、量角器、三角板的运用

<table>
<tr><td rowspan="3">教学目标</td><td>知识目标</td><td>(1)能掌握制图工具的常规用法；
(2)能掌握圆规、量角器、三角板的运用</td></tr>
<tr><td>技能目标</td><td>(1)会使用开样工具快捷键；
(2)会运用圆规、量角器、三角板工具</td></tr>
<tr><td>素养目标</td><td>(1)学生有自主学习,善于分析的能力；
(2)学生有团队合作的精神</td></tr>
<tr><td>教学重点</td><td colspan="2">功能键的切换</td></tr>
<tr><td>教学难点</td><td colspan="2">能准确能运用推挡工具进行放码的运用</td></tr>
<tr><td>参考课时</td><td colspan="2">2 课时</td></tr>
<tr><td>教学准备</td><td colspan="2">计算机机房、CAD 软件</td></tr>
<tr><td>教学环节</td><td>教　师</td><td>学　生</td></tr>
<tr><td rowspan="2">活动一
(15 分钟)</td><td colspan="2" align="center">圆　规</td></tr>
<tr><td>圆规:该工具可以象真实的圆规工具一样,由一个点向一段线截取一个定长(称单圆规),还可向两个点截取两个定长(双单圆规)。
①单圆规；
②双圆规</td><td>与教师一起操作,教师通过大屏幕边演示边讲解,学生跟作</td></tr>
<tr><td rowspan="2">活动二
(20 分钟)</td><td colspan="2" align="center">量角器</td></tr>
<tr><td>量角器:该工具用于作一条直线,它可与选中直线成一个夹角</td><td>教师通过大屏幕边演示边讲解,学生跟作。学生实训时巡堂,做个别讲解</td></tr>
<tr><td rowspan="2">活动三
(20 分钟)</td><td colspan="2" align="center">三角板</td></tr>
<tr><td>三角板工具:该工具用于作任意直线的垂线,其使用方法大同小异,现主要介绍在线段上任意点作垂线的方法:
教育讲解三角板工具操作方法,讲解案例如下图所示。

(一)　D　　　(二)　　　C
A　C　　B　　A　　　B B′

(三)　C　　　(四)　　C
A　D　B　　　A　D　B

因此可以作:
①线上任意点的垂线；
②线端点的垂线；
③从已知线外一点向线上作垂线；
④两条交叉垂线</td><td>(1)与教师一起总结出各数据,学会三角板快捷键的使用。
(2)教师通过大屏幕边演示边讲解,学生跟作</td></tr>
</table>

续表

教学环节	教　师	学　生

活动四 (15分钟)	小结评价		
	评价内容	评价标准	得分/等级
	圆规、量角器、三角板的运用	圆规、量角器、三角板的运用自如	优
		能根据要求使用圆规、量角器、三角板	良
		不能熟练运用圆规、量角器、三角板	中
		不会使用圆规、量角器、三角板	差

步骤二　认识款式,了解快捷键的使用

教学目标	知识目标	(1)能掌握开样快捷键的使用; (2)能熟悉女西裤尺寸测量方法及尺寸设计依据
	技能目标	(1)会理解女西裤结构变化原理; (2)会女西裤样板制作和快捷键使用
	素养目标	(1)学生有自主学习,善于分析的能力; (2)学生有团队合作的精神
教学重点	能分析女西裤款式及结构特点,能解决女西裤结构的难点	
教学难点	理解女西裤结构变化的原理	
参考课时	2课时	
教学准备	计算机机房、CAD软件	

教学环节	教　师	学　生
	认识款式	
活动一 (15分钟)	(1)普通女西裤一般为锥形裤。前裤片左右各有两只反褶裥,侧缝直袋各一只;后裤片左右各收两只省;腰口装腰头;前门襟或右侧缝开口装拉链或钉扣,如下图所示。 (2)制图规格	(1)对教师给予的女西裤进行测量,制定制图规格。 (2)导入开样数据库

(2)制图规格

号型	部位	裤长	腰围	臀围	脚口	上裆 (不含腰)	腰头宽
160/68	规格	98	70	100	20	25	4

教学环节	教 师	学 生
	认识款式	
活动一 (15 分钟)	单击【号型】菜单——【号型编辑】,在设置号型规格表中输入尺寸,如下图所示 	
	快捷键的使用	
活动二 (20 分钟)	教师根据操作需要讲解以下快捷键:Ctrl + N、Ctrl + O……	(1)与教师一起操作快捷键的使用。 (2)牢记快捷键的使用方法,能进行快速简单的界面开样操作

		小结评价		
活动三 (15 分钟)	评价内容	评价标准		得分/等级
	认识款式,了解快捷键的使用	款式识别正确,裤码测量导入准确,快捷键使用自如		优
		款式识别正确,能使用快捷键		良
		对快捷键尚不熟悉		中
		不会使用快捷键,测量数据导入错误		差

步骤三　女西裤制版

教学目标	知识目标	(1)能利用富怡服装 CAD 绘制出女西裤的结构制图; (2)能利用 CAD 绘制出女西裤的结构制图
	技能目标	(1)会运用快捷键进行女西裤制板; (2)会女西裤样板制作时的快捷键的使用
	素养目标	(1)学生有自主学习,善于分析的能力; (2)学生有团队合作的精神
教学重点	能分析女西裤款式及结构特点,能解决女西裤结构难点	
教学难点	理解女西裤结构变化原理,熟练掌握、运用女西裤裤制板的操作方法	
参考课时	4 课时	
教学准备	计算机机房、CAD 软件	

续表

教学环节	教师	学生
	女西裤制版前片一	
活动一 (25分钟)	(1)做框架： ①做外框； ②做横裆线； ③做前直裆线； ④做臀围线； ⑤做中裆线 (2)做前片： ①做前窿门； ②做前横裆； ③做前挺缝线； ④做前中裆大； ⑤做前裤口； ⑥前裆角平分线 (3)作腰线、前中线及部分前侧缝线	(1)与教师一起操作快捷键的使用； (2)教师通过大屏幕边演示边讲解,学生跟作
活动二 (20分钟)	女西裤制版前片二	
	(1)画前片的裤口线、中裆线、内侧线。 (2)作前片腰褶	(1)与教师一起操作。 (2)教师通过大屏幕边演示边讲解,学生跟作
活动三 (25分钟)	女西裤制版前片二	
	(1)作后裆宽倾斜线,确定臀围的辅助线。 (2)作后片腰线、大裆曲线。 (3)作后片裤折线及其他辅助线 。 (4)作后片侧缝线、后中线与前裤片同理。 (5)画后片省道,加缝边。 (6)女西裤前后片的拾取。 (7)女西裤的收省、画辅助线、放缝	(1)与教师一起操作。 (2)教师通过大屏幕边演示边讲解,学生跟作

活动四 (15分钟)	小结评价		
	评价内容	评价标准	得分/等级
	女西裤制版	女西裤打版快速准确	优
		能够按照教师要求进行女西裤打版	良
		女西裤制版不够准确	中
		不会女西裤打版	差

任务二　男西裤打版

完成任务步骤及课时：

步　骤	教学内容	课　时
步骤一	智能笔的使用	2
步骤二	男西裤前片	3
步骤三	男西裤后片	3
合　计		8

步骤一　智能笔的使用

教学目标	知识目标	(1)能掌握智能笔的各种使用方法； (2)能掌握智能笔的多种用途	
	技能目标	(1)会快速灵活运用智能笔； (2)会能准确能运用智能笔进行开样设计	
	素养目标	(1)学生有自主学习,善于分析的能力； (2)学生有团队合作的精神	
教学重点	了解 CAD 软件中,智能笔的各项使用方法		
教学难点	能准确使用智能笔的具体操作		
参考课时	2 课时		
教学准备	计算机机房、CAD 软件		
教学环节	教　师		学　生
	智能笔的使用一		
活动一 (20 分钟)	教师介绍智能笔以及常用线条的绘制方法。 ①直线； ②曲线； ③矩形； ④平行线； ⑤拉圆角； ⑥线上加固定点； ⑦加固定省		(1)与教师一起操作快捷键的使用。 (2)教师通过大屏幕演示边讲解,学生跟作。 (3)学生绘制以下线条,互相检查完成情况： ①直线； ②曲线； ③矩形； ④平行线： ⑤拉圆角
	智能笔的使用二		
活动二 (20 分钟)	教师讲解智能笔的调用及使用方法： ①省圆顺； ②省折线； ③剪切与连接剪切； ④等分线； ⑤打 T 型剪口型； ⑥丁字尺； ⑦连接角； ⑧线拼接		(1)与教师一起操作快捷键的使用。 (2)教师通过大屏幕边演示边讲解,学生跟作

续表

教学环节	教　师		学　生	
活动三 (15 分钟)	小结评价			
	评价内容	评价标准		得分/等级
	智能笔的使用	正确使用智能笔,熟悉智能笔的所有使用方法		优
		了解智能笔的使用方法,能进行简单操作		良
		勉强能使用智能笔		中
		不会使用智能笔		差

步骤二　男西裤前片

教学目标	知识目标	(1)能熟悉基本裤制图方法; (2)能根据裤装结构制图分解样板
	技能目标	(1)会按要求对各个裁片进行放缝得到整套工业样板; (2)会根据裤装结构制图分解样板
	素养目标	(1)学生有自主学习,善于分析的能力; (2)学生有团队合作的精神
教学重点	分解样板	
教学难点	典型男西裤的结构制图	
参考课时	\multicolumn 3 课时	
教学准备	计算机机房、CAD 软件	

教学环节	教　师	学　生
活动一 (25 分钟)	前片一	
	(1)号型规格设定。 (2)单位设定。 (3)尺寸表设定。 (4)裤子前片: ①作矩形; ②作横裆线; ③作臀围线; ④膝围线; ⑤作前小裆宽; ⑥作前挺缝线	(1)与教师一起操作。 (2)教师通过大屏幕边演示边讲解,学生跟作

教学环节	教　师	学　生
	前片二	
活动二 (25分钟)	(1)作前裆弧线。 (2)定前腰围。 (3)画上裆部分的侧缝线。 (4)作裤腿的内缝线。 (5)定袋位作斜插袋袋口线。 (6)褶位 ①把腰线切成三段,以便作褶; ②定挺缝线一侧的褶位; ③定袋口一侧的褶位; ④单击[省道]工具,指示作省线,指示省中心线	(1)与教师一起操作。 (2)教师通过大屏幕边演示边讲解,学生跟作。学生实训时巡堂,做个别讲解

活动三 (20分钟)	小结评价		
	评价内容	评价标准	得分/等级
	男西裤前片 制版	男西裤前片开样各点位准确,放码到位	优
		各点位基本准确,开样操作较为熟练	良
		男西裤开样不够熟悉	中
		不能进行开样制版	差

步骤三　男西裤后片

教学目标	知识目标	(1)能熟悉基本裤制图方法; (2)能根据裤装结构制图分解样板
	技能目标	(1)会按要求对各个裁片进行放缝得到整套工业样板; (2)会根据裤装结构制图分解样板
	素养目标	(1)学生有自主学习,善于分析的能力; (2)学生有团队合作的精神
教学重点	男女西裤制版工具的不同之处	
教学难点	典型男西裤的结构制图	
参考课时	3课时	
教学准备	计算机机房、CAD软件	

教学环节	教　师	学　生
	后片一	
活动一 (25分钟)	(1)直接使用前裤片的一些基础线。 (2)定后臀围大。 (3)作后裆缝曲线。 (4)作挺缝线	(1)与教师一起操作。 (2)教师通过大屏幕边演示边讲解,学生跟作

续表

教学环节	教　师		学　生
活动二 (25分钟)	后片二		
	(1)作后腰围线。 (2)作后侧缝曲线。 (3)作后裤片内缝线。 (4)定后口袋位		(1)与教师一起操作。 (2)教师通过大屏幕边演示边讲解,学生跟作
活动三 (20分钟)	小结评价		
	评价内容	评价标准	得分/等级
	男西裤前片制版	男西裤前片开样各点位准确,放码到位	优
		各点位基本准确,开样操作较为熟练	良
		男西裤开样不够熟悉	中
		不能进行开样制版	差

任务三　西裤省道转移

完成任务步骤及课时:

步　骤	教学内容	课　时
步骤一	认识省道工具	2
步骤二	旋转、复制键的使用	2
合　计		4

步骤一　认识省道工具

教学目标	知识目标	(1)能通过省道的转移来实现女装款式省道的处理; (2)能认识省道的原理结构
	技能目标	(1)会旋转工具的使用; (2)会省道的闭合操作
	素养目标	(1)学生有自主学习,善于分析的能力; (2)学生有团队合作的精神
教学重点	旋转工具的使用	
教学难点	省道的闭合操作	
参考课时	2课时	
教学准备	计算机机房、CAD软件	

教学环节	教　师	学　生
	如何绘制省道	
活动一 (15分钟)	(1)在纸样列表框内单击前片纸样,该纸样显示为选中衣片颜色,表示该纸样被选中。选中衣片的颜色可单击 ⚙ 在其中的【工作视窗】选项卡中设定。 (2)选择 ⌄ (双向尖省),单击纸样栏内的前片纸样。辅助线上出现填充区域,单击省线与腰围线的交点,移动鼠标,单击胸点。给纸样加省道需要显示辅助线	(1)与教师一起操作。 (2)教师通过大屏幕边演示边讲解,学生跟作。 (3)熟记省道各种工具的使用
	6种不同的省道	
活动二 (20分钟)	(1)◈ 菱形省。 (2)⌄ 锥形省。 (3)⌄ 双向尖省。 (4)⌄ 单向省。 (5)⌄ 不定位省。 (6)⌄ 不对称省	(1)与教师一起操作。 (2)教师通过大屏幕边演示边讲解,学生跟作。 (3)熟记省道的各项工具的使用
	小结评价	

教学环节	评价内容	评价标准	得分/等级
活动三 (15分钟)	认识省道工具	能独立操作完成各项省道工具,并能正确使用	优
		能正确运用省道工具的各种方法	良
		能基本使用省道的各项工具	中
		不能使用省道工具	差

步骤二　旋转复制键的运用

教学目标	知识目标	(1)能通过省道的转移来实现女装款式省道的处理; (2)能认识复制粘贴的原理结构
	技能目标	(1)会旋转工具的使用; (2)会省道的闭合操作
	素养目标	(1)学生有自主学习,善于分析的能力; (2)学生有团队合作的精神

续表

教学重点	掌握将现有的西装裤省转移到其他位置	
教学难点	掌握将一个或多个端点移动到制定位置	
参考课时	2 课时	
教学准备	计算机机房、CAD 软件	
教学环节	教　师	学　生
活动一 (25 分钟)	**旋转键** 旋转。 该工具用于旋转并复制一组点或线。在做完旋转粘贴的两个线之间,实际已建立了一种联系,当用修改工具调整被复制的曲线时,复制出的线也将跟着调整(我们称这种联系为连动)。 操作: ①逐一单击选中所需复制的内容,击右键结束选择; ②单击选中点或线中的一点,确定该点为轴心点,再单击线上选中内容中的任意点为参考点拖动鼠标旋转至目标位置; ③弹出【旋转】对话框,输入两点连线旋转的角度或参考点移动的距离(输入在【宽度】栏内),按【确定】即可 旋转 角度(A) 29.212255 度 宽度(W) 51.529 cm 确定(O)　取消(C)	(1)与教师一起操作。 (2)教师通过大屏幕边演示边讲解,学生跟作
活动二 (25 分钟)	**复制粘贴** (1)　对称粘贴。 该工具用于沿对称轴复制粘贴一组点或线并在做完对称复制的两个线之间,建立连动关系: ①分别单击两个点作为对称轴; ②逐一单击选中所需复制的点或线,击右键完成 (2)　翻转粘贴。 该工具用于翻转、移动、复制、粘贴一条线并在做完翻转粘贴的两个线之间建立连动关系。当用修改工具调整其中任何一条线时,另一条线也将跟着调整。例如为了使前后袖弯处连接圆顺,便可采用这种工具: ①单击一曲线或者直线上的端点; ②按空格键就会以该点为轴心逆时针 90° 旋转,每按一次,就旋转一次;或者按右键,在弹出的浮动菜单中有【连续翻转】、【垂直翻转】、【水平翻转】等选项,从中选所需要的选项; ③移动到所需位置,再单击即可	(1)与教师一起操作。 (2)教师通过大屏幕边演示边讲解,学生跟作

教学环节	教　师	学　生
	复制移动	
活动三 (25分钟)	(1)　成组复制。 该工具用于移动、复制、粘贴一组点或线。 ①选择该工具； ②逐一单击选中所需复制的内容,击右键结束选择； ③单击其中一点(此点为该组移动到最终位置的位移参照点),拖动到目标位置后单击,弹出【移动量】对话框,输入数值,单击【确定】即可。 移动量 -10.833 cm　　22.234 cm -19.416 cm　　240.84102 度 确定(O)　　取消(C) (2)　旋转移动。 该工具一般是配合调整工具一起使用,进行过旋转移动的线与原线段之间即建立了一种联系,调整其中一条线另一条即跟着变化,例如为了使前后领口、袖窿在肩线处连接圆顺,便可采用这种工具: ①选中重合线(肩线):依次单击起点 A、A′,和终点 B、B′(注意:先选起点的移动点——目标点,再选终点的移动点——目标点,顺序一定不能错!); B′　　　B 　　A′　　A ②选择需要作旋转移动的线条:依次单击领口线、袖窿线按右键完成； B′　　　A′ 　B　　A ③调整旋转复制出的领口线、袖窿线,使其与前片的领口线、袖窿线在肩点处连接圆顺。(注意观察原衣片也同时跟着调整了) CL=39.092 cm A′ B′　　B′　　A	

续表

教学环节	教　师		学　生
活动四 (20分钟)	小结评价		
	评价内容	评价标准	得分/等级
	旋转复制键 的使用	对于各项旋转复制工具运用自如	优
		能进行旋转复制键的操作,能进行省道转移	良
		基本掌握旋转复制的使用方法	中
		不能旋转复制工具	差

项目四　女装版型制作

任务一　新文化原型的绘制

教学目标	知识目标	(1)能熟悉女装衣身原型的结构; (2)能熟悉智能笔的所有功能	
	技能目标	(1)会女装原型的画法; (2)会智能笔的多种运用方法	
	素养目标	(1)学生有自主学习、善于分析的能力; (2)学生有团队合作能力	
教学重点	智能笔与其他工具件的配合		
教学难点	灵活地运用各工具键进行女装衣身原型的绘制		
参考课时	2课时		
教学准备	多媒体设备、课件、教材、每个学生一台计算机		
教学环节	教　师		学　生
活动一 小组合作 探究新知 (20分钟)	(1)教师提问:你们会手工画女装原型吗? (2)把学生分成4组,根据所学软件知识,讨论衣身原型的制图步骤和所要用到的工具		(1)学生回答:会画。 (2)学生共同探究
活动二 教师示范 学生领悟 (15分钟)	(1)教师示范女装衣身原型的制图步骤和方法: ①用智能笔 ✐ 绘制框架图; ②按角度线的快捷键L,用 ✐ 确定胸省大小,在对话框里输入18.5,单击"确定"按钮;		(1)观看教师示范衣身原型绘图。 (2)学生把教师示范方法做好笔记

教学环节	教 师	学 生
活动二 教师示范 学生领悟 (15分钟)	 ③确定省大用智能笔 ✎ 点击省尖点,放在省中心线上呈红色,敲击 Enter 键,输入数据确定; ④用智能笔 ✎ 右键调整弧线,完成原型绘图; (2)要求学生记录流程,并分析自己画法和教师画法有何不同?	
活动三 学生练习 突破难点 掌握技能 (45分钟)	(1)每个同学根据教师的方法画一遍衣身原型。 (2)教师巡回指导学生正确的使用工具键完成衣身原型的绘制。 (3)每人再用正确的方法练习3遍,以达到熟练地工具键完成衣身原型的绘制。 (4)每组派两名同学出来PK,看谁画得快	(1)每位同学认真完成衣身原型的绘制。 (2)小组代表出来PK,同学在一旁助威

续表

教学环节	教　师		学　生	
	评价内容	评价标准		得分/等级
活动四 任务评价 教师总结 （10分钟）	女装衣身原型绘制	小组合作团结,讨论积极,使用工具正确无误,动作熟练,5分钟内画完衣身原型		优
		小组合作团结,讨论积极,使用工具正确无误,动作熟练,8分钟内画完衣身原型		良
		小组合作愉快,使用工具有3次以内错误,动作较熟练,10分钟画完衣身原型		中
		小组合作不愉快,使用工具有误,动作不熟练,10分钟内画不完衣身原型		差

任务二　原型省道的转移

完成任务步骤及课时：

步　骤	教学内容	课　时
步骤一	胸省的转移方法	2
步骤二	前胸省道转移实例练习	2
步骤三	省道的二次转移实例练习	2
步骤四	后肩省的转移及处理方法	2
合　计		8

步骤一　胸省的转移方法

教学目标	知识目标	（1）能熟悉女装胸省量的转移处理方法； （2）能熟悉女装胸省的形成原理
	技能目标	（1）会应用原型省道进行女装胸省的转移； （2）会正确运用工具进行省道的合并和转移
	素养目标	（1）学生有自主学习、善于分析的能力； （2）学生有团队合作能力
教学重点	熟练用旋转工具进行女装胸省的转移	
教学难点	灵活地运用各工具键进行合并和转移	
参考课时	2课时	
教学准备	多媒体设备、课件、教材、每个学生一台计算机	

续表

教学环节	教　师	学　生
活动一 提高兴趣 引入新知 (5分钟)	(1)教师提问:你们知道女装胸省的转移方法吗? (2)教师用 CAD 软件来进行省道转移和手工进行转移的特点来进行比较,激发学生的对 CAD 软件的学习兴趣	学生回答:简单的胸省转移会一些,但更想学习 CAD 转移的方法
活动二 教师示范 学生合作 领悟技巧 (25分钟)	(1)教师讲解省道转移的使用工具,示范一个门襟省的转移过程和方法: ①剪切腰节线和门襟; ②剪切前中心省,用旋转工具 ![旋转工具图标] 转移袖窿省; ③用旋转工具 ![旋转工具图标] 将腰省转到前中心;	(1)观看教师示范。 (2)学生把教师示范的方法记录在笔记本上

续表

教学环节	教　师	学　生
活动二 教师示范 学生合作 领悟技巧 (25分钟)	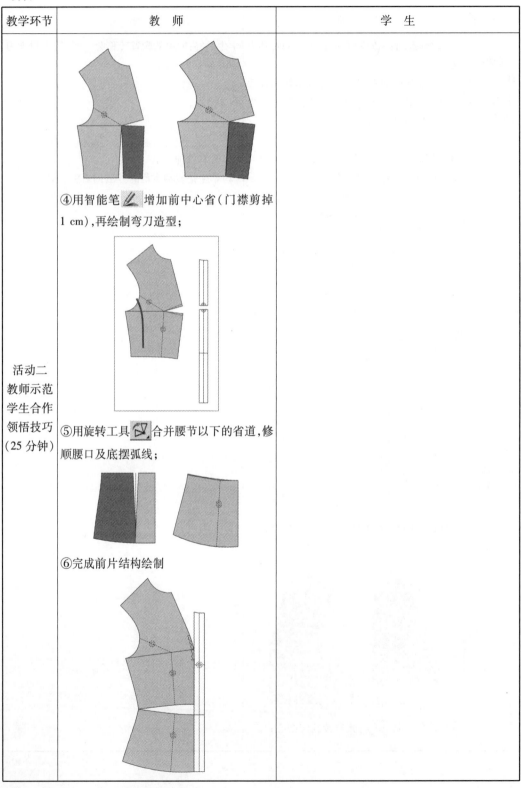	

④用智能笔　增加前中心省(门襟剪掉
1 cm),再绘制弯刀造型;

⑤用旋转工具　合并腰节以下的省道,修
顺腰口及底摆弧线;

⑥完成前片结构绘制

教学环节	教 师	学 生
活动三 学生练习 突破难点 掌握技能 (45分钟)	(1)给每组同学布置不同的省道款式,让小组成员经讨论后分别完成结构图的绘制。 (2)教师巡回指导学生正确的使用工具键完成绘制。 (3)每人再用同样的方法练习2遍,以达到熟练地工具键完成省道转移变化的任务	(1)每位同学认真完成小组款式的结构图的绘制任务。 (2)熟练运用软件进行省道转移及款式变化

活动四 任务评价 教师总结 (15分钟)	评价内容	评价标准		得分/等级
	女装原型的 省道转移	小组合作协调,使用工具正确,每位成员都能较好、较快的完成省道的转移任务		优
		小组合作协调,使用工具正确,小组成员都能完成省道的转移任务		良
		小组合作愉快,使用工具有2次以内错误,小组成员基本能完成省道的转移任务		中
		小组合作不愉快,使用工具有误,小组成员个别成员没能正确的完成省道的转移任务		差

步骤二 前胸省道转移实例练习

教学目标	知识目标	(1)能熟悉女装胸省量的转移处理方法; (2)能熟悉女装胸省的形成原理
	技能目标	(1)会女装胸省的转移方法; (2)会省道合并、旋转等工具的运用
	素养目标	(1)学生有自主学习、善于分析的能力; (2)学生有团队合作能力
教学重点	女装胸省的转移方法	
教学难点	灵活地运用各工具键进行省道的转移	
参考课时	2课时	
教学准备	多媒体设备、课件、教材、每个学生一台计算机	

续表

教学环节	教　师	学　生
活动一 布置任务 小组讨论 (10分钟)	(1)教师给出2个女装前片款式图,要求小组自选一款。 (2)要求小组讨论出绘制方法和步骤,并做好笔记	(1)学生讨论绘制方法。 (2)记录绘制步骤
活动二 小组合作 领悟技巧 (45分钟)	(1)教师要求小组成员根据组上讨论的方法,每人试着绘制各组的结构图。 (2)教师巡回指导学生完成前片省道转移任务	学生认真在绘图练习
活动三 小组PK 提高兴趣 (20分钟)	(1)每组派两名同学出来PK,比赛内容是小组互换的款式,看谁画得快,画得准。 (2)画得最好的小组予于表扬,其余小组给予鼓励	小组先讨论出绘制的方法,再派代表出来PK,其余同学在一旁助威

	评价内容	评价标准	得分/等级
活动四 任务评价 教师总结 (15分钟)	胸省转移实例练习	小组合作协调,使用工具正确,每位成员都能较好、较快的完成绘制任务	优
		小组合作协调,使用工具正确,小组成员都能完成绘制任务	良
		小组合作愉快,使用工具有2次以内错误,小组成员基本都能较好的完成绘制任务	中
		小组合作不愉快,使用工具有误,小组成员有个别成员没能正确的完成绘制任务	差

步骤三　省道的二次转移实例练习

教学目标	知识目标	(1)能熟悉省道转移方法; (2)能熟悉女装胸省的形成原理
	技能目标	(1)会女装胸省的二次转移方法; (2)会旋转键的运用
	素养目标	(1)学生有自主学习、善于分析的能力; (2)学生有团队合作能力

续表

教学重点	女装胸省的二次转移方法		
教学难点	灵活地运用软件进行女装前片结构图的绘制		
参考课时	2 课时		
教学准备	多媒体设备、课件、教材、每个学生一台计算机		
教学环节	教　师		学　生
活动一 教师示范 学生领悟 (15 分钟)	（1）教师示范一款二次转移的方法和步骤： ①利用原型中的省道转移，用旋转工具 ⟳ 使造型的区域形成完整的平面； ②确定新省道的位置及旋转"面"，以 BP 点为圆心，用旋转工具 ⟳ 进行转移；第二步：进行造型分割，在胸围线以上只考虑造型美观性及缝制过程的简便性；造型线经过胸部的时候，距离 BP 点控制在离 BP 点 1.5 cm 区域内；在胸围线以下造型优先于结构； ③利用原型中的省道转移还原结构（第二次转移：在完成造型后，用旋转工具 ⟳ 进行结构的还原。（还原的是省道量，原省道的位置和形状发生改变）		正常情境： ①学生认真看教师示范； ②学生边看边记录二次转移的方法和步骤 意外情境： ①小部分学生偷懒，不记笔记； ②一些反应慢的同学说听不懂

续表

教学环节	教　　师		学　　生
活动一 教师示范 学生领悟 (15 分钟)			
活动二 布置任务 小组讨论 (10 分钟)	(1)给出一款不同的女装前片款式。 (2)要求小组讨论出绘制方法和步骤并记录		小组讨论出绘制方法并记录下来
活动三 学生练习 掌握技能 (50 分钟)	(1)要求每个小组成员按照小组讨论出的方法把这款前片结构图画出来。 (2)每个学生重复练习画 2 遍,达到掌握二次转移的方法的目的。 (3)教师巡回指导学生,帮助学生解决疑问		(1)学生认真在完成绘制任务。 (2)不懂的学生举手问教师

活动四 任务评价 教师总结 (15 分钟)	评价内容	评价标准	得分/等级
	省道二次转移实例练习	小组团结合作,每位成员都能较好、较快的完成绘制任务,二次转移的方法正确,胸省量的处理正确,交代清楚	优
		小组团结合作,小组成员都能完成绘制任务,二次转移的方法基本正确;胸省量的处理正确,交代清楚	良
		小组团结合作,小组大部分成员能完成绘制任务,二次转移的方法基本正确;胸省量的处理有误,交代不清楚	中
		小组合作不团结,小组部分成员能完成绘制任务,二次转移的方法基本正确;胸省量的处理不正确,交代不清楚	差

步骤四　后肩省的转移及处理方法

教学目标	知识目标	(1)能熟悉省道转移方法； (2)能熟悉女装肩省的形成原理
	技能目标	(1)会女装肩省的转移方法和量的处理方法； (2)会灵活地运用软件进行女装后片结构图的绘制
	素养目标	(1)学生有自主学习、善于分析的能力； (2)学生有团队合作能力
教学重点	女装肩省的转移方法和量的处理方法	
教学难点	灵活地运用软件进行女装后片结构图的绘制	
参考课时	2课时	
教学准备	多媒体设备、课件、教材、每个学生一台计算机	
教学环节	教　师	学　生
活动一 教师讲解 学生领悟 (15分钟)	(1)教师讲解女装肩省的转移方法和量的处理方法： ①利用原型中的省道转移方法，用旋转工具 把肩省转移到袖笼分割线中； ②用旋转工具 把肩省转移到肩线分割线中； ③用旋转工具 把用肩省转移到领子或其分割线中；	正常情境： 学生认真听教师讲解，做笔记。 意外情境： ①小部分学生偷懒，不记笔记； ②一些反应慢的同学说听不懂

续表

教学环节	教 师	学 生
活动一 教师讲解 学生领悟 （15分钟）	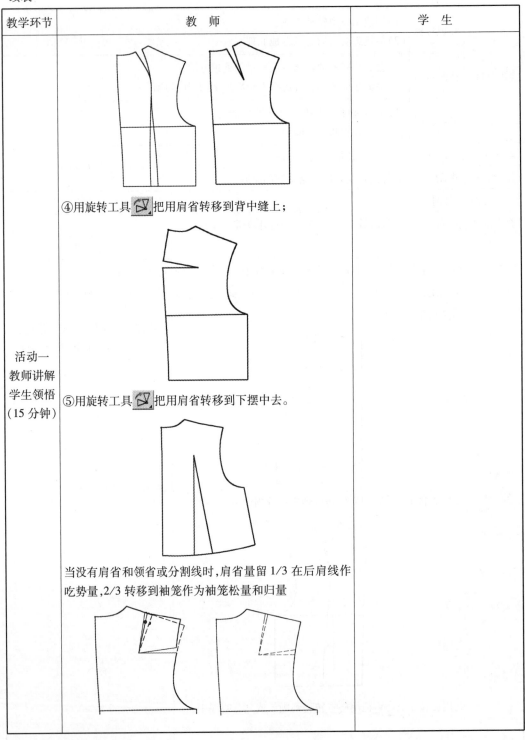 ④用旋转工具 把用肩省转移到背中缝上； ⑤用旋转工具 把用肩省转移到下摆中去。 当没有肩省和领省或分割线时，肩省量留1/3在后肩线作吃势量，2/3转移到袖笼作为袖笼松量和归量	

教学环节	教　师		学　生
活动二 布置任务 小组讨论 (10分钟)	(1)每组发给3种不同的女装后片款式图。 (2)要求小组讨论出绘制方法并记录		小组讨论出绘制方法并记录下来
活动三 学生练习 掌握技能 (50分钟)	(1)要求每个小组成员把自己组上的3款女装后片结构图画出来。 (2)教师巡回指导学生,帮助学生解决疑问,掌握绘制方法		(1)学生认真在完成绘制任务。 (2)不懂的学生举手问教师
活动四 任务评价 教师总结 (15分钟)	评价内容	评价标准	得分/等级
	女装后肩省的转移及处理	小组团结合作,每位成员都能较好、较快的完成绘制任务,后肩省的转移方法正确,肩省量的处理正确,交代清楚	优
		小组团结合作,小组成员都能完成绘制任务,后肩省的转移方法正确,量的处理正确,交代清楚	良
		组团结合作,小组大部分成员能完成绘制任务,后肩省的转移方法正确,肩省量的处理有误,交代不清楚	中
		小组合作不团结,小组部分成员能完成绘制任务,后肩省的转移方法正确,肩省量的处理不正确,交代不清楚	差

任务三　衣领的绘制方法

完成任务步骤及课时:

步　骤	教学内容	课　时
步骤一	立领绘制方法	2
步骤二	翻领绘制方法	2
步骤三	坦领绘制方法	2
步骤四	驳领绘制方法	2
合　计		8

步骤一　立领绘制方法

教学目标	知识目标	(1)能了解立领的结构; (2)能熟悉女装立领的配制方法
	技能目标	(1)会应用软件进行立领的配制; (2)会立领的配制的方法和技巧
	素养目标	(1)学生有自主学习、善于分析的能力; (2)学生有团队合作能力

续表

教学重点	立领的配制的方法和技巧	
教学难点	熟练应用软件进行立领的配制和制图符号的标注	
参考课时	2 课时	
教学准备	多媒体设备、课件、教材、每个学生一台计算机	
教学环节	教　师	学　生
活动一 展示图片 引入课题 （5 分钟）	教师给出立领款式女装图片。 提问： ①你们知道领型的分类吗？ ②图片上女装的领型是属于哪一类？ ③你们知道它的绘制的方法吗？	学生回答：有无领、立领、翻领、坦领、驳领，图片上的是无领，制图方法略懂一二
活动二 教师示范 学生合作 领悟技巧 （25 分钟）	（1）教师讲解立领的配制的方法和技巧。 （2）教师用 CAD 软件示范绘制一个立领的配制图，特别提醒学生注意教师的标注方法： ①用测量工具量🔧出前领弧长和后领弧长； ②用智能笔🖊画领结构图 	（1）观看教师示范。 （2）学生把教师示范的方法和步骤记录在笔记本上

续表

教学环节	教　师		学　生
活动三 学生练习 突破难点 掌握技能 (45 分钟)	(1)给每组 3 个不同的立领款式,让小组成员经讨论后分别完成立领的绘制任务。 (2)教师巡回指导学生正确的使用工具键。 (3)每人每款重复练习 2 遍,以达到熟练地运用工具,熟练地完成立领的配制任务		每位同学认真完成各小组的 3 款女装立领结构图的绘制任务

教学环节	评价内容	评价标准		得分/等级
活动四 任务评价 教师总结 (15 分钟)	女装立领的绘制	小组合作协调,款式分析透彻,使用工具正确,制图符号、公式、尺寸标注正确、清楚,小组每位成员都能较好、较快的完成女装立领结构图的绘制任务		优
		小组合作协调,款式分析透彻,制图符号、公式、尺寸标注不完全清楚,小组成员都能完成女装立领结构图的绘制任务		良
		小组合作愉快,款式分析透彻,制图符号、公式、尺寸标注不清楚,有误,小组成员基本都能较好的完成女装立领结构图的绘制任务		中
		小组合作不团结,款式分析不够透彻,制图符号、公式、尺寸标注不准确,不清晰,小组有个别成员没能正确的完成女装立领结构图的绘制任务		差

步骤二　翻领绘制方法

教学目标	知识目标	（1）能了解翻领的结构； （2）能熟悉女装翻领的配制方法	
	技能目标	（1）会应用软件进行翻领的配制； （2）会翻领的配制的方法和技巧	
	素养目标	（1）学生有自主学习、善于分析的能力； （2）学生有团队合作能力	
教学重点	翻领的配制的方法和技巧		
教学难点	熟练应用软件进行翻领的配制和制图符号的标注		
参考课时	2 课时		
教学准备	多媒体设备、课件、教材、每个学生一台计算机		
教学环节	教　师		学　生
活动一 展示图片 引入课题 （5 分钟）	教师出示翻领图片： 提问： ①图片上女装的领型是属于哪一类？ ②你们知道它的配制的方法吗？		学生回答：图片上的是翻领，配制的方法不知道
活动二 教师示范 学生合作 领悟技巧 （25 分钟）	（1）教师讲解翻领的配制的方法和技巧。 （2）教师用 CAD 软件示范绘制一个翻领的配制过程和方法，并要求学生记好笔记 ①作标准领口圆； 		（1）观看教师示范。 （2）学生把教师示范的方法和步骤记录在笔记本上

教学环节	教　师	学　生
活动二 教师示范 学生合作 领悟技巧 （25 分钟）	②作领驳线； ③作领的辅助线； ④作领的轮廓线	
活动三 学生练习 突破难点 掌握技能 （45 分钟）	（1）给每组两个不同的翻领款式，让小组成员经讨论后分别完成翻领的绘制任务。 （2）教师巡回指导学生正确的使用工具键。 （3）每人每款重复练习 2 遍，以达到熟练地运用工具，熟练地完成翻领的配制任务	每位同学认真完成各小组的两款女装翻领结构图的绘制任务

(图中标注：长度；长度= 6.5 cm；确定(O)；取消(C)；L=6.5 cm；2)

续表

教学环节				
活动四 任务评价 教师总结 (15分钟)	评价内容	评价标准		得分/等级
	女装翻领的 绘制	小组合作协调,使用工具正确,制图符号、公式、尺寸标注正确、清楚,每位成员都能较好、较快地完成翻领的配制任务		优
		小组合作协调,制图符号、公式、尺寸标注不完全清楚,小组成员都能完成女装翻领的配制任务		良
		小组合作愉快,制图符号、公式、尺寸标注不清楚,有误,小组成员基本都能较好地完成翻领的配制任务		中
		小组合作不团结,制图符号、公式、尺寸标注不准确,不清晰,小组有个别成员没能正确地完成女装翻领的配制任务		差

步骤三　坦领绘制方法

教学环节		教　师	学　生
教学目标	知识目标	(1)能了解坦领的结构; (2)能熟悉女装坦领的配制方法	
	技能目标	(1)会应用软件进行坦领的配制; (2)会坦领的配制的方法和技巧	
	素养目标	(1)学生有自主学习、善于分析的能力; (2)学生有团队合作能力	
教学重点		坦领的配制的方法和技巧	
教学难点		熟练应用软件进行坦领的配制和制图符号的标注	
参考课时		2课时	
教学准备		多媒体设备、课件、教材、每个学生一台计算机	
教学环节		教　师	学　生
活动一 展示图片 引入课题 (5分钟)		教师给出几款坦领款式图片: 	学生回答:图片上的是坦领,配制的方法不知道

教学环节	教 师	学 生
活动一 展示图片 引入课题 (5分钟)	 提问: ①图片上女装的领型是属于哪一类? ②你们知道它的配制的方法吗?	
活动二 教师示范 学生合作 领悟技巧 (25分钟)	(1)教师讲解坦领的配制的方法和技巧。 (2)教师示范绘制一款坦领的配制图: ①重叠肩缝2.5 cm; ②用智能笔 ✐ 画出领的造型,领宽为7 cm 	(1)观看教师示范。 (2)学生把教师示范的方法和步骤记录在笔记本上
活动三 学生练习 突破难点 掌握技能 (45分钟)	(1)给每组两个不同的坦领款式,让小组成员经讨论后分别完成坦领的绘制任务。 (2)教师巡回指导学生正确的使用工具键。 (3)每人每款重复练习2遍,以达到熟练地运用工具,熟练地完成坦领的配制任务	每位同学认真完成各小组的两款女装坦领结构图的绘制任务

续表

教学环节			
	评价内容	评价标准	得分/等级
活动四 任务评价 教师总结 (15分钟)	女装坦领的绘制	小组合作协调,款式分析透彻,使用工具正确,制图符号、公式、尺寸标注正确、清楚,每位成员都能较好、较快地完成坦领的配制任务	优
		小组合作协调,款式分析透彻,制图符号、公式、尺寸标注不完全清楚,小组成员都能完成女装坦领的配制任务	良
		小组合作愉快,款式分析透彻,制图符号、公式、尺寸标注不清楚,有误,小组成员基本都能较好的完成坦领的配制任务	中
		小组合作不团结,制图符号、公式、尺寸标注不准确,不清晰,小组有个别成员没能正确地完成女装坦领的配制任务	差
教学反思	坦领的配制方法相应比较简单一些,学生掌握起来也较容易		

步骤四　驳领绘制方法

教学环节	教　师	学　生
教学目标	知识目标	(1)能了解驳领的结构; (2)能熟悉女装驳领的配制方法
	技能目标	(1)会应用软件进行驳领的配制; (2)会驳领的配制的方法和技巧
	素养目标	(1)学生有自主学习、善于分析的能力; (2)学生有团队合作能力
教学重点	驳领的配制的方法和技巧	
教学难点	熟练应用软件进行驳领的配制和制图符号的标注	
参考课时	2课时	
教学准备	多媒体设备、课件、教材、每个学生一台计算机	
教学环节	教　师	学　生
活动一 展示图片 引入课题 (5分钟)	教师给出几款驳领款式女装图片: 	学生回答:图片上的是驳领,配制的方法不知道

教学环节	教 师	学 生
活动一 展示图片 引入课题 (5分钟)	 提问:图片上女装的领型是属于哪一类?	
活动二 教师示范 学生合作 领悟技巧 (25分钟)	(1)教师讲解驳领的配制的方法和技巧。 (2)教师用 CAD 软件示范绘制一个驳领的配制图: ①取 2.4 cm 用智能笔 画出驳口线; ②取 2.7 cm 做出驳平线; ③取 7:2 做出领松斜度; ④用智能笔 完成领子的绘制 	(1)观看教师示范。 (2)学生把教师示范的方法和步骤记录在笔记本上

续表

教学环节	教　师		学　生
活动三 学生练习 突破难点 掌握技能 (45分钟)	(1)给每组两个不同的驳领款式,让小组成员经讨论后分别完成驳领的绘制任务。 (2)教师巡回指导学生正确的使用工具键。 (3)每人每款重复练习2遍,以达到熟练地运用工具,熟练地完成驳领的配制任务		每位同学认真完成各小组的两款女装驳领结构图的绘制任务
活动四 任务评价 教师总结 (15分钟)	评价内容	评价标准	得分/等级
	女装驳领的绘制	小组合作协调,使用工具正确,制图符号、公式、尺寸标注正确、清楚,每位成员都能较好、较快地完成驳领的配制任务	优
		小组合作协调,制图符号、公式、尺寸标注不完全清楚,小组成员都能完成女装驳领的配制任务	良
		小组合作愉快,制图符号、公式、尺寸标注不清楚,有误,小组成员基本都能较好地完成驳领的配制任务	中
		小组合作不团结,制图符号、公式、尺寸标注不准确,不清晰,小组有个别成员没能正确地完成女装驳领的配制任务	差

任务四　袖子的绘制方法

完成任务步骤及课时:

步　骤	教学内容	课　时
步骤一	原型袖绘制方法	2
步骤二	泡泡袖绘制方法	2
步骤三	抬肩袖绘制方法	2
步骤四	插肩袖绘制方法	2
合　计		8

步骤一　原型袖绘制方法

教学目标	知识目标	(1)能了解原型袖与袖笼的结构关系; (2)能了解袖肥与运动的关系
	技能目标	(1)会熟练应用软件进行原型袖绘制; (2)会原型袖的绘制的方法和技巧
	素养目标	(1)学生有自主学习、善于分析的能力; (2)学生有团队合作能力

教学重点	原型袖的绘制的方法和技巧	
教学难点	熟练应用软件进行制图及符号的标注	
参考课时	2 课时	
教学准备	多媒体设备、课件、教材、每个学生一台计算机	
教学环节	教　师	学　生
活动一 展示图片 引入课题 （5 分钟）	教师播放各种袖子款式图片，介绍袖子的分类 	认真听教师讲解
活动二 教师示范 学生领悟 （20 分钟）	（1）教师讲解袖子袖山与袖肥的关系。 （2）教师示范原型袖的绘制的方法和过程： （要求学生做好笔记） ①用 ✎ 量出袖笼弧长 = AH； ②按快捷键 D，用等分规 🚗 工具取袖笼深的 5/6 作袖山深； ③用圆规 A 作袖山斜线，按对称快捷键 K 复制袖笼底弧线；	（1）观看教师示范。 （2）学生把教师示范的方法和步骤记录在笔记本上

续表

教学环节	教 师	学 生
活动二 教师示范 学生领悟 (20分钟)	 ④用智能笔✏连接袖山弧线,并画顺; ⑤用智能笔✏取袖口大,作袖下缝线; ⑥作袖肘省,完成原型袖的绘制。 (特别提醒学生注意教师的标注方法) 	
活动三 学生练习 突破难点 (50分钟)	(1)小组成员分别练习原型袖的绘制。 (2)教师巡回指导学生正确的使用工具键和标注公式。 (3)学生重复练习2遍,以达到熟练地运用工具,熟练地完成原型袖的绘制的效果	每位同学认真完成原型袖结构图的绘制

活动四 任务评价 教师总结 (15分钟)	评价内容	评价标准	得分/等级
	女装原型袖的绘制	小组合作协调,使用工具正确,制图符号、公式、尺寸标注正确、清楚,小组每位成员都能较好、较快地完成女装原型袖结构图的绘制任务	优
		小组合作协调,制图符号、公式、尺寸标注不完全清楚,小组成员都能完成女装原型袖结构图的绘制任务	良
		小组合作愉快,制图符号、公式、尺寸标注不清楚,有误,小组成员基本都能较好地完成女装原型袖结构图的绘制任务	中
		小组合作不团结,制图符号、公式、尺寸标注不准确,不清晰,小组有个别成员没能正确地完成女装原型袖结构图的绘制任务	差

步骤二　泡泡袖绘制方法

教学目标	知识目标	（1）能了解泡泡袖与袖笼的结构关系； （2）能了解袖肥与运动的关系	
	技能目标	（1）会熟练应用软件进行泡泡袖绘制； （2）会泡泡袖的绘制的方法和技巧	
	素养目标	（1）学生有自主学习、善于分析的能力； （2）学生有团队合作能力	
教学重点	泡泡袖的绘制的方法和技巧		
教学难点	熟练应用软件进行制图及符号的标注		
参考课时	2 课时		
教学准备	多媒体设备、课件、教材、每个学生一台计算机		
教学环节	教　师		学　生
活动一 教师示范 学生领悟 （20 分钟）	（1）教师给出泡泡袖的图片。 （2）教师示范画泡泡袖的绘制： ①袖山的 1/2 的位置设置一根剪切线，按照图示进行剪开； ②用旋转工具 抬高袖山（根据褶裥量提高）； ③用智能笔 修顺袖山弧线；		（1）学生观看教师示范。 （2）学生把教师示范的方法和步骤记录在笔记本上。

续表

教学环节	教 师	学 生
活动一 教师示范 学生领悟 (20分钟)	 ④用智能笔 ✐ 画出褶裥位,完成泡泡袖的绘制。 	
活动二 学生练习 突破难点 (55分钟)	(1)安排小组成员分别练习泡泡袖的绘制。 (2)教师巡回指导学生正确的使用工具键和标注公式。 (3)学生重复练习2遍,以达到熟练地运用工具,熟练地完成泡泡袖的绘制的效果	每位同学认真完成泡泡袖结构图的绘制

活动三 任务评价 教师总结 (15分钟)	评价内容	评价标准	得分/等级
	女装泡泡袖的绘制	小组合作协调,使用工具正确,制图符号、公式、尺寸标注正确、清楚,小组每位成员都能较好、较快地完成女装泡泡袖结构图的绘制任务	优
		小组合作协调,制图符号、公式、尺寸标注不完全清楚,小组成员都能完成女装泡泡袖结构图的绘制任务	良
		小组合作愉快,制图符号、公式、尺寸标注不清楚,有误,小组成员基本都能较好地完成女装泡泡袖结构图的绘制任务	中
		小组合作不团结,制图符号、公式、尺寸标注不准确,不清晰,小组有个别成员没能正确地完成女装泡泡袖结构图的绘制	差

步骤三　抬肩袖绘制方法

教学目标	知识目标	（1）能了解抬肩袖与袖笼的结构关系； （2）能了解抬肩袖的运动的关系	
	技能目标	（1）会熟练应用软件进行抬肩袖绘制； （2）会抬肩袖的绘制的方法和技巧	
	素养目标	（1）学生有自主学习、善于分析的能力； （2）学生有团队合作能力	
教学重点	抬肩袖的绘制的方法和技巧		
教学难点	熟练应用软件进行制图及符号的标注		
参考课时	2 课时		
教学准备	多媒体设备、课件、教材、每个学生一台计算机		
教学环节	教　师		学　生
活动一 教师示范 学生领悟 （15 分钟）	（1）教师给出一款抬肩袖的图： （2）教师讲解抬肩袖的结构特点。 （3）教师示范画抬肩袖的绘制方法： ①袖山的 1/2 的位置设置一根剪切线，按照图示进行剪开； ②用旋转工具 抬高袖山（根据款式提高）； ③用智能笔 画顺袖山，并修顺袖山弧线； ④确定抬袖的宽度及造型；		（1）观看教师示范。 （2）学生把教师示范的方法和步骤记录在笔记本上

续表

教学环节	教　　师	学　　生
活动一 教师示范 学生领悟 （15分钟）	 ⑤用省道将袖山增加的量进行消除分散,用 ![icon] 合并省道； ⑥用 ![icon] 合并袖肘省； ⑦用智能笔 ![icon] 修顺袖子结构线 	
活动二 学生练习 突破难点 （60分钟）	（1）小组成员分别练习抬肩袖的绘制。 （2）教师巡回指导学生正确的使用工具键和标注公式。 （3）学生重复练习2遍,以达到熟练地运用工具,熟练地完成抬肩袖的绘制的效果	每位同学认真完成抬肩袖结构图的绘制

续表

教学环节	教　师		学　生
	评价内容	评价标准	得分/等级
活动三 任务评价 教师总结 (15分钟)	女装抬肩袖 的绘制	小组合作协调,使用工具正确,制图符号、公式、尺寸标注正确、清楚,小组每位成员都能较好、较快地完成女装抬肩袖结构图的绘制任务	优
		小组合作协调,制图符号、公式、尺寸标注不完全清楚,小组成员都能完成女装抬肩袖结构图的绘制任务	良
		小组合作愉快,制图符号、公式、尺寸标注不清楚,有误,小组成员基本都能较好地完成女装抬肩袖结构图的绘制任务	中
		小组合作不团结,制图符号、公式、尺寸标注不准确,不清晰,小组有个别成员没能正确地完成女装抬肩袖结构图的绘制	差

步骤四　插肩袖绘制方法

教学目标	知识目标	(1)能了解插肩袖与袖笼的结构关系; (2)能了解插肩袖的运动的关系
	技能目标	(1)会熟练应用软件进行插肩袖绘制; (2)会省道转移工具与旋转工具的结合运用
	素养目标	(1)学生有自主学习、善于分析的能力; (2)学生有团队合作能力
教学重点	插肩袖的绘制的方法和技巧	
教学难点	熟练应用软件进行制图及符号的标注	
参考课时	2课时	
教学准备	多媒体设备、课件、教材、每个学生一台计算机	

教学环节	教　师	学　生
活动一 教师示范 学生领悟 (15分钟)	(1)教师示范画插肩袖的绘制方法步骤: ①延长前后肩宽1.5 cm,方法如下: 按住shift键,把鼠标放在外肩线上,单击右键,弹出对话框,在长度增减栏里输入1.5,单击确定; 调整曲线长度 旧长度 29.6 新长度 31.1 长度增减 1.5 确定(O)　取消(C) ②确定袖中线的倾斜度:在外肩点作10 cm等腰三角形,作45°确定袖中线:	(1)观看教师示范。 (2)把教师示范的方法和步骤记录在笔记本上

续表

教学环节	教　师	学　生
活动一 教师示范 学生领悟 (15分钟)	 ③从外肩点向下取袖山高 AH/3+1.8,用三角板工具 作袖山高线; ④确定插肩袖与衣片的对位点,背宽线向内 0.5~1.5 cm,胸宽线向内 1~2 cm; ⑤将衣片插肩袖的长度沿对位点画弧线圆顺至袖根线,从而确定袖肥; ⑥确定袖长、袖口尺寸; ⑦画袖下线,完成插肩袖的绘制 	
活动二 学生练习 突破难点 (60分钟)	(1)小组成员分别练习插肩袖的绘制。 (2)教师巡回指导学生正确的使用工具键和标注公式。 (3)学生重复练习2遍,以达到熟练地运用工具,熟练地完成插肩袖的绘制的效果	每位同学认真完成抬肩袖结构图的绘制

教学环节	评价内容	评价标准	得分/等级
活动三 任务评价 教师总结 (15分钟)	女装插肩袖的绘制	小组合作协调,使用工具正确,制图符号、公式、尺寸标注正确、清楚,小组每位成员都能较好、较快地完成女装插肩袖结构图的绘制任务	优
		小组合作协调,制图符号、公式、尺寸标注不完全清楚,小组成员都能完成女装插肩袖结构图的绘制任务	良
		小组合作愉快,制图符号、公式、尺寸标注不清楚,有误,小组成员基本都能较好地完成女装插肩袖结构图的绘制任务	中
		小组合作不团结,制图符号、公式、尺寸标注不准确,不清晰,小组有个别成员没能正确地完成女装插肩袖结构图的绘制	差

项目五　男、女西服制版与放缝

任务一　女西服制版与放缝

完成任务步骤及课时：

步　骤	教学内容	课　时
步骤一	女西服基础款制版与放缝	6
步骤二	女西服变化款制版与放缝	4
合　计		10

步骤一　女西服基础款制版与放缝

<table>
<tr><td rowspan="3">教学目标</td><td>知识目标</td><td colspan="2">(1)能熟悉女装原型的应用；
(2)能熟悉软件的多种功能</td></tr>
<tr><td>技能目标</td><td colspan="2">(1)会熟练应用软件完成女西服的版型制作；
(2)会智能笔与其他工具件的配合</td></tr>
<tr><td>素养目标</td><td colspan="2">(1)学生有自主学习、善于分析的能力；
(2)学生有团队合作能力</td></tr>
<tr><td>教学重点</td><td colspan="3">智能笔与其他工具件的配合</td></tr>
<tr><td>教学难点</td><td colspan="3">灵活的运用软件进行女西服版型的制作</td></tr>
<tr><td>参考课时</td><td colspan="3">6课时</td></tr>
<tr><td>教学准备</td><td colspan="3">多媒体设备、课件、教材、每个学生一台计算机</td></tr>
<tr><td>教学环节</td><td colspan="2">教　师</td><td>学　生</td></tr>
<tr><td>活动一
小组合作
分析讨论
(15分钟)</td><td colspan="2">(1)教师出示基础款女西服款式图：

(2)要求学生分组分析女西装的结构特点。
(3)小组讨论女西服结构制图的难点。
(4)每组代表汇报讨论结果</td><td>正常情境：
①小组认真分析；
②讨论后得出了难点是省道的转移和配制驳领的方法
意外情境：
因为意见不合，同学之间可能有不愉快的现象。</td></tr>
</table>

续表

教学环节	教 师	学 生
活动二 教师示范 衣身结构 图(25分 钟)	教师示范女西服衣身的绘制方法和过程： (1)建立号型规格表。 在做纸样之前,首先要把尺寸输入到【号型】菜单下的【号型编辑】→【设置号型规格表】里。单击菜单【号型】→【号型编辑】,弹出【设置号型规格表】对话框。 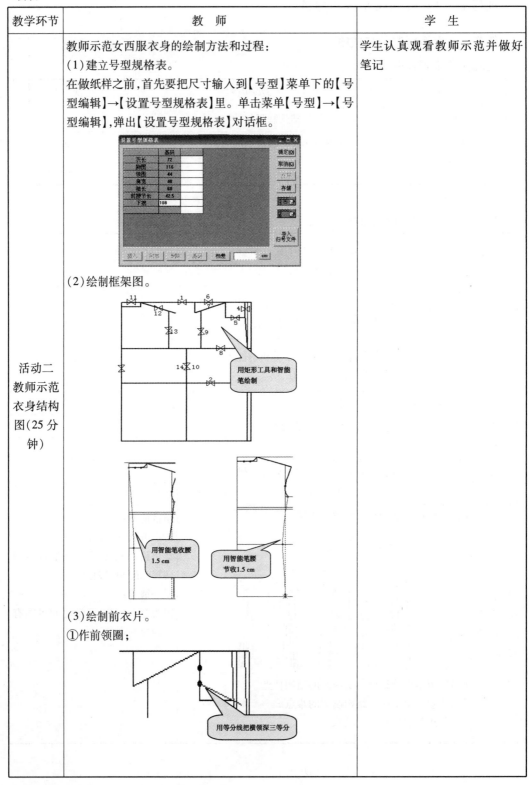 (2)绘制框架图。 (3)绘制前衣片。 ①作前领圈;	学生认真观看教师示范并做好笔记

续表

教学环节	教　师	学　生
活动二 教师示范 衣身结构 图(25分 钟)	②作驳领； 从横开领宽量出0.8AO连接到腰节线与前止口线相交点，做斜直线与驳头宽，驳头宽为8 cm ③作袖笼弧线； 用智能笔连接肩宽点与三分之二等分点和袖笼大点，并用弧线工具调整 ④作腰省； 在腰节处绘制出省宽1.2 cm，再用智能笔连接省尖与省宽 ⑤作袋位、肋省； 在袖笼深点取1 cm，下端距袋宽1.7 cm，为2 cm 用智能笔从腰节往下量取8 cm作为袋位线	
活动三 学生练习 衣身结构 图(45分 钟)	(1)要求每位学生画一遍女西服的衣身结构图。 (2)教师巡回指导学生完成任务	学生认真绘制女西服衣身结构图

续表

教学环节	教　师	学　生
活动四 自主学习 驳领的绘 制(45 分 钟)	(1)要求小组讨论女西服的驳领的绘制方法,边讨论,边派一名代表画画。 (2)要求根据小组探究的方法,每人再自己绘制 1 遍女西服领子。 (3)教师巡回指导,讲解学生疑难	(1)小组合作探究驳领的绘制方法。 (2)每位学生绘制一遍女西服领子
活动五 教师示范 袖子绘制 (20 分钟)	教师示范女西服的袖子的绘制方法: ①袖子的基本辅助线; ②作基本辅助线; ③作袖轮廓线。 	认真观看教师示范并做好笔记
活动六 学生练习 绘制袖子 (45 分钟)	(1)根据教师示范的方法,每人自己完成女西服的袖子制图。 (2)教师巡回指导,讲解学生疑难	每位学生认真绘制女西服的袖子结构图

续表

教学环节	教　师	学　生
活动七 拾取裁片及放缝练习(45分钟)	(1)要求参考教材的方法,小组讨论怎样对女西服进行拾取裁片和放缝。 (2)根据小组讨论方法,每人再自己完成女西服的拾取裁片和放缝任务。 (3)教师巡回指导,讲解学生疑难	(1)小组合作探究方法。 (2)每位学生完成女西服的拾取裁片和放缝任务

活动八 任务评价 教师总结 (30分钟)	评价内容	评价标准	得分/等级
	女西服制版与放缝	小组合作协调,使用工具正确,制图符号、公式、尺寸标注正确、清楚,小组每位成员都能较好、较快地完成女西服结构图的绘制任务	优
		小组合作协调,制图符号、公式、尺寸标注不完全清楚,小组成员都能完成女西服结构图的绘制任务	良
		小组合作愉快,制图符号、公式、尺寸标注不清楚,有误,小组成员基本都能较好地完成女西服结构图的绘制任务	中
		小组合作不团结,制图符号、公式、尺寸标注不准确,不清晰,小组有个别成员没能正确地完成女西服结构图的绘制	差

步骤二　女西服变化款制版与放缝

教学目标	知识目标	(1)能熟悉女装原型的应用; (2)能熟悉软件的多种功能
	技能目标	(1)会熟练应用软件完成女西服变化款的版型制作; (2)会智能笔与其他工具件的配合
	素养目标	(1)学生有自主学习、善于分析的能力; (2)学生有团队合作能力
教学重点	智能笔与其他工具件的配合	
教学难点	灵活的运用软件进行女西服变化款版型的制作	
参考课时	4课时	
教学准备	多媒体设备、课件、教材、每个学生一台计算机	

续表

教学环节	教　师	学　生
活动一 教师引导 分析讨论 (20 分钟)	(1)教师出示女西服变化款款式图： (2)教师讲解本款的结构特点及制图的重难点。 款式特征：领型为青果领，前片双排 1 粒扣；无袋，腰节设有活褶；后中开背缝。袖型为中袖马蹄袖，袖口活褶，钉装饰钮 1 粒 (3)要求小组讨论制图方法。 (4)小组汇报讨论结果	正常情境： ①小组认真分析； ②讨论后得出了难点是省道的转移和配制驳领的方法。 意外情境： 因为意见不合，同学之间可能有不愉快的现象
活动二 小组合作 自学绘图 (90 分钟)	(1)要求学生参考上一件女西服的制图方法，再根据所学领型以及小组讨论的方法，绘制衣身、袖子、领子的结构图。 (2)教师巡回指导学生完成绘制任务 	学生认真绘制女西服变化款结构图

教学环节	教　师		学　生
活动三 拾取裁片及放缝练习(45分钟)	(1)要求参考教材的方法,小组讨论怎样对女西服进行拾取裁片和放缝。 (2)根据小组讨论方法,每人再自己完成女西服的拾取裁片和放缝任务。 (3)教师巡回指导,解决学生疑难		每位学生完成女西服的拾取裁片和放缝任务

	评价内容	评价标准	得分/等级
活动四 任务评价 教师总结 (25分钟)	女西服变化款制版与放缝	小组合作协调,款式分析准确,使用工具正确,制图符号、公式、尺寸标注正确、清楚,小组每位成员都能较好、较快地完成女西服变化款结构图的绘制任务	优
		小组合作协调,款式分析准确,制图符号、公式、尺寸标注不完全清楚,小组成员都能完成女西服变化款结构图的绘制任务	良
		小组合作愉快,款式分析准确,制图符号、公式、尺寸标注不清楚,有误,小组成员基本都能较好地完成女西服变化款结构图的绘制任务	中
		小组合作不团结,款式分析准确,制图符号、公式、尺寸标注不准确,不清晰,小组有个别成员没能正确地完成女西服变化款结构图的绘制	差

任务二　男西服制版与放缝

完成任务步骤及课时:

步　骤	教学内容	课　时
步骤一	正装男西服制版与放缝	6
步骤二	休闲男西服制版与放缝练习	4
合　计		10

步骤一　正装男西服制版与放缝

教学目标	知识目标	(1)能熟悉男装原型的应用; (2)能熟悉软件的多种功能
	技能目标	(1)会熟练应用软件完成男西服的版型制作; (2)会智能笔与其他工件的配合
	素养目标	(1)学生有自主学习、善于分析的能力; (2)学生有团队合作能力

续表

教学重点	智能笔与其他工具件的配合		
教学难点	灵活的运用软件进行男西服版型的制作		
参考课时	6课时		
教学准备	多媒体设备、课件、教材、每个学生一台计算机		
教学环节	教　师		学　生

教学环节	教　师	学　生
活动一 小组合作 分析讨论 （15分钟）	（1）教师出示男西服款式图： （2）要求学生分组分析正装男西装的结构特点。 （3）小组讨论男西服结构制图的难点。 （4）每组代表汇报讨论结果	正常情境： ①小组认真分析； ②讨论后得出了难点是省道的转移和配制驳领的方法 意外情境： 因为意见不合，同学之间可能有不愉快的现象
活动二 教师示范 衣身制图 （30分钟）	教师示范正装男西装衣身的绘制方法和过程： （1）建立号型规格表（与女西装相同）。 （2）绘制框架图（与女西装相同）。 （3）绘制后衣片： ①作后衣片辅助线； 智能笔从袖笼上量0.05B-1做袖笼高线 智能笔延长后背宽线 ②作后衣片轮廓线。	学生认真观看教师示范并做好笔记

教学环节	教 师	学 生
活动二 教师示范 衣身制图 (30 分钟)	 侧缝下摆内收1 cm，背衩长为腰节下4 cm，宽为5 cm （4）绘制前衣片： ①绘制衣领； 肩颈点外量0.8h0作斜直线与驳头宽，驳头宽为8 cm ②作袖窿弧线； 枪驳领领嘴为5 cm，智能笔作袖窿弧线	

续表

教学环节	教　师	学　生
活动二 教师示范 衣身制图 (30 分钟)	③作手巾袋； ④完成男西服前片制图	
活动三 学生练习 衣身结构 图(45 分 钟)	(1)要求每位学生画一遍男西服的衣身结构图。 (2)教师巡回指导学生完成任务	学生认真绘制男西服衣身结构 图
活动四 自主学习 驳领的绘 制(45 分 钟)	(1)要求小组讨论男西服的枪驳领的绘制方法,边讨论,边 派一名代表画。 (2)要求根据小组探究的方法,每人再自己绘制 1 遍正装 男西服领子。 (3)教师巡回指导,讲解学生疑难	(1)小组合作探究枪驳领的绘制 方法。 (2)每位学生绘制一遍男西服领 子

续表

教学环节	教　　师	学　　生
活动五 自主学习 袖子的 绘制 (45分钟)	(1)要求小组讨论正装男西服的袖子的绘制方法,边讨论,边派一名代表画。 (2)要求根据小组探究的方法,每人再自己绘制1遍西服袖子。 (3)教师巡回指导,讲解学生疑难	(1)小组合作探究袖子的绘制方法。 (2)每位学生绘制一遍男西服袖子
活动六 拾取裁片 练习 (30分钟)	(1)要求参考裙装裁片方法,小组讨论怎样拾取正装男西服裁片。 (2)根据小组讨论方法,每人再自己完成正装男西服的拾取裁片任务。 (3)教师巡回指导,讲解学生疑难	(1)小组合作探究拾取裁片方法。 (2)每位学生完成正装男西服的拾取裁片任务
活动七 男西服放 缝练习 (30分钟)	(1)要求参考女西服和教材的方法,小组讨论怎样对正装男西服进行放缝。 (2)根据小组讨论方法,每人再自己完成正装男西服的放缝任务。 (3)教师巡回指导,讲解学生疑难	(1)小组合作探究放缝方法。 (2)每位学生完成正装男西服的放缝任务

	评价内容	评价标准	得分/等级
活动八 任务评价 教师总结 (30分钟)	男西服制版 与放缝	小组合作协调,使用工具正确,制图符号、公式、尺寸标注正确、清楚,小组每位成员都能较好、较快地完成正装男西服结构图的绘制任务	优
		小组合作协调,制图符号、公式、尺寸标注不完全清楚,小组成员都能完成正装男西服结构图的绘制任务	良
		小组合作愉快,制图符号、公式、尺寸标注不清楚,有误,小组成员基本都能较好地完成正装男西服结构图的绘制任务	中
		小组合作不团结,制图符号、公式、尺寸标注不准确,不清晰,小组有个别成员没能正确地完成正装男西服结构图的绘制	差

步骤二　休闲男西服制版与放缝练习

教学目标	知识目标	(1)能熟悉男装原型的应用; (2)能熟悉软件的多种功能
	技能目标	(1)会熟练应用软件完成休闲男西服的版型制作; (2)会智能笔与其他工具件的配合
	素养目标	(1)学生有自主学习、善于分析的能力; (2)学生有团队合作能力

续表

教学重点	智能笔与其他工具件的配合		
教学难点	灵活的运用软件进行休闲男西服版型的制作		
参考课时	4课时		
教学准备	多媒体设备、课件、教材、每个学生一台计算机		
教学环节	教　师		学　生
活动一 教师引导 分析讨论 (20分钟)	(1)教师出示休闲男西服款式图： (2)教师讲解本款的结构特点： 款式特征：本款西服线条流畅、美观优雅，是一款休闲西服，领型为平驳领，前片双排6粒扣，左右各一圆形贴袋，腰节设有腰省，腋下省；后中开背缝。袖型为原装袖。 (3)教师讲解分析制图方法		学生认真听教师的讲解，并做好笔记
活动二 小组合作 自学绘图 (90分钟)	(1)小组合作讨论休闲男西服的结构绘图方法。 (2)要求学生参考上一件男西服的制图方法，在根据小组讨论的方法，绘制休闲男西服的衣身、袖子、领子的结构图。 (3)教师巡回指导学生完成绘制任务		学生认真绘制休闲男西服结构图
活动三 拾取裁片 及放缝练 习(45分 钟)	(1)要求参考教材的方法，小组讨论怎样对休闲男西服进行拾取裁片和放缝。 (2)根据小组讨论方法，每人再自己完成休闲男西服的拾取裁片和放缝任务。 (3)教师巡回指导，讲解学生疑难		(1)小组合作探究方法。 (2)进行休闲男西服的拾取裁片和放缝任务
活动四 任务评价 教师总结 (25分钟)	评价内容	评价标准	得分/等级
	休闲男西服 制版与放缝	小组合作协调，款式分析准确，使用工具正确，制图符号、公式、尺寸标注正确、清楚，小组每位成员都能较好、较快地完成休闲男西服结构图的绘制任务	优
		小组合作协调，款式分析准确，制图符号、公式、尺寸标注不完全清楚，小组成员都能完成休闲男西服结构图的绘制任务	良
		小组合作愉快，款式分析准确，制图符号、公式、尺寸标注不清楚，有误，小组成员基本都能较好地完成休闲男西服结构图的绘制任务	中
		小组合作不团结，款式分析不够准确，制图符号、公式、尺寸标注不准确，不清晰，小组有个别成员没能正确地完成休闲男西服结构图的绘制	差

项目六　样板推档

任务一　女裙推档

完成任务步骤及课时:

步　骤	教学内容	课　时
步骤一	认识款式,成品规格尺寸及推板档差	2
步骤二	净样图、毛样图、放码图	2
合　计		4

步骤一　认识款式,成品规格尺寸及推板档差

<table>
<tr><td rowspan="3">教学目标</td><td>知识目标</td><td>(1)能掌握款式,成品规格尺寸及推板档差;
(2)能掌握工具条的运用</td></tr>
<tr><td>技能目标</td><td>(1)会成品规格尺寸及推板档差;
(2)能准确运用推档工具进行放码的运用</td></tr>
<tr><td>素养目标</td><td>(1)学生有自主学习,善于观察的能力;
(2)学生有团队合作精神</td></tr>
<tr><td colspan="2">教学重点</td><td>了解服装工业生产的特点和工业样板的重要作用</td></tr>
<tr><td colspan="2">教学难点</td><td>能准确运用推档工具进行放码的运用</td></tr>
<tr><td colspan="2">参考课时</td><td>2 课时</td></tr>
<tr><td colspan="2">教学准备</td><td>计算机机房、CAD 软件</td></tr>
<tr><td colspan="2">教学环节</td><td>教　师</td><td>学　生</td></tr>
</table>

	教　师	学　生
	认识款式,分析款式	
活动一 (20 分钟)	(1)款式图。 (2)款式说明: 女裙原型裙,左腿正前开叉,单省线 8 cm (3)标准母版(推档的依据)	与教师一起总结出各数据裙长、腰封、省线,导出标准裙母版

续表

教学环节	教　师	学　生
	成品规格尺寸及推板档差	
活动二 (20分钟)	(1)规格系列:(三部分) 号型规格: 160/84A　170/88A 成品规格:即成品主要部位规格,也是成衣规格或成品尺寸 配属规格:制图中,根据款式以及主要部位成品规格,按比例计算或推导出来的其他部位尺寸。它是配合或从属于款式及各主要规格尺寸的 (2)档差、档距:在每一套规格系列中,所有部位的规格尺寸,都是同一部位均衡地递减或递增,其档差、档距都相等 ①如衣长:70,72,74,…cm 则档差都是 2 cm。 ②如胸围:102,106,110,…cm 则档差都是 4 cm。	(1)与教师一起总结出各数据。 (2)比较两者各数据,得出原型结构放松量、胸腰差量等数据。 出错情境: 学生加减法算错,导致结果错误
	总结档差、档距的计算方法	
活动三 (20分钟)	(1)主要部位成品规格的档差、档距,只要求出各个号型之间的差数。 (2)配属部位成品规格的档差、档距,则按照结构设计制图的公式、原理的有关方法来推导、求取。 (3)一些无法计算、影响不大的微小部位,要按造型的比例作出微小的分档处理及调整	(1)按规定配属部位成品规格的档差、档距。 (2)与教师一起总结出各数据

活动四 (15分钟)	小结评价		
	评价内容	评价标准	得分/等级
	根据款式以及主要部位成品规格,按比例计算或推导出来的其他部位尺寸	母版导入正确工整,比例计算或推导出来的其他部位尺寸准确	优
		能根据款式以及主要部位成品规格,按比例计算或推导出来的其他部位尺寸	良
		导出母版,分析款式不清楚	中
		未能导出标准母版	差

步骤二　净样图、毛样图、放码图

教学目标	知识目标	(1)能掌握工具条的运用; (2)能掌握推档工具进行放码的运用
	技能目标	(1)会成品规格尺寸及推板档差; (2)能准确运用推档工具进行放的运用
	素养目标	(1)学生有自主学习,善于观察的能力; (2)学生有团队合作精神

教学重点	了解服装工业生产的特点和工业样板的重要作用	
教学难点	能准确运用推档工具进行放码的运用	
参考课时	2 课时	
教学准备	计算机机房、CAD 软件	
教学环节	教　师	学　生

教学环节	教　师	学　生
活动一 (20 分钟)	净样图、毛样图 (1)假缝命令可以说是合并纸样的一种模拟状态。用该命令可以将两纸样模拟的对合在一起,调整纸样的公共线和点,以达到更好的状态。最终,纸样依然可以恢复到独立的状态。 (2)在工具栏中选假缝的图标,或在改样菜单中选假缝命令。 (3)将光标点按在一纸样的对合线的某一点,移动鼠标至该点的相邻一点,按鼠标左键。 (4)将光标点按在另一纸样的的对合线的某一点上,移动鼠标至该点的相邻一点,按鼠标左键。 (5)局部对称复制(快捷键 C)。 (6)合并或假缝两个纸样	(1)与教师一起操作: ①假缝; ②局部对称复制; ③合并或假缝两个裙装前后样 意外情境: 学生输入的符号出错(正负值容易出错)
活动二 (20 分钟)	放码图 (1)输入垂直放码线(在衣片上输入水平方向的放码量,使其横向放缩) 号型规格:160/84A　170/88A (2)输入水平放码线(在衣片上输入垂直方向的放码量,使其纵向放缩。 (3)输入任意放码线(使衣片沿放码线的垂直方向放缩)	与教师一起操作: ①输入垂直放码线; ②输入水平放码线; ③输入任意放码线

教学环节		小结评价	
活动三 (15 分钟)	评价内容	评价标准	得分/等级
	根据款式以 3 种放码线 放码	母版导入正确,放码准确	优
		能够按照教师要求进行放码	良
		放码操作基本准确	中
		放码不准确,找不到放码点	差

任务二　男西裤推裆

完成任务步骤及课时：

步　骤	教学内容	课　时
步骤一	认识款式,正方形的缩放	2
步骤二	前片推裆	2
步骤三	后片推裆、小部件推裆	2
合　计		6

步骤一　认识款式、正方形的缩放

教学目标	知识目标	(1)认识款式,成品规格尺寸及推板裆差; (2)掌握工具条的运用	
	技能目标	(1)灵活运用放码工具键; (2)能准确运用推裆工具进行放码的运用	
	素养目标	(1)学生有自主学习,善于观察的能力; (2)学生有团队合作精神	
教学重点	了解服装工业生产的特点和工业样板的重要作用		
教学难点	能准确运用推裆工具进行放码的运用		
参考课时	2课时		
教学准备	计算机机房、CAD软件		
教学环节	教　师		学　生
活动一 (20分钟)	认识款式,分析款式		
	(1)款式图及特点分析: 双褶版 h 型男西裤腰口装腰头,腰头上有 6 根裤带袢,裤子前片开门襟装拉链,前片腰口左右各设两个裥,后片腰左右各收两个省,左右各有一双嵌线的直横袋。前片侧缝斜插袋 (2)标准母版(推裆的依据)、号型规格:170/84A 175/88A		与教师一起总结出各数据: ①裤长、腰长、省长; ②导出男西裤成品规格; ③导出标准男西裤母版

续表

教学环节	教　师	学　生
活动二 (20 分钟)	正方形的缩放 □$ABCD$ 的边长为 5 cm，将□$ABCD$ 放大为边长为 6 cm 的□$A'B'C'D'$，试确定最佳的坐标轴的位置； 	(1)与教师一起操作。 (2)思考放码标准过程中,个部分的细节变化 出错情境: 学生选错放码点,导致结果错误

活动三 (15 分钟)	小结评价		
	评价内容	评价标准	得分/等级
	根据正方形放码判断基本放码标准	正确缩放示范正方形,能举一反三运用到男装原型西裤上	优
		正确缩放示范正方形,具有男装西裤原型的放码意识	良
		勉强能转换正方形缩放	中
		不能按照教师要求完成缩放	差

步骤二　前片推裆

教学目标	知识目标	(1)能掌握工具条的运用; (2)能掌握成品规格尺寸及推板裆差
	技能目标	会运用推裆工具进行放码的运用
	素养目标	(1)学生有自主学习、善于观察的能力; (2)学生有团队合作精神
教学重点		基准线的确定:纵向的基准线为前后挺缝线,横向的基准线为横裆线
教学难点		能准确运用推裆工具进行放码的运用
参考课时		2课时
教学准备		计算机机房、CAD软件

教学环节	教　师	学　生
活动一 (20分钟)	<div align="center">前片推裆一</div>(1)男西裤前片推裆图 各部位放缩值和放缩说明 ①A点:腰线和前裆线的交点,该点在纵向上的缩放量就是立裆深的裆差,立裆深的裆差是0.75 cm,所以纵向每个号型缩放0.75 cm。横向缩放腰围的肥度,腰围裆差为4 cm,前腰围的变化量就是腰围裆差/4,为1 cm,从挺缝线到A点的长度约占前腰围的2/5,所以在横向上的缩放量为1 cm×2/5,为0.4 cm; ②B点:腰线和侧缝线的交点,纵向缩放立裆深裆差0.75 cm,横向缩放腰围裆差,前腰围的变化量为1 cm,因为A点已经缩放了0.4 cm,所以每个号型缩放0.6 cm; ③C点:臀围线和前裆线的交点,该点在立裆深的三分之一处,在纵向缩放立裆深裆差0.75 cm的三分之一,为0.25 cm。为使前中线的造型不变,横向缩放量同A点,为0.4 cm;	(1)在教师指导下一起操作。 (2)根据放码步骤和相关的技术数据来进行操作 意外情境: 学生在放码时对放码点方向性是乱的,所以取决符号时出现失误,造成裆差线错乱

教学环节	教　师	学　生
	前片推裆一	
活动一 (20分钟)	④D点:臀围线和侧缝线的交点,纵向缩放0.25 cm,同C点。横向缩放臀围裆差,臀围裆差是3.2 cm,前臀围的变化量为臀围裆差的四分之一,为0.8 cm,因为C点已经缩放了0.4 cm,所以在横向上每个号型缩放0.4 cm; ⑤E点:横裆线和侧缝线的交点,该点在横向坐标线横裆线上,纵向不缩放。为使侧缝线的造型不变,横向缩放0.4 cm,同D点; ⑥F点:前裆大点,纵向不缩放。因为挺缝线平分EF线,所以横向缩放0.4 cm,同E点	
	前片推裆二	
活动二 (20分钟)	(1)G点和H点:脚口,纵向缩放裤长变化量,裤长裆差为2 cm,因为横裆线以上已经缩放了0.75 cm,所以纵向每个号型缩放1.25 cm,横向缩放脚口变化量,脚口裆差为1 cm,每个号型缩放0.5 cm; (2)I点和J点:中裆线,横裆线到中裆线的长度约占横裆线到裤长线长度的2/5,所以纵向每个号型缩放1.25 cm×2/5=0.5 cm。横向缩放0.5 cm,同脚口; (3)K点:前褶,纵向缩放立裆深裆差,为0.75 cm,横向不缩放; (4)L点:前锥行褶,纵向缩放立裆深裆差,为0.75 cm。横向缩放B点到挺缝线变化量的一半,为0.3 cm; (5)M点:褶尖点,由于锥行褶的长度是腰臀深的3/4,那么,M点到臀围线的变化量就是1/4×0.5=0.125 cm,臀围线在长度上已经变化了0.25 cm,所以M点在纵向上缩放0.375 cm。横向缩放0.3 cm,同L点	根据教师讲解的步骤进行操作。 意外情境: 学生在操作的过程中个别同学忘了用快捷键(复制与粘贴)
活动三 (15分钟)	小结评价	

<table>
<tr><td rowspan="5">活动三
(15分钟)</td><td colspan="3">小结评价</td></tr>
<tr><td>评价内容</td><td>评价标准</td><td>得分/等级</td></tr>
<tr><td rowspan="4">男西裤前片推裆</td><td>男西裤前片推裆各点位准确,放码到位</td><td>优</td></tr>
<tr><td>各点位基本准确,缩放变化基本准确</td><td>良</td></tr>
<tr><td>放码操作较为准确,放码量不够</td><td>中</td></tr>
<tr><td>放码不准确,找不到放码点</td><td>差</td></tr>
</table>

步骤三　后片推裆

教学目标	知识目标	(1)能掌握工具条的运用; (2)能掌握推裆工具进行放码的运用
	技能目标	(1)会成品规格尺寸及推板档差; (2)会掌握纵向的基准线为前后挺缝线,横向的基准线为横裆线
	素养目标	(1)学生有自主学习,善于观察的能力; (2)学生有团队合作精神
教学重点	后片臀围线和后裆线的交点的推裆放码处理	
教学难点	能准确运用推裆工具进行放码的运用	
参考课时	2 课时	
教学准备	计算机机房、CAD 软件	
教学环节	教　师	学　生
活动一 (30 分钟)	后片推裆一 各部位放缩值和放缩说明: ①A 点:腰线和后裆线的交点,纵向缩放立裆深档差 0.75 cm。西裤后困势一般缩放 0.15~0.2 cm,这里横向缩放 0.15 cm; ②B 点:腰线和侧缝线的交点,纵向缩放 0.75 cm。横向缩放腰围差,后腰围档差为 1 cm,因为 A 点已经缩放了 0.15 cm,所以 B 点横向缩放 0.85 cm; ③C 点:臀围线和后裆线的交点,纵向缩放 0.25 cm。横向缩放 0.15 cm,同 A 点; ④D 点:臀围线和侧缝线的交点,纵向缩放 0.25 cm。横向缩放臀围变化量,后臀围档差为 0.8 cm,因为 C 点已经缩放了 0.15 cm,所以 D 点横向缩放 0.65 cm; ⑤E 点:后裆大点,纵向不缩放。后横裆的变化量为臀围差/4 + 臀围差/10,为 1.12 cm,因为挺缝线是基准线,所以 E 点横向缩放 1.12/2 = 0.56 cm	在教师指导下一起操作。 意外情境: 对脚口点放码时忘了减去腰口的量。

教学环节	教　师	学　生
	后片推档二	
活动二 (25分钟)	⑥F点:横档线和侧缝线的交点,纵向不缩放,横向缩放 0. 56 cm; ⑦G点和H点:脚口,纵向缩放 1. 25 cm。横向缩放 0. 5 cm,同前片; ⑧I点和J点:中档线,纵向缩放 0. 5 cm。横向缩放 0. 5 cm; ⑨K点:后片省道长度不变,纵向缩放 0. 75 cm。由于袋边距侧缝的位置基本不变,横向缩放 0. 85 cm,同B点; ⑩L点:纵向缩放 0. 75 cm。横向缩放 0. 85 – 0. 5 = 0. 35 cm; ⑪M点:纵向缩放 0. 75 cm,横向缩放 0. 85 cm。同K点; ⑫N点:纵向缩放 0. 75 cm,横向缩放 0. 35 cm。同L点	在教师指导下一起操作
	小部件推档	
活动三 (20分钟)	 (1)腰头推档、净样板推档,然后在净样板上放缝,做成毛样板。通常腰头的宽度不变。长度的变化为腰围档差 4 cm。在推档时一边不动,长度在另一边缩放。各对位点的位置要根据裤片腰围的变化进行调整。 (2)门、里襟推档:通常门、里襟的宽度不变。长度根据拉链长来变化。拉链档差为 0. 5 cm。因为门、里襟下端的形状不能改变,所以只要在上端腰口处进行放缩。 (3)侧袋布袋布的长度和宽度的变化都为 0. 5 cm	学生根据教师讲解的步骤自己操作

袋布推档图　　　　门、里襟推档图

右腰×1

左腰×1

续表

教学环节	教 师			学 生
活动四 (15分钟)	小结评价			
	评价内容	评价标准		得分/等级
	男西裤前片推档	男西裤后片推档及各部件点位放码准确到位		优
		各点位基本准确,缩放变化基本准确		良
		放码操作较为准确,放码量不够		中
		放码不准确,找不到放码点		差

任务三 女衬衫推档

完成任务步骤及课时:

步 骤	教学内容	课 时
步骤一	认识款式,成品规格尺寸	1
步骤二	前后片推档	2
步骤三	过肩推档、袖片推档	2
步骤四	领子、门襟、袖克夫等小部件推档	1
合　计		6

步骤一　认识款式,成品规格尺寸

教学目标	知识目标	(1)能掌握衬衫的推档方法; (2)能掌握新原型胸腰放松量及差值
	技能目标	(1)会准确测量版型和人台需要的各部位尺寸; (2)会运用工具对放码文件进行处理
	素养目标	(1)学生有自主学习,善于观察的能力; (2)学生有团队协作能力
教学重点	掌握上装与下装推档的不同点	
教学难点	掌握衬衫的推档方法	
参考课时	1课时	
教学准备	计算机机房、CAD软件	

教学环节	教　师	学　生
活动一 (15分钟)	**款式说明** 教师给出女衬衫图例,让学生观察款式和尺码表,如下图所示。较典型的女衬衫,它主要由上领、领座、前片、过肩、后片、袖子和袖克夫构成。门襟采用折边的工艺,左前片有一胸袋,后片有两个活褶,袖口有大小袖衩。 	(1)观察,分组讨论女衬衫款式。 (2)熟悉女衬衫规格尺码表
活动二 (15分钟)	**女衬衫规格尺码表** 建立女衬衫规格表尺寸 女式衬衫尺码对照表　　　　　　　单位(厘米) 	学生工作 (1)测量女同学的衬衫规格; (2)记住女衬衫规格表

小结评价

教学环节	评价内容	评价标准	得分/等级
活动三 (15分钟)	女衬衫款式 分析	女衬衫款式分析到位,尺码表导入准确	优
		能基本分析女衬衫款式	良
		能基本分析女衬衫款式,尺码导入不够准确	中
		不能分析女衬衫款式	差

步骤二　前后片推裆

教学目标	知识目标	(1)能掌握衬衫的推裆方法; (2)能掌握新原型胸腰放松量及差值
	技能目标	(1)会准确测量版型和人台需要的各部位尺寸; (2)会运用工具对放码文件进行处理
	素养目标	(1)学生有自主学习,善于观察的能力; (2)学生有团队协作能力
教学重点		掌握上装与下装推裆的不同点
教学难点		掌握衬衫的推裆方法

续表

参考课时	2 课时	
教学准备	计算机机房、CAD 软件	
教学环节	教　师	学　生
	前片推挡	
活动一 (25 分钟)	(1)前片各部位放缩值和放缩说明： ①A 点：横开领，纵向缩放袖窿深变化量，为 0.7 cm。横向缩放横开领变化量，为 0.2 cm； ②B 点：直开领，直开领的变化量为 0.2 cm，所以该点纵向缩放(0.7 - 0.2)cm = 0.5 cm。横向不缩放； ③C 点：肩点，纵向缩放袖窿深变化量 0.7 cm。横向缩放肩宽档差/2，为 0.6 cm； ④D 点：前胸大，纵向不缩放。横向缩放胸围档差/4，为 1 cm； ⑤E 点：前中线和胸围线的交点，是推档基点，纵向和横向都不缩放； ⑥F 点：下摆线和前中线交点，纵向缩放 1.3 cm，横向不缩放； ⑦G 点：摆围，纵向缩放 1.3 cm。横向缩放 1 cm。胸袋的长度变化量和宽度变化量都为 0.5 cm，各点变化如下： ⑧H 点：在纵向上相对于胸围线的大小不变，纵向不缩放。在横向上相对于前胸宽的大小不变，前胸宽变化了 0.6 cm，所以该点横向缩放 0.6 cm； ⑨I 点：纵向不缩放。横向缩放胸袋的宽度，为(0.6 - 0.5)cm = 0.1 cm； ⑩J 点：纵向缩放胸袋的长度，为 0.5 cm。横向缩放 0.1 cm，同 I 点； ⑪、K 点：纵向缩放 0.5 cm。横向缩放 0.6 cm； ⑫L 点：胸袋的中点，纵向缩放 0.5 cm。横向缩放 0.1 + 0.5/2 = 0.35 cm。 	学生在教师指导下一起操作。 意外情境： 学生肩颈点的放码符号 X 轴是正值，个别同学输为负值。

续表

教学环节	教 师	学 生
	后片推档	
活动二 (25分钟)	(1)E′点:纵向缩放袖窿深变化量,袖窿深的计算公式为 B/6＋8.5,胸围档差为4,所以纵向缩放(4/6) cm≈0.7 cm。横向缩放0.6 cm,同 E 点。 (2)B′点:纵向缩放0.7 cm。横向不缩放。 (3)F点:后胸围大,胸围线为基准线,纵向不缩放。横向缩放胸围档差/4,为 1 cm。 (4)G点:后中线和胸围线的交点,是推档基点,纵向和横向都不缩放。 (5)H点:下摆线和后中线交点,纵向缩放衣长变化量,衣长档差为 2 cm。胸围线以上已经缩放了 0.7 cm,纵向缩放 1.3 cm。横向不缩放。 (6)I点:摆围,纵向缩放1.3 cm。横向缩放1 cm,同 F 点 	在教师指导下一起操作完成

<table>
<tr><td rowspan="5">活动三
(20分钟)</td><td colspan="3" align="center">小结评价</td></tr>
<tr><td>评价内容</td><td>评价标准</td><td>得分/等级</td></tr>
<tr><td rowspan="4">女衬衫前后片推档</td><td>女衬衫前后片推档分析到位</td><td>优</td></tr>
<tr><td>掌握女衬衫前后片推档方法</td><td>良</td></tr>
<tr><td>基本掌握女衬衫前后片推档方法,推档较为准确</td><td>中</td></tr>
<tr><td>不能分析女衬衫前后片推档方法</td><td>差</td></tr>
</table>

步骤三　过肩推档、袖片推档

<table>
<tr>
<td rowspan="3">教学目标</td>
<td>知识目标</td>
<td>(1)能掌握衬衫的推档方法；
(2)能掌握新原型胸腰放松量及差值</td>
</tr>
<tr>
<td>技能目标</td>
<td>(1)会准确测量版型和人台需要的各部位尺寸；
(2)会运用工具对放码文件进行处理</td>
</tr>
<tr>
<td>素养目标</td>
<td>(1)学生有自主学习，善于观察的能力；
(2)学生有团队协作能力</td>
</tr>
<tr>
<td>教学重点</td>
<td colspan="2">掌握上装与下装推档的不同点</td>
</tr>
<tr>
<td>教学难点</td>
<td colspan="2">掌握衬衫的推档方法</td>
</tr>
<tr>
<td>参考课时</td>
<td colspan="2">2 课时</td>
</tr>
<tr>
<td>教学准备</td>
<td colspan="2">计算机机房、CAD 软件</td>
</tr>
<tr>
<td>教学环节</td>
<td>教　师</td>
<td>学　生</td>
</tr>
<tr>
<td rowspan="2"></td>
<td colspan="2" align="center">款式说明</td>
</tr>
<tr>
<td>
(1)女衬衫的过肩在传统的裁剪制图中长度一般保持不变，在订单中对过肩的尺寸有要求的例外。
(2)各部位放缩值和放缩说明：
①A 点和 B 点：后中线，因为过肩的长度不变，纵向不缩放。后中线是基准线，横向不缩放；
②C 点：横开领，纵向不缩放。横开领的计算公式为领围/5，领围档差为 1 cm，横向缩放 1/5 cm，为 0.2 cm；
③D 点：肩点，纵向不缩放。横向缩放肩宽档差/2，为0.6 cm；
④E 点：纵向不缩放。横向缩放 0.6 cm，同 D 点。
</td>
<td>
在教师指导下一起操作。
意外情境：
①推档肩部量有一个肩斜线放码工具，学生不用。
②快捷键不熟悉
</td>
</tr>
<tr>
<td>活动一
(15 分钟)</td>
<td></td>
<td></td>
</tr>
</table>

教学环节	教　师	学　生
活动二 (15分钟)	**女衬衫袖片推档** (1)基准线的确定：纵向基准线为袖中线，横向基准线为袖肥线。袖子推档的关键在于袖窿弧长和袖山弧长的吻合； (2)A点：袖山高点，袖山高的确定方法为AH/4。而AH长大致等于胸围/2。所以A点纵向缩放2/4＝0.5 cm。横向不缩放； (3)B点：前袖肥大点，纵向不缩放。在衬衫的制图中该点是根据AH长来确定的，为保证袖窿和袖山弧长吻合，在推档中也要采用这种方法。我们已经知道AH的档差为2 cm。从缩放后的袖山点量取前AH长±1 cm到袖肥线上，确定放大和缩小码的袖肥； (4)C点：后袖肥大点，方法同B点； (5)D点和E点：袖口，纵向缩放袖长变化，袖长档差为1.5 cm，由于袖肥线以上已经变化了0.5 cm，所以纵向缩放1 cm。横向缩放袖口变化，袖口档差为1 cm，所以横向各缩放0.5 cm； (6)L点：袖衩，纵向缩放1 cm。横向缩放0.5 cm； (7)M点和N点：褶位，纵向缩放1 cm。横向缩放0.5 cm。同L点 	在教师指导下一起操作。 意外情境： 在推板时复制粘贴的快捷键学生经常忘记

	小结评价		
活动三 (20分钟)	评价内容	评价标准	得分/等级
	女衬衫过肩 及袖片推档	女衬衫过肩、部件、袖片分析到位，推档准确	优
		女衬衫各部位推档较为准确	良
		能基本分析女衬衫款式，推档基本能完成	中
		不能完成女衬衫各部位推档	差

步骤四　领子、门襟、袖克夫等小部件推档

教学目标	知识目标	(1)能掌握衬衫的推档方法； (2)能掌握新原型胸腰放松量及差值	
	技能目标	(1)会准确测量版型和人台需要的各部位尺寸； (2)会运用工具对放码文件进行处理	
	素养目标	(1)学生有自主学习,善于观察的能力； (2)学生有团队协作能力	
教学重点	掌握上装与下装推档的不同点		
教学难点	掌握衬衫的各部件推档方法		
参考课时	1 课时		
教学准备	计算机机房、CAD 软件		
教学环节	教　师		学　生
	领子、门襟推档		
活动一 (15 分钟)	领子、门襟、胸袋、袖克夫等小部件的推档都是净样板推档。 ①领子推档:领子的推档比较简单,一般采用放缩后领中线,由于领大档差为 1 cm,一半的领子放缩就是 0.5 cm。领宽通常不变。下领上的对位点缩放 0.3 cm； ②门襟推档:通常门襟宽度不变,从前片的推档中可以得到门襟的长度变化是 1.8 cm。在推档时以领口弧线作为基准线； ③扣位变化:纽扣间距档差为 0.3,第一颗扣子的位置不变。 		按照教师的操作步骤进行零部件的放码。 意外情境: 衣领放码时学生不知道捷进
活动二 (15 分钟)	袖克夫推档		
	袖克夫推档:通常克夫的宽度不变,长度的变化量为 1。在推档时一边不动,长度在另一边缩放		在教师指导下一起操作
活动三 (20 分钟)	小结评价		
	评价内容	评价标准	得分/等级
	女衬衫部件推档	女衬衫领子、门襟、袖克夫分析到位,推档准确	优
		女衬衫各部位推档较为准确	良
		能基本分析女衬衫款式,推档基本能完成	中
		不能完成女衬衫各部位推档	差

项目七　单码排料

任务一　女西裤排料

完成任务步骤及课时：

步　骤	教学内容	课　时
步骤一	认识排料系统、熟悉排料工具	1
步骤二	女西裤排料	1
合　计		2

步骤一　认识排料系统、熟悉排料工具

<table>
<tr><td rowspan="3">教学目标</td><td>知识目标</td><td>（1）能掌握服装 CAD 排料的方法和原理，并能综合应用；
（2）能了解服装工业生产的特点和工业样板的重要作用</td></tr>
<tr><td>技能目标</td><td>（1）会进行成品规格尺寸及推板档差的应用；
（2）能准确运用推档工具进行放码的运用</td></tr>
<tr><td>素养目标</td><td>（1）学生有自主学习、善于观察的能力；
（2）学生有团队协作能力</td></tr>
<tr><td>教学重点</td><td colspan="2">了解服装工业生产的特点和工业样板的重要作用</td></tr>
<tr><td>教学难点</td><td colspan="2">能准确运用推档工具进行放码的运用</td></tr>
<tr><td>参考课时</td><td colspan="2">1 课时</td></tr>
<tr><td>教学准备</td><td colspan="2">计算机机房、CAD 软件</td></tr>
<tr><td>教学环节</td><td>教　师</td><td>学　生</td></tr>
<tr><td rowspan="2">活动一
（15 分钟）</td><td colspan="2" align="center">认识排料系统、熟悉排料工具</td></tr>
<tr><td>系统界面介绍
排料界面包括以下几个方面：
（1）菜单栏
其中放置着所有的菜单命令。
（2）工具匣
该栏放置着常用的命令，为快速完成排料工作提供了极大的方便。
（3）纸样窗
纸样窗中放置着排料文件所需要使用的所有纸样，每一个单独的纸样放置在一小格的纸样框中。纸样框的大小可以通过拉动左右边界来调节其宽度，还可通过在纸样框上单击鼠标右键，在弹出的对话框内改变数值，调整其宽度和高度。</td><td>（1）运用快捷键按照教师所讲的步骤进行操作。
（2）学会利用面料的边角料。
意外情境：
①学生容易把用料的纱线搞错；
②不会节约面料</td></tr>
</table>

续表

教学环节	教　师	学　生
	认识排料系统、熟悉排料工具	
活动一 (15分钟)	(4)尺码表 每一个小纸样框对应着一个尺码表,尺码表中存放着该纸样对应的所有尺码号型,和每个号型对应的。 (5)唛架工具匣 这两个工具匣存放着控制唛架上纸样的工具图标,这些图标命令可以完成纸样的移动、旋转、翻转、放大、缩小、测量等项操作。 (6)带标尺的工作区 工作区内放置唛架,在唛架上,可以按自己的需要来任意排列纸样,以取得最省布料的排料方式。 (7)辅唛架 将纸样按码数分开排列在辅唛架上,可以按自己的需要将纸样再调入主唛架工作区排料 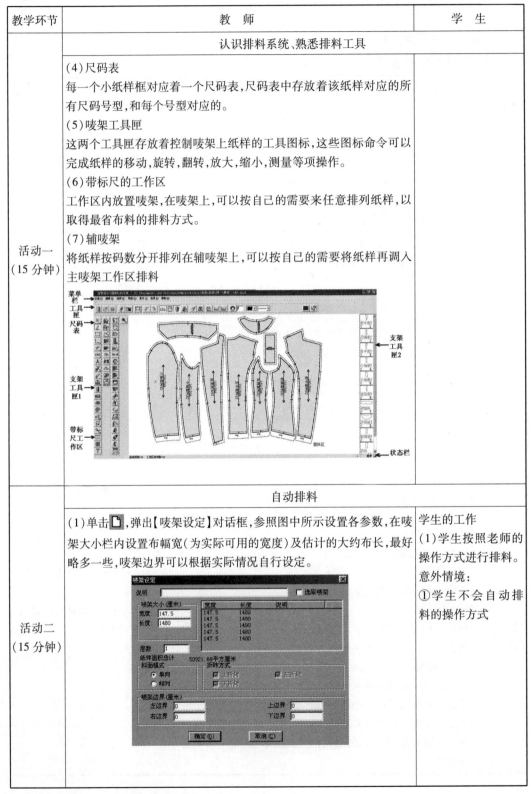	
活动二 (15分钟)	**自动排料** (1)单击，弹出【唛架设定】对话框,参照图中所示设置各参数,在唛架大小栏内设置布幅宽(为实际可用的宽度)及估计的大约布长,最好略多一些,唛架边界可以根据实际情况自行设定。	学生的工作 (1)学生按照老师的操作方式进行排料。 意外情境: ①学生不会自动排料的操作方式

教学环节	教　师		学　生
	自动排料		
活动二 (15 分钟)	(2)单击【确定】,弹出对话框。 (3)再单击【确定】,即可看到纸样列表框内显示纸样,号型列表框内显示各号型套数。 (4)单击【排料】——【开始自动排料】,排料完毕,随即弹出【排料结果】对话框,拉动水平滚动条,可以查看排料结果。 (5)单击【确定】唛架即显示在屏幕上,在状态拦里还可查看排料相关的信息,在【幅长】一栏里即是实际用料数		

教学环节	小结评价			
	评价内容	评价标准		得分/等级
活动三 (10 分钟)	自动排料系统的掌握情况	熟悉所有排料系统工具		优
		能进行简单的排料		良
		理解自动排料流程		中
		未能自动排料		差

步骤二　女西裤排料

教学目标	知识目标	能掌握排料工具软件的运用
	技能目标	(1)会运用排料工具条; (2)会运用软件在排料过程中达到节约面料的目的
	素养目标	(1)学生有自主学习,善于观察的能力; (2)学生有团队协作能力
教学重点	了解并掌握常规服装款式的 CAD 工业排料技术、并熟练应用	
教学难点	能准确运用排料工具进行排料,并能有效节约面料	
参考课时	1 课时	
教学准备	计算机机房、CAD 软件	

续表

教学环节	教　　师	学　　生
活动一 (20 分钟)	**女西裤排料** (1)打开要排料的女西裤文件:进入排料系统——单击文件菜单下新建——弹出打开窗口——双击要排料的文件(单放码的女西裤文件)——弹出排料方案设定窗口——修改件数——OK——弹出面料窗口——输入幅宽、缩水率等——OK。 (2)自动排料:自动排料菜单下自动排料。 (3)手动排料操作: ①选择材料排料:方案与床次菜单——选择面料、里料或衬料——设置相关内容确定(先在打版系统裁剪裁片——用裁片属性定义工具选择材料); ②设置裁片间隙:排料参数设定菜单——(学习版:当前床次参数,输入目标内容确定)(工业版:本床的裁片间隔——框选整列——输入间隔量数据——单击确定间隔); ③选择裁片放置:单独选择衣片数据、框选数据或点击码号——裁片到排料区; ④缩放操作:按 F5 键框选要放大的裁片——按 F6 键再按住左键拖动可缩放裁片; ⑤移动:按住 F7 键可移动麦架位置; ⑥裁片移动:单击裁片——按方向键裁片靠边排放——按微动单击裁片——再按方向键可微移裁片——单击确定	利用排料的快捷键根据教师所讲的步骤进行操作。 意外情境: 学生找不到自己的版样文件保存地方

教学环节		小结评价	
活动二 (15 分钟)	评价内容	评价标准	得分/等级
	女西裤排料	女西裤排料准确,麦加摆放合理,自动和手动排料均能完成	优
		能够按照要求进行女西裤排料	良
		能进行女西裤自动排料,对于手动排料不熟悉	中
		排料不准确	差

任务二　女衬衫排料

完成任务步骤及课时:

步　　骤	教学内容	课　时
步骤一	女衬衫排料	2
合　计		2

步骤　女衬衫排料

教学目标	知识目标	能掌握排料工具软件的运用	
	技能目标	(1)会运用排料工具条； (2)会运用软件在排料过程中达到节约面料的目的	
	素养目标	(1)学生有自主学习、善于观察的能力； (2)学生有团队协作能力	
教学重点	了解并掌握常规服装款式的 CAD 工业排料技术、并熟练应用		
教学难点	能准确运用排料工具进行排料，并能有效节约面料		
参考课时	2 课时		
教学准备	计算机机房、CAD 软件		
教学环节	教　师		学　生
活动一 (10 分钟)	女衬衫的纸样情况		
	(1)检查女衬衫结构制图。 (2)检查女衬衫纸样拾取以及放缝		按步骤检查女衬衫纸样情况
活动二 (30 分钟)	女衬衫单码排料		
	(1)双击桌面"排料"图标进入富怡排料系统。 (2)设置好布料的门幅，布长，层数等数值。 (3)单击"载入"按钮。 (4)选择相应的纸样文件，单击"打开"按钮，载入纸样。 (5)设置好各项参数后，单击"确定"。出现如下对话框： 单击"确定"进入排料界面。 (6)按排料规则排料，完成排料图。 		(1)与教师一起操作。 (2)思考排料标准过程中，注重细节变化。 意外情境： 零部件是学生纱线容易搞错的地方

续表

教学环节			
活动三 （15分钟）	小结评价		
	评价内容	评价标准	得分/等级
	女衬衫的单码排料	女衬衫单码排料准确无误	优
		能够较完整的完成女衬衫单码排料	良
		能按照要求进行简单的排料操作	中
		不能按照教师要求完成排料	差

项目八　多码套牌

任务一　女西裤多档排料

完成任务步骤及课时：

步　骤	教学内容	课　时
步骤一	排料系统的键盘快捷键	1
步骤二	女西裤多档排料	1
合　计		2

步骤一　排料系统的键盘快捷键

教学目标	知识目标	（1）能掌握排料系统键盘快捷键； （2）能掌握排料系统键盘快捷键的运用
	技能目标	（1）会掌握并熟记排料系统键盘快捷键； （2）会准确运用快捷键进行排料
	素养目标	（1）学生有自主学习，善于观察的能力； （2）学生有团队协作能力
教学重点	掌握排料系统键盘快捷键的使用	
教学难点	快捷键过于琐碎复杂，需要花一定的时间牢记	
参考课时	1课时	
教学准备	计算机机房、CAD软件	

续表

教学环节	教　师	学　生
	快捷键使用一	
活动一 (10分钟)	教师示范讲解快捷键的操作 Ctrl + N　新建 Ctrl + O　开启唛架文档 Ctrl + S　保存 Ctrl + C　清除唛架上全部纸样,并放回到尺码表中 Ctrl + M　定义唛架 Ctrl + I　衣片资料 Ctrl + F　在当前状态与显示整张唛架之间切换 delete　移除唛架上所选纸样,并放回到尺码表中 Shift + F　翻转或翻转复制选中纸样 Shift + R　旋转或旋转复制选中纸样 Shift + D　彻底删除选中纸样,根据选择对话框中选项,可删除该纸样的全部码或当前码 Esc　关闭活动窗口或对话框而不做出任何选择 Enter　关闭活动对话框,并接受所做的任何改变,相当于选择了对话框的【确定】或【接受】按钮	(1)在教师指导下完成。 (2)熟悉并记住快捷键的使用方法
	快捷键使用二	
活动二 (35分钟)	教师演示 F1　打开系统在线帮助 F2　可编辑选定文件或文件夹的名称 8　可将唛架上选中纸样向上滑动,直至碰到其他纸样 2　可将唛架上选中纸样向下滑动,直至碰到其他纸样 4　可将唛架上选中纸样向左滑动,直至碰到其他纸样 6　可将唛架上选中纸样向右滑动,直至碰到其他纸样 5　可将唛架上选中纸样进行90°旋转 7　可将唛架上选中纸样进行垂直翻转 9　可将唛架上选中纸样进行水平翻转 1　可将唛架上选中纸样进行顺时针旋转 3　可将唛架上选中纸样进行逆时针旋转 ↑　可将唛架上选中纸样向上移动一个步长,无论纸样是否碰到其他纸样 ↓　可将唛架上选中纸样向下移动一个步长,无论纸样是否碰到其他纸样 ←　可将唛架上选中纸样向左移动一个步长,无论纸样是否碰到其他纸样 →　可将唛架上选中纸样向右移动一个步长,无论纸样是否碰到其他纸样	(1)在教师指导下完成。 (2)熟悉并记住快捷键的使用方法

续表

教学环节	教　师	学　生
	快捷键使用二	
活动二 (35 分钟)	Alt + 1　文件匣 Alt + 2　纸样窗控制匣 Alt + 3　控制匣 Alt + 4　唛架窗控制匣 Alt + 5　纸样窗 Alt + 6　尺码列表框 Alt + 0　状态条 Alt + F4　退出本系统 双击　双击唛架上选中纸样可放回到纸样窗内;双击尺码表中某一纸样,可放于唛架上	

步骤二　女西裤多档排料

教学目标	知识目标	(1)能掌握排料系统键盘快捷键; (2)能掌握排料系统多档排料的运用	
	技能目标	(1)会掌握并熟记排料系统键盘快捷键; (2)会准确能运用多档排料工具进行 CAD 排料	
	素养目标	(1)学生有自主学习,善于观察的能力; (2)学生有团队协作能力	
教学重点	掌握排料系统多档排料工具		
教学难点	多档排料工具如何能有效的节约面料,达到最大利用价值		
参考课时	1 课时		
教学准备	计算机机房、CAD 软件		
教学环节	教　师		学　生
	女西裤多档排料一		
活动一 (20 分钟)	(1)单击排料菜单，弹出【唛架设定】对话框,参照图中所示设置各参数,在唛架大小栏内设置布幅宽(为实际可用的宽度)及估计的大约布长,最好略多一些,唛架边界可以根据实际情况自行设定。 		(1)在教师指导下完成。 (2)基本上还是能运用快捷键进行操作

教学环节	教　师	学　生
	女西裤多档排料一	
活动一 (20分钟)	(2)单击【载入】弹出对话框,单击文件类型文本框旁的三角按钮,可以选取开样文件或放码文件。 (3)单击文件名,单击【打开】,弹出【排纸样制单】对话框。 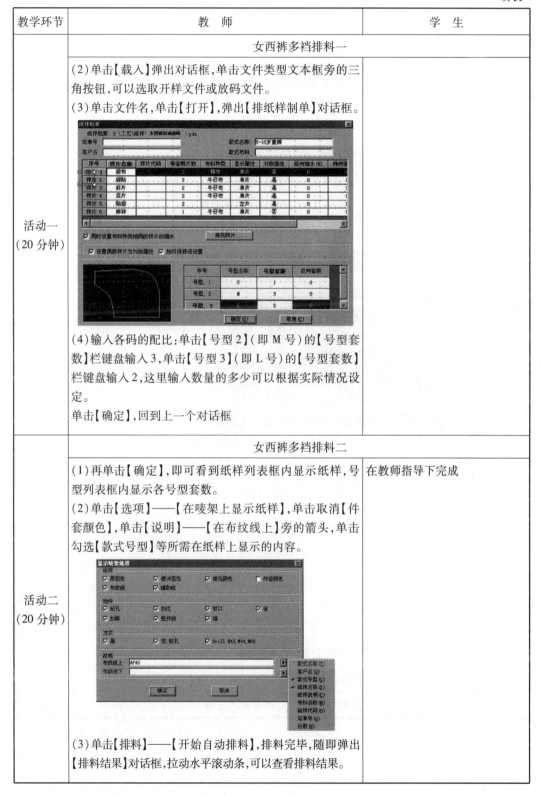 (4)输入各码的配比:单击【号型2】(即M号)的【号型套数】栏键盘输入3,单击【号型3】(即L号)的【号型套数】栏键盘输入2,这里输入数量的多少可以根据实际情况设定。 单击【确定】,回到上一个对话框	
	女西裤多档排料二	
活动二 (20分钟)	(1)再单击【确定】,即可看到纸样列表框内显示纸样,号型列表框内显示各号型套数。 (2)单击【选项】——【在唛架上显示纸样】,单击取消【件套颜色】,单击【说明】——【在布纹线上】旁的箭头,单击勾选【款式号型】等所需在纸样上显示的内容。 (3)单击【排料】——【开始自动排料】,排料完毕,随即弹出【排料结果】对话框,拉动水平滚动条,可以查看排料结果。	在教师指导下完成

续表

教学环节	教　师	学　生
活动二 (20分钟)	**女西裤多档排料二** （4）单击【确定】唛架即显示在屏幕上，在状态拦里还可查看排料相关的信息，在【幅长】一栏的括号里即是实际用料数。 （5）单击【文档】——【另存】，弹出【另存为】对话框，单击 ■，建立新文件夹（注意新建文件夹这一步不必每次都建，下一次再存文件时只需打开该文件夹即可），修改新文件夹名称。 （6）双击打开该文件夹在【文件名】文本框内输入名称，单击【保存】即可	

活动三 (5分钟)	**小结评价**		
	评价内容	评价标准	得分/等级
	女西裤多档放码	女西裤纸板导入准确，混合放码标准，达到面料的最大利用率	优
		能够按照教师进行女西裤混合放码	良
		多档放码操作基本准确	中
		放码不准确，未能完成女西裤多档放码	差

项目九　对格排料

任务　女衬衫格子排料

完成任务步骤及课时：

步　骤	教学内容	课　时
步骤一	认识对格对条工具	1
步骤二	女衬衫格子排料	1
合　计		2

步骤一　认识对格对条工具

<table>
<tr><td rowspan="3">教学目标</td><td>知识目标</td><td>（1）能掌握对格对条工具的运用；
（2）能掌握对格对条工具进行条格服装的排料</td></tr>
<tr><td>技能目标</td><td>（1）会掌握对格对条工具的使用；
（2）会在排料时对格子的调整达到节约面料的目的</td></tr>
<tr><td>素养目标</td><td>（1）学生有自主学习，善于观察的能力；
（2）学生有团队协作能力</td></tr>
<tr><td>教学重点</td><td colspan="2">格子排料条纹横竖对齐</td></tr>
<tr><td>教学难点</td><td colspan="2">能在排料时对格子的调整达到节约面料的目的</td></tr>
<tr><td>参考课时</td><td colspan="2">1 课时</td></tr>
<tr><td>教学准备</td><td colspan="2">计算机机房、CAD 软件</td></tr>
<tr><td>教学环节</td><td>教　师</td><td>学　生</td></tr>
<tr><td rowspan="3">活动一
（10 分钟）</td><td colspan="2">定义条格</td></tr>
<tr><td>（1）定义条格
当您需要对格、对条、对花时，可用该命令将唛架设定成与布料相同的循环条格。

</td><td>学生根据教师演示的步骤进行操作</td></tr>
<tr><td colspan="2">（2）单击勾选【选项】——【对格对条】命令。单击勾选【选项】——【显示条格】即可显示唛架上的条格</td></tr>
</table>

续表

教学环节	教　师	学　生
活动一 (10 分钟)	**定义条格** (3)单击【唛架】——【定义条格】,也可按住 Alt + M + S,将显示【定义条格】对话框。校验或改变所选参数。单击【确定】。 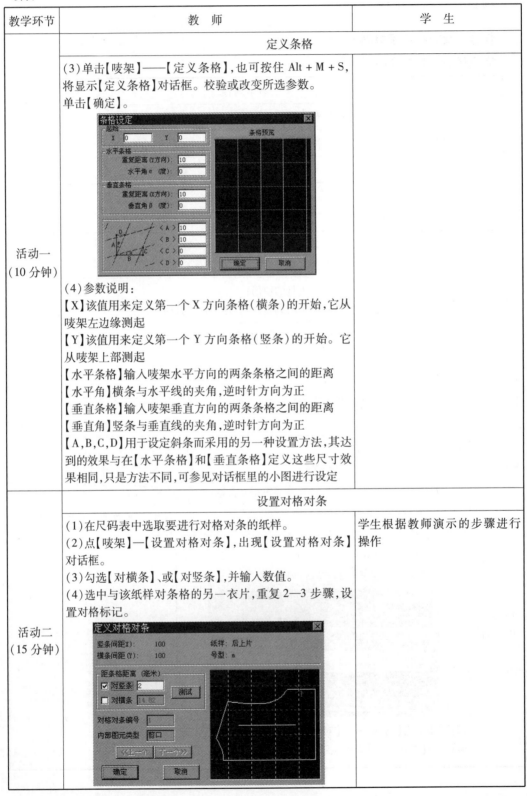 (4)参数说明: 【X】该值用来定义第一个 X 方向条格(横条)的开始,它从唛架左边缘测起 【Y】该值用来定义第一个 Y 方向条格(竖条)的开始。它从唛架上部测起 【水平条格】输入唛架水平方向的两条条格之间的距离 【水平角】横条与水平线的夹角,逆时针方向为正 【垂直条格】输入唛架垂直方向的两条条格之间的距离 【垂直角】竖条与垂直线的夹角,逆时针方向为正 【A,B,C,D】用于设定斜条而采用的另一种设置方法,其达到的效果与在【水平条格】和【垂直条格】定义这些尺寸效果相同,只是方法不同,可参见对话框里的小图进行设定	
活动二 (15 分钟)	**设置对格对条** (1)在尺码表中选取要进行对格对条的纸样。 (2)点【唛架】—【设置对格对条】,出现【设置对格对条】对话框。 (3)勾选【对横条】、或【对竖条】,并输入数值。 (4)选中与该纸样对条格的另一衣片,重复 2—3 步骤,设置对格标记。	学生根据教师演示的步骤进行操作

教学环节	教　师		学　生
活动二 (15分钟)	设置对格对条		
	(5)【设置对格对条】参数说明。 (6)【对横条】用于确定纬向条格,在其后的文本框内输入剪口与竖向条格的距离值。 (7)【测试】单击后可在预览框内看到效果		
活动三 (15分钟)	对格标记		
	(1)在尺码表中选取要进行对格对条的纸样;点【唛架】— 【对格标记】,出现【对格标记】对话框。 (2)单击【增加】出现【增加对格标记】对话框,输入名称,在【水平方向属性】、【垂直方向属性】下勾选【对条格】,或 【设定位置】单击【确定】,就为选中纸样确定了一个对格标记。 (3)选中与该纸样对条格的另一衣片,重复2—3步骤,为其设定与该衣片相同的对格标记。 ①【款式】用于选择载入纸样的款式名,该名称已在开样或放码系统中; ②【纸样】——【款式资料】对话框中输入; ③【号型】用于选择欲设定对格标记的纸样的号型名; ④【增加】用于增加对格对条的部位。单击该按钮,会弹出 【增加对格标记】对话框,按照提示在其中输入对格对条的名称,选择对横条还是对竖条以及距离等,最后单击【确定】即可; ⑤【修改】用于修改对格对条标记。单击该按钮,会弹出 【修改对格标记】对话框,可以修改其中的内容; ⑥【删除当前】选中对格标记名称,再单击该按钮,则删除当前对格对条标记; ⑦【删除全部】单击该按钮,则删除全部对格对条标记		(1)在教师的指导下操作。 (2)学生需注意自动排料程序不能进行自动对格对条
活动四 (5分钟)	小结评价		
	评价内容	评价标准	得分/等级
	对格对条工具使用	操作正确,能按要求定时定量完成	优
		能够按照教师基本进行对格对条处理	良
		能进行简单的对格对条	中
		不能完成操作	差

步骤二　女衬衫格子排料

教学目标	知识目标	(1)能掌握对格对条工具的运用; (2)能掌握对格对条工具进行女衬衫格子的排料	
	技能目标	(1)会掌握对格对条工具的使用; (2)会在排料时对格子的调整达到节约面料的目的	
	素养目标	(1)培养学生学习,善于观察的能力; (2)培养学生对服装中格子排料条纹横竖对齐	
教学重点	对格对条命令是一开关命令,用于条格、印花等图案的布料的对位		
教学难点	能在排料时对格子的调整达到节约面料的目的		
参考课时	1 课时		
教学准备	计算机机房、CAD 软件		
教学环节	教　　师		学　　生
	认识对格对条工具一		
活动一 (20 分钟)	(1)单击⬚,根据对话框提示,新建一个唛架、浏览、打开、载入一个文件。 ①单击【唛架】——【定义条格】,弹出【条格设定】对话框,根据面料情况进行设定条格; ②单击【选项】——勾选【显示条格】可见唛架上显示条格; ③单击【唛架】——【对格标记】,弹出【对格标记】对话框。 (2)单击【增加】,弹出【修改对格标记】对话框,参照图中输入,单击【确定】回到母对话框,如果还需更多的标记继续单击【增加】,如果没有单击【关闭】即可		在教师指导下操作。 意外情境: 设置角度时学生容易搞混
	认识对格对条工具二		
活动二 (20 分钟)	(1)单击选中纸样窗后片,必须是你在【对格标记】对话框中设定的号型。 (2)单击【纸样】——【纸样内部图元】,弹出对话框,勾选【对格标记】单击其文本框旁的三角按钮,在下拉列表里选中对格标记1,单击【采用】。 (3)单击纸样窗中前片,单击【纸样】——【纸样内部图元】,弹出对话框。 (4)如果该纸样的内部图元比较多,就要单击【上一个】或【下一个】,直至选中对格对条的标记剪口,勾选【对格标记】单击其文本框旁的三角按钮,在下拉列表里选中与后片同一个对格标记1,单击【采用】,该两片将对格对条。 (5)单击【选项】,勾选【对格对条】。 (6)单击并拖动纸样框中前片,到唛架上释放鼠标,击右键翻转并调整至合适位置。		(1)在教师指导下操作。 (2)其余大、小袖片可用同一个对格标记编号,为了节省面料也可重新设定

教学环节	教　师		学　生
活动二 (20分钟)	认识对格对条工具二		
	(7)单击并拖动纸样框中后片,到唛架上释放鼠标,击右键翻转并调整至合适位置,可以看见该纸样已按照前片对位。 一定要放好后再拿第二个纸样,否则,第二个纸样将按照第一个纸样的位置确定对格对条的位置,如果位置不合适,就只有双击纸样将其放回纸样窗重新再做		
活动三 (5分钟)	小结评价		
	评价内容	评价标准	得分/等级
	女衬衫格子排料	女衬衫格子排料准确,运用对格对条工具自如,格子排料条纹横竖对齐	优
		女衬衫格子排料准确,对于运用对格对条工具稍不熟悉	良
		勉强能排料女衬衫格子	中
		不能运用对格对条工具排料	差

项目十　打印输出

任务　打印程序

完成任务步骤及课时:

步　骤	教学内容	课　时
步骤一	打印程序	1
合　计		1

步骤　打印程序

教学目标	知识目标	(1)能进行文件的输入输出,出现问题的解决办法; (2)能进行CAD打印输出工具的运用
	技能目标	(1)会打印程序流程和设置; (2)会文件的输入输出,出现问题的解决办法
	素养目标	(1)学生有自主学习,善于观察的能力; (2)学生有团队协作能力
教学重点	能运用CAD软件设置打印规定的图样,并知道在打印的过程中出现问题的解决办法	
教学难点	能准确能运用文件的输入输出,并能对出现的问题进行解决	

续表

参考课时	1课时	
教学准备	计算机机房、CAD软件	
教学环节	教　师	学　生
活动一 (20分钟)	打印排料图一	
	(1)设置参数,对打印排料图进行设定。 (2)操作: ①单击【文档】——【打印排料图】——【设置参数】; ②弹出【打印唛架图】对话框; ③在【尺寸】栏内选择所需要的唛架图比例,在【页边距】栏内输入上、下、左、右的留白尺寸,单击【确定】即可。 (3)打印预览: ①单击【打印排料图】——【打印预览】; ②弹出打印预览界面,单击【打印】即可	在教师指导下完成
活动二 (15分钟)	打印排料图二	
	(1)打印: ①单击【打印排料图】——【打印】; ②弹出【打印】对话框,单击【确定】即可打印。 (2)打印排料图——单页换行打印预览: ①单击【打印排料图】——【单页换行打印预览】; ②弹出打印预览界面,满意后单击【打印】即可。 (3)打印排料图——单页换行打印: ①单击【文档】——【打印排料图】——【单页换行打印】; ②在弹出的对话框内进行打印的参数设定,单击【确定】即可。 (4)打印排料图——设置打印底图: ①单击【文档】——【打印排料图】——【设置打印底图】; ②弹出【设置打印底图】对话框,单击【浏览】,即可打开【选取底图文件】对话框单击【打开】即可回到【设置打印底图】对话框。 ③勾选【打印底图】设置【页边距】,【确定】即可设置好表格为底图表格	
活动三 (10分钟)	小结评价	

评价内容	评价标准	得分/等级
打印程序	打印排料图准确,打印程序正确	优
	打印排料图稍有偏差,打印程序正确	良
	打印程序不够清楚	中
	打印排料出错,打印程序混乱	差